职业技能培训教材

农作物植保员

初级

全国农业技术推广服务中心　编著

中国农业出版社
北　京

图书在版编目（CIP）数据

农作物植保员：初级 / 全国农业技术推广服务中心编著．—北京：中国农业出版社，2021.3
职业技能培训教材
ISBN 978-7-109-27192-0

Ⅰ.①农… Ⅱ.①全… Ⅲ.①作物－植物保护－技术培训－教材 Ⅳ.①S4

中国版本图书馆 CIP 数据核字（2020）第 147250 号

中国农业出版社出版
地址：北京市朝阳区麦子店街 18 号楼
邮编：100125
责任编辑：郭银巧
版式设计：王　晨　　责任校对：赵　硕
印刷：北京通州皇家印刷厂
版次：2021 年 3 月第 1 版
印次：2021 年 3 月北京第 1 次印刷
发行：新华书店北京发行所
开本：787mm×1092mm　1/16
印张：11
字数：300 千字
定价：75.00 元

编 委 会

编 写 人 员

主　　编：熊红利　张礼生

副 主 编：刘　哲　王　娟　刘亚萍

参编人员（按姓氏笔画排序）：

王　航　王文峰　王竹红　王孟卿　牛　静
龙　珑　卢　红　史　楠　冯晓东　吕亚军
刘　洋　刘　雯　刘元宝　刘爱萍　闫　震
许　畅　李天娇　李玉艳　李永平　吴卓斌
何兵存　邹德玉　张　曦　张洪志　陈　鹏
周　阳　赵中华　徐　娟　唐卫红

FOREWORD 前言

植保技能人才队伍是农业现代化建设的重要力量。习近平总书记非常重视职业教育工作，明确指出，要树立正确人才观，弘扬劳动光荣、技能宝贵、创造伟大的时代风尚，努力培养数以亿计的高素质劳动者和技术技能人才。

当前我国农业进入绿色高质量发展阶段，农业生产规模化和组织化水平不断提升，专业化防治和社会化服务组织迅速发展，对具备理论知识和实操能力的植物保护技能人才需求越来越大，迫切需要发展壮大农作物植保员队伍。基于此，全国农业技术推广服务中心组织相关专家根据基层植保工作需要和《农作物植保员国家职业技能标准》，编写了职业技能培训教材《农作物植保员（初级）》一书。本书主要介绍了植物病虫草害基础知识、预测预报、综合防治、农药（械）使用及农作物植保员职业道德规范、相关法律法规等内容，作为初级农作物植保员培训和开展植保工作的参考用书。

本书的编写得到了农业农村部职业技能鉴定指导中心、中国农业科学院植物保护研究所等单位，中国农药工业协会、植保中国协会等行业协会，以及有关农业科研院校专家的鼎力支持，在此一并表示诚挚的谢意。由于编者水平有限，书中难免有疏漏和错误之处，恳请专家、同行和广大读者批评指正。

编　者

2020年7月

CONTENTS 目录

第一章

职业道德

一、职业道德的概念

职业道德是社会道德体系的重要组成部分，是人们在一定的职业活动范围内所应当遵守的，与其特定职业活动相适应的行为规范的总和。职业道德是在长期实践过程中形成的，作为经验和传统继承下来的行为规范。职业道德通过人们的信念、习惯和社会舆论而起作用，成为人们评判是非、辨别好坏的标准和尺度，也成为担负不同社会责任和服务的人员应当遵循的道德准则。

职业道德可分为两个方面：一般意义上的职业道德和分行业的职业道德。前者是所有的职业活动对人的普遍道德要求，后者则是职业对从业人员道德行为的具体要求。

同一种职业在不同的社会经济发展阶段，因服务对象、服务手段、职业利益、职业责任和义务相对稳定，职业行为道德要求的核心内容被继承和发扬，从而形成了被不同社会发展阶段普遍认同的职业道德规范。职业道德的作用表现在：调节职业交往中从业人员内部以及从业人员与服务对象间的关系；维护和提高本行业的信誉；促进本行业的发展；提高全社会的道德水平。

二、职业守则

农作物植保员是一项从事预防和控制病、虫、草、鼠以及其他有害生物对农作物生长过程的危害，保证农产品安全的职业。农作物植保员的职业守则是：遵纪守法、敬业爱岗；规范操作、注意安全；认真负责、实事求是；忠于职守、热情服务；勤奋好学、精益求精；团结协作、勇于创新。

（一）遵纪守法、敬业爱岗

遵纪守法既是对一名社会公民的基本要求，也是从业人员的必备素质。作为一名普通公民，要遵守国家一般法律法规；作为某一行业从业人员，还要遵守特定的职业纪律和与职业活动相关的法律法规。敬业爱岗，要求从业人员在开展职业活动过程中，清楚认识自身工作的社会价值，树立职业荣誉感和责任感，真诚热爱本职工作，兢兢业业、不辞辛苦，忠实自觉履行职业责任。

（二）规范操作、注意安全

在开展职业活动过程中，要始终将安全问题放在首位，严格落实本职业安全生产管理规定，严格执行相应职业活动的管理办法、技术标准、操作规程等规范性文件要求。通过开展技术培训与考核，使从业人员牢牢树立安全意识，不断提高规范操作能力和水平，保证职业活动安全、高效开展。

（三）认真负责、实事求是

认真负责、实事求是不仅是从业人员自身职业素养的良好体现，也是职业活动对从业人员的客观要求。在开展职业活动过程中，从业人员往往需要充分运用专业知识、技能和经验，处理内容复杂、程序繁多、技术要求高的工作，只有始终秉持务实、求实、唯实的严谨态度，才能保证不受干扰地做出正确判断，执行有效操作，从而达成职业活动目标。

（四）忠于职守、热情服务

大多数职业活动的具体过程是默默无闻、枯燥繁琐的，从业人员不仅需要克服生产生活中的各种困难，还需要始终保持勤勤恳恳、任劳任怨、甘于寂寞、乐于奉献的精神，把自己远大的理想和追求落到工作实处，在平凡的工作岗位上做出自己的贡献。另外，在开展职业活动过程中还要树立良好的服务意识，对人谦虚尊重、言谈举止得体、服务热情周到。

（五）勤奋好学、精益求精

随着专业领域科学技术的迅速发展和装备、技术以及生产方式的不断更新，从业人员也需要及时学习新的专业理论知识和操作技能。只有秉持勤奋好学、精益求精的专业精神，不断吸收先进科技成果、丰富生产实践经验、提高业务能力素养，才能在快速变革的行业中保持先进生产力，为实现良好的个人职业发展奠定基础，为行业发展和社会进步作出更大贡献。

（六）团结协作、勇于创新

职业活动具有复杂性，一项职业活动的开展离不开团队内部的分工合作，也离不开与外部环境、人员的互动。与此同时，在开展活动过程中，从业人员往往面临形势变化和突发情况，经常遇到未知的困难和挑战。只有团结一致、高效协作、奋发进取、不断创新，才有可能突破困境，最终实现职业活动的目标。

第二章

相关法律法规

植物保护对农业生产乃至国家生态环境安全都具有重大意义，世界各国特别是发达国家都制定了专门的法律来规范其相关活动。新中国成立以来，我国在植物保护法制化建设方面取得了显著进展，先后制定并颁布了《植物检疫条例》《农药管理条例》等一系列法律法规，特别是《农作物病虫害防治条例》的出台，开启了依法植保的新纪元。此外，《中华人民共和国农业法》《中华人民共和国农业技术推广法》等相关法律法规也对植物保护工作进行了相应的规范。这些法律法规共同构成了我国的植物保护法规体系，对保障国家粮食安全和农产品质量安全，保护生态环境，促进农业可持续发展都具有十分重要的意义。

农作物植保员需要掌握《中华人民共和国农业技术推广法》《农作物病虫害防治条例》《植物检疫条例》《农药管理条例》等直接规范植物保护相关活动的法律法规全部内容，以及《中华人民共和国劳动法》《中华人民共和国农业法》《中华人民共和国农产品质量安全法》《中华人民共和国种子法》《中华人民共和国植物新品种保护条例》等相关法律法规有关内容。

一、《中华人民共和国农业技术推广法》

《中华人民共和国农业技术推广法》首次于1993年7月2日第八届全国人民代表大会常务委员会第2次会议通过；根据2012年8月31日第十一届全国人民代表大会常务委员会第28次会议《关于修改〈中华人民共和国农业技术推广法〉的决定》修正，自2013年1月1日起施行。该法分总则、农业技术推广体系、农业技术的推广与应用、农业技术推广的保障措施、法律责任、附则等6章39条。全文如下：

第一章 总　则

第一条 为了加强农业技术推广工作，促使农业科研成果和实用技术尽快应用于农业生产，增强科技支撑保障能力，促进农业和农村经济可持续发展，实现农业现代化，制定本法。

第二条 本法所称农业技术，是指应用于种植业、林业、畜牧业、渔业的科研成果和实用技术，包括：

（一）良种繁育、栽培、肥料施用和养殖技术；

（二）植物病虫害、动物疫病和其他有害生物防治技术；

（三）农产品收获、加工、包装、贮藏、运输技术；

（四）农业投入品安全使用、农产品质量安全技术；

（五）农田水利、农村供排水、土壤改良与水土保持技术；

（六）农业机械化、农用航空、农业气象和农业信息技术；

（七）农业防灾减灾、农业资源与农业生态安全和农村能源开发利用技术；

（八）其他农业技术。

本法所称农业技术推广，是指通过试验、示范、培训、指导以及咨询服务等，把农业技术普及应用于农业产前、产中、产后全过程的活动。

第三条 国家扶持农业技术推广事业，加快农业技术的普及应用，发展高产、优质、高效、生态、安全农业。

第四条 农业技术推广应当遵循下列原则：

（一）有利于农业、农村经济可持续发展和增加农民收入；

（二）尊重农业劳动者和农业生产经营组织的意愿；

（三）因地制宜，经过试验、示范；

（四）公益性推广与经营性推广分类管理；

（五）兼顾经济效益、社会效益，注重生态效益。

第五条 国家鼓励和支持科技人员开发、推广应用先进的农业技术，鼓励和支持农业劳动者和农业生产经营组织应用先进的农业技术。

国家鼓励运用现代信息技术等先进传播手段，普及农业科学技术知识，创新农业技术推广方式方法，提高推广效率。

第六条 国家鼓励和支持引进国外先进的农业技术，促进农业技术推广的国际合作与交流。

第七条 各级人民政府应当加强对农业技术推广工作的领导，组织有关部门和单位采取措施，提高农业技术推广服务水平，促进农业技术推广事业的发展。

第八条 对在农业技术推广工作中做出贡献的单位和个人，给予奖励。

第九条 国务院农业、林业、水利等部门（以下统称农业技术推广部门）按照各自的职责，负责全国范围内有关的农业技术推广工作。县级以上地方各级人民政府农业技术推广部门在同级人民政府的领导下，按照各自的职责，负责本行政区域内有关的农业技术推广工作。同级人民政府科学技术部门对农业技术推广工作进行指导。同级人民政府其他有关部门按照各自的职责，负责农业技术推广的有关工作。

第二章 农业技术推广体系

第十条 农业技术推广，实行国家农业技术推广机构与农业科研单位、有关学校、农民专业合作社、涉农企业、群众性科技组织、农民技术人员等相结合的推广体系。

国家鼓励和支持供销合作社、其他企业事业单位、社会团体以及社会各界的科技人员，开展农业技术推广服务。

第十一条 各级国家农业技术推广机构属于公共服务机构，履行下列公益性职责：

（一）各级人民政府确定的关键农业技术的引进、试验、示范；

（二）植物病虫害、动物疫病及农业灾害的监测、预报和预防；

（三）农产品生产过程中的检验、检测、监测咨询技术服务；

（四）农业资源、森林资源、农业生态安全和农业投入品使用的监测服务；

（五）水资源管理、防汛抗旱和农田水利建设技术服务；

（六）农业公共信息和农业技术宣传教育、培训服务；

（七）法律、法规规定的其他职责。

第十二条　根据科学合理、集中力量的原则以及县域农业特色、森林资源、水系和水利设施分布等情况，因地制宜设置县、乡镇或者区域国家农业技术推广机构。

乡镇国家农业技术推广机构，可以实行县级人民政府农业技术推广部门管理为主或者乡镇人民政府管理为主、县级人民政府农业技术推广部门业务指导的体制，具体由省、自治区、直辖市人民政府确定。

第十三条　国家农业技术推广机构的人员编制应当根据所服务区域的种养规模、服务范围和工作任务等合理确定，保证公益性职责的履行。

国家农业技术推广机构的岗位设置应当以专业技术岗位为主。乡镇国家农业技术推广机构的岗位应当全部为专业技术岗位，县级国家农业技术推广机构的专业技术岗位不得低于机构岗位总量的百分之八十，其他国家农业技术推广机构的专业技术岗位不得低于机构岗位总量的百分之七十。

第十四条　国家农业技术推广机构的专业技术人员应当具有相应的专业技术水平，符合岗位职责要求。

国家农业技术推广机构聘用的新进专业技术人员，应当具有大专以上有关专业学历，并通过县级以上人民政府有关部门组织的专业技术水平考核。自治县、民族乡和国家确定的连片特困地区，经省、自治区、直辖市人民政府有关部门批准，可以聘用具有中专有关专业学历的人员或者其他具有相应专业技术水平的人员。

国家鼓励和支持高等学校毕业生和科技人员到基层从事农业技术推广工作。各级人民政府应当采取措施，吸引人才，充实和加强基层农业技术推广队伍。

第十五条　国家鼓励和支持村农业技术服务站点和农民技术人员开展农业技术推广。对农民技术人员协助开展公益性农业技术推广活动，按照规定给予补助。

农民技术人员经考核符合条件的，可以按照有关规定授予相应的技术职称，并发给证书。

国家农业技术推广机构应当加强对村农业技术服务站点和农民技术人员的指导。

村民委员会和村集体经济组织，应当推动、帮助村农业技术服务站点和农民技术人员开展工作。

第十六条　农业科研单位和有关学校应当适应农村经济建设发展的需要，开展农业技术开发和推广工作，加快先进技术在农业生产中的普及应用。

农业科研单位和有关学校应当将其科技人员从事农业技术推广工作的实绩作为工作考核和职称评定的重要内容。

第十七条　国家鼓励农场、林场、牧场、渔场、水利工程管理单位面向社会开展农业技术推广服务。

第十八条　国家鼓励和支持发展农村专业技术协会等群众性科技组织，发挥其在农业技术推广中的作用。

第三章　农业技术的推广与应用

第十九条　重大农业技术的推广应当列入国家和地方相关发展规划、计划，由农业技术推广部门会同科学技术等相关部门按照各自的职责，相互配合，组织实施。

第二十条 农业科研单位和有关学校应当把农业生产中需要解决的技术问题列为研究课题，其科研成果可以通过有关农业技术推广单位进行推广或者直接向农业劳动者和农业生产经营组织推广。

国家引导农业科研单位和有关学校开展公益性农业技术推广服务。

第二十一条 向农业劳动者和农业生产经营组织推广的农业技术，必须在推广地区经过试验证明具有先进性、适用性和安全性。

第二十二条 国家鼓励和支持农业劳动者和农业生产经营组织参与农业技术推广。

农业劳动者和农业生产经营组织在生产中应用先进的农业技术，有关部门和单位应当在技术培训、资金、物资和销售等方面给予扶持。

农业劳动者和农业生产经营组织根据自愿的原则应用农业技术，任何单位或者个人不得强迫。

推广农业技术，应当选择有条件的农户、区域或者工程项目，进行应用示范。

第二十三条 县、乡镇国家农业技术推广机构应当组织农业劳动者学习农业科学技术知识，提高其应用农业技术的能力。

教育、人力资源和社会保障、农业、林业、水利、科学技术等部门应当支持农业科研单位、有关学校开展有关农业技术推广的职业技术教育和技术培训，提高农业技术推广人员和农业劳动者的技术素质。

国家鼓励社会力量开展农业技术培训。

第二十四条 各级国家农业技术推广机构应当认真履行本法第十一条规定的公益性职责，向农业劳动者和农业生产经营组织推广农业技术，实行无偿服务。

国家农业技术推广机构以外的单位及科技人员以技术转让、技术服务、技术承包、技术咨询和技术入股等形式提供农业技术的，可以实行有偿服务，其合法收入和植物新品种、农业技术专利等知识产权受法律保护。进行农业技术转让、技术服务、技术承包、技术咨询和技术入股，当事人各方应当订立合同，约定各自的权利和义务。

第二十五条 国家鼓励和支持农民专业合作社、涉农企业，采取多种形式，为农民应用先进农业技术提供有关的技术服务。

第二十六条 国家鼓励和支持以大宗农产品和优势特色农产品生产为重点的农业示范区建设，发挥示范区对农业技术推广的引领作用，促进农业产业化发展和现代农业建设。

第二十七条 各级人民政府可以采取购买服务等方式，引导社会力量参与公益性农业技术推广服务。

第四章 农业技术推广的保障措施

第二十八条 国家逐步提高对农业技术推广的投入。各级人民政府在财政预算内应当保障用于农业技术推广的资金，并按规定使该资金逐年增长。

各级人民政府通过财政拨款以及从农业发展基金中提取一定比例的资金的渠道，筹集农业技术推广专项资金，用于实施农业技术推广项目。中央财政对重大农业技术推广给予补助。

县、乡镇国家农业技术推广机构的工作经费根据当地服务规模和绩效确定，由各级财政共同承担。

任何单位或者个人不得截留或者挪用用于农业技术推广的资金。

第二十九条　各级人民政府应当采取措施，保障和改善县、乡镇国家农业技术推广机构的专业技术人员的工作条件、生活条件和待遇，并按照国家规定给予补贴，保持国家农业技术推广队伍的稳定。

对在县、乡镇、村从事农业技术推广工作的专业技术人员的职称评定，应当以考核其推广工作的业务技术水平和实绩为主。

第三十条　各级人民政府应当采取措施，保障国家农业技术推广机构获得必需的试验示范场所、办公场所、推广和培训设施设备等工作条件。

地方各级人民政府应当保障国家农业技术推广机构的试验示范场所、生产资料和其他财产不受侵害。

第三十一条　农业技术推广部门和县级以上国家农业技术推广机构，应当有计划地对农业技术推广人员进行技术培训，组织专业进修，使其不断更新知识、提高业务水平。

第三十二条　县级以上农业技术推广部门、乡镇人民政府应当对其管理的国家农业技术推广机构履行公益性职责的情况进行监督、考评。

各级农业技术推广部门和国家农业技术推广机构，应当建立国家农业技术推广机构的专业技术人员工作责任制度和考评制度。

县级人民政府农业技术推广部门管理为主的乡镇国家农业技术推广机构的人员，其业务考核、岗位聘用以及晋升，应当充分听取所服务区域的乡镇人民政府和服务对象的意见。

乡镇人民政府管理为主、县级人民政府农业技术推广部门业务指导的乡镇国家农业技术推广机构的人员，其业务考核、岗位聘用以及晋升，应当充分听取所在地的县级人民政府农业技术推广部门和服务对象的意见。

第三十三条　从事农业技术推广服务的，可以享受国家规定的税收、信贷等方面的优惠。

第五章　法律责任

第三十四条　各级人民政府有关部门及其工作人员未依照本法规定履行职责的，对直接负责的主管人员和其他直接责任人员依法给予处分。

第三十五条　国家农业技术推广机构及其工作人员未依照本法规定履行职责的，由主管机关责令限期改正，通报批评；对直接负责的主管人员和其他直接责任人员依法给予处分。

第三十六条　违反本法规定，向农业劳动者、农业生产经营组织推广未经试验证明具有先进性、适用性或者安全性的农业技术，造成损失的，应当承担赔偿责任。

第三十七条　违反本法规定，强迫农业劳动者、农业生产经营组织应用农业技术，造成损失的，依法承担赔偿责任。

第三十八条　违反本法规定，截留或者挪用用于农业技术推广的资金的，对直接负责的主管人员和其他直接责任人员依法给予处分；构成犯罪的，依法追究刑事责任。

第六章　附　　则

第三十九条　本法自公布之日起施行。

二、《农作物病虫害防治条例》

《农作物病虫害防治条例》于2020年3月17日经国务院第86次常务会议通过，自2020年5月1日起施行。该条例分总则、监测与预报、预防与控制、应急处置、专业化服务、法律责任、附则等7章45条。全文如下：

第一章 总 则

第一条 为了防治农作物病虫害，保障国家粮食安全和农产品质量安全，保护生态环境，促进农业可持续发展，制定本条例。

第二条 本条例所称农作物病虫害防治，是指对危害农作物及其产品的病、虫、草、鼠等有害生物的监测与预报、预防与控制、应急处置等防治活动及其监督管理。

第三条 农作物病虫害防治实行预防为主、综合防治的方针，坚持政府主导、属地负责、分类管理、科技支撑、绿色防控。

第四条 根据农作物病虫害的特点及其对农业生产的危害程度，将农作物病虫害分为下列三类：

（一）一类农作物病虫害，是指常年发生面积特别大或者可能给农业生产造成特别重大损失的农作物病虫害，其名录由国务院农业农村主管部门制定、公布；

（二）二类农作物病虫害，是指常年发生面积大或者可能给农业生产造成重大损失的农作物病虫害，其名录由省、自治区、直辖市人民政府农业农村主管部门制定、公布，并报国务院农业农村主管部门备案；

（三）三类农作物病虫害，是指一类农作物病虫害和二类农作物病虫害以外的其他农作物病虫害。

新发现的农作物病虫害可能给农业生产造成重大或者特别重大损失的，在确定其分类前，按照一类农作物病虫害管理。

第五条 县级以上人民政府应当加强对农作物病虫害防治工作的组织领导，将防治工作经费纳入本级政府预算。

第六条 国务院农业农村主管部门负责全国农作物病虫害防治的监督管理工作。县级以上地方人民政府农业农村主管部门负责本行政区域农作物病虫害防治的监督管理工作。

县级以上人民政府其他有关部门按照职责分工，做好农作物病虫害防治相关工作。

乡镇人民政府应当协助上级人民政府有关部门做好本行政区域农作物病虫害防治宣传、动员、组织等工作。

第七条 县级以上人民政府农业农村主管部门组织植物保护工作机构开展农作物病虫害防治有关技术工作。

第八条 农业生产经营者等有关单位和个人应当做好生产经营范围内的农作物病虫害防治工作，并对各级人民政府及有关部门开展的防治工作予以配合。

农村集体经济组织、村民委员会应当配合各级人民政府及有关部门做好农作物病虫害防治工作。

第九条 国家鼓励和支持开展农作物病虫害防治科技创新、成果转化和依法推广应用，普及应用信息技术、生物技术，推进农作物病虫害防治的智能化、专业化、绿色化。

国家鼓励和支持农作物病虫害防治国际合作与交流。

第十条　国家鼓励和支持使用生态治理、健康栽培、生物防治、物理防治等绿色防控技术和先进施药机械以及安全、高效、经济的农药。

第十一条　对在农作物病虫害防治工作中作出突出贡献的单位和个人，按照国家有关规定予以表彰。

第二章　监测与预报

第十二条　国家建立农作物病虫害监测制度。国务院农业农村主管部门负责编制全国农作物病虫害监测网络建设规划并组织实施。省、自治区、直辖市人民政府农业农村主管部门负责编制本行政区域农作物病虫害监测网络建设规划并组织实施。

县级以上人民政府农业农村主管部门应当加强对农作物病虫害监测网络的管理。

第十三条　任何单位和个人不得侵占、损毁、拆除、擅自移动农作物病虫害监测设施设备，或者以其他方式妨害农作物病虫害监测设施设备正常运行。

新建、改建、扩建建设工程应当避开农作物病虫害监测设施设备；确实无法避开、需要拆除农作物病虫害监测设施设备的，应当由县级以上人民政府农业农村主管部门按照有关技术要求组织迁建，迁建费用由建设单位承担。

农作物病虫害监测设施设备毁损的，县级以上人民政府农业农村主管部门应当及时组织修复或者重新建设。

第十四条　县级以上人民政府农业农村主管部门应当组织开展农作物病虫害监测。农作物病虫害监测包括下列内容：

（一）农作物病虫害发生的种类、时间、范围、程度；

（二）害虫主要天敌种类、分布与种群消长情况；

（三）影响农作物病虫害发生的田间气候；

（四）其他需要监测的内容。

农作物病虫害监测技术规范由省级以上人民政府农业农村主管部门制定。

农业生产经营者等有关单位和个人应当配合做好农作物病虫害监测。

第十五条　县级以上地方人民政府农业农村主管部门应当按照国务院农业农村主管部门的规定及时向上级人民政府农业农村主管部门报告农作物病虫害监测信息。

任何单位和个人不得瞒报、谎报农作物病虫害监测信息，不得授意他人编造虚假信息，不得阻挠他人如实报告。

第十六条　县级以上人民政府农业农村主管部门应当在综合分析监测结果的基础上，按照国务院农业农村主管部门的规定发布农作物病虫害预报，其他组织和个人不得向社会发布农作物病虫害预报。

农作物病虫害预报包括农作物病虫害发生以及可能发生的种类、时间、范围、程度以及预防控制措施等内容。

第十七条　境外组织和个人不得在我国境内开展农作物病虫害监测活动。确需开展的，应当由省级以上人民政府农业农村主管部门组织境内有关单位与其联合进行，并遵守有关法律、法规的规定。

任何单位和个人不得擅自向境外组织和个人提供未发布的农作物病虫害监测信息。

第三章　预防与控制

第十八条　国务院农业农村主管部门组织制定全国农作物病虫害预防控制方案，县级以上地方人民政府农业农村主管部门组织制定本行政区域农作物病虫害预防控制方案。

农作物病虫害预防控制方案根据农业生产情况、气候条件、农作物病虫害常年发生情况、监测预报情况以及发生趋势等因素制定，其内容包括预防控制目标、重点区域、防治阈值、预防控制措施和保障措施等方面。

第十九条　县级以上人民政府农业农村主管部门应当健全农作物病虫害防治体系，并组织开展农作物病虫害抗药性监测评估，为农业生产经营者提供农作物病虫害预防控制技术培训、指导、服务。

国家鼓励和支持科研单位、有关院校、农民专业合作社、企业、行业协会等单位和个人研究、依法推广绿色防控技术。

对在农作物病虫害防治工作中接触有毒有害物质的人员，有关单位应当组织做好安全防护，并按照国家有关规定发放津贴补贴。

第二十条　县级以上人民政府农业农村主管部门应当在农作物病虫害孳生地、源头区组织开展作物改种、植被改造、环境整治等生态治理工作，调整种植结构，防止农作物病虫害孳生和蔓延。

第二十一条　县级以上人民政府农业农村主管部门应当指导农业生产经营者选用抗病、抗虫品种，采用包衣、拌种、消毒等种子处理措施，采取合理轮作、深耕除草、覆盖除草、土壤消毒、清除农作物病残体等健康栽培管理措施，预防农作物病虫害。

第二十二条　从事农作物病虫害研究、饲养、繁殖、运输、展览等活动的，应当采取措施防止其逃逸、扩散。

第二十三条　农作物病虫害发生时，农业生产经营者等有关单位和个人应当及时采取防止农作物病虫害扩散的控制措施。发现农作物病虫害严重发生或者暴发的，应当及时报告所在地县级人民政府农业农村主管部门。

第二十四条　有关单位和个人开展农作物病虫害防治使用农药时，应当遵守农药安全、合理使用制度，严格按照农药标签或者说明书使用农药。

农田除草时，应当防止除草剂危害当季和后茬作物；农田灭鼠时，应当防止杀鼠剂危害人畜安全。

第二十五条　农作物病虫害严重发生时，县级以上地方人民政府农业农村主管部门应当按照农作物病虫害预防控制方案以及监测预报情况，及时组织、指导农业生产经营者、专业化病虫害防治服务组织等有关单位和个人采取统防统治等控制措施。

一类农作物病虫害严重发生时，国务院农业农村主管部门应当对控制工作进行综合协调、指导。二类、三类农作物病虫害严重发生时，省、自治区、直辖市人民政府农业农村主管部门应当对控制工作进行综合协调、指导。

国有荒地上发生的农作物病虫害由县级以上地方人民政府组织控制。

第二十六条　农田鼠害严重发生时，县级以上地方人民政府应当组织采取统一灭鼠措施。

第二十七条　县级以上地方人民政府农业农村主管部门应当组织做好农作物病虫害灾情

调查汇总工作，将灾情信息及时报告本级人民政府和上一级人民政府农业农村主管部门，并抄送同级人民政府应急管理部门。

农作物病虫害灾情信息由县级以上人民政府农业农村主管部门商同级人民政府应急管理部门发布，其他组织和个人不得向社会发布。

第二十八条 国家鼓励和支持保险机构开展农作物病虫害防治相关保险业务，鼓励和支持农业生产经营者等有关单位和个人参加保险。

第四章 应急处置

第二十九条 国务院农业农村主管部门应当建立农作物病虫害防治应急响应和处置机制，制定应急预案。

县级以上地方人民政府及其有关部门应当根据本行政区域农作物病虫害应急处置需要，组织制定应急预案，开展应急业务培训和演练，储备必要的应急物资。

第三十条 农作物病虫害暴发时，县级以上地方人民政府应当立即启动应急响应，采取下列措施：

（一）划定应急处置的范围和面积；

（二）组织和调集应急处置队伍；

（三）启用应急备用药剂、机械等物资；

（四）组织应急处置行动。

第三十一条 县级以上地方人民政府有关部门应当在各自职责范围内做好农作物病虫害应急处置工作。

公安、交通运输等主管部门应当为应急处置所需物资的调度、运输提供便利条件，民用航空主管部门应当为应急处置航空作业提供优先保障，气象主管机构应当为应急处置提供气象信息服务。

第三十二条 农作物病虫害应急处置期间，县级以上地方人民政府可以根据需要依法调集必需的物资、运输工具以及相关设施设备。应急处置结束后，应当及时归还并对毁损、灭失的给予补偿。

第五章 专业化服务

第三十三条 国家通过政府购买服务等方式鼓励和扶持专业化病虫害防治服务组织，鼓励专业化病虫害防治服务组织使用绿色防控技术。

县级以上人民政府农业农村主管部门应当加强对专业化病虫害防治服务组织的规范和管理，并为专业化病虫害防治服务组织提供技术培训、指导、服务。

第三十四条 专业化病虫害防治服务组织应当具备相应的设施设备、技术人员、田间作业人员以及规范的管理制度。

依照有关法律、行政法规需要办理登记的专业化病虫害防治服务组织，应当依法向县级以上人民政府有关部门申请登记。

第三十五条 专业化病虫害防治服务组织的田间作业人员应当能够正确识别服务区域的农作物病虫害，正确掌握农药适用范围、施用方法、安全间隔期等专业知识以及田间作业安全防护知识，正确使用施药机械以及农作物病虫害防治相关用品。专业化病虫害防治服务组织应当定期组织田间作业人员参加技术培训。

第三十六条 专业化病虫害防治服务组织应当与服务对象共同商定服务方案或者签订服务合同。

专业化病虫害防治服务组织应当遵守国家有关农药安全、合理使用制度，建立服务档案，如实记录服务的时间、地点、内容以及使用农药的名称、用量、生产企业、农药包装废弃物处置方式等信息。服务档案应当保存2年以上。

第三十七条 专业化病虫害防治服务组织应当按照国家有关规定为田间作业人员参加工伤保险缴纳工伤保险费。国家鼓励专业化病虫害防治服务组织为田间作业人员投保人身意外伤害保险。

专业化病虫害防治服务组织应当为田间作业人员配备必要的防护用品。

第三十八条 专业化病虫害防治服务组织开展农作物病虫害预防控制航空作业，应当按照国家有关规定向公众公告作业范围、时间、施药种类以及注意事项；需要办理飞行计划或者备案手续的，应当按照国家有关规定办理。

第六章　法律责任

第三十九条 地方各级人民政府和县级以上人民政府有关部门及其工作人员有下列行为之一的，对负有责任的领导人员和直接责任人员依法给予处分；构成犯罪的，依法追究刑事责任：

（一）未依照本条例规定履行职责；

（二）瞒报、谎报农作物病虫害监测信息，授意他人编造虚假信息或者阻挠他人如实报告；

（三）擅自向境外组织和个人提供未发布的农作物病虫害监测信息；

（四）其他滥用职权、玩忽职守、徇私舞弊行为。

第四十条 违反本条例规定，侵占、损毁、拆除、擅自移动农作物病虫害监测设施设备或者以其他方式妨害农作物病虫害监测设施设备正常运行的，由县级以上人民政府农业农村主管部门责令停止违法行为，限期恢复原状或者采取其他补救措施，可以处5万元以下罚款；造成损失的，依法承担赔偿责任；构成犯罪的，依法追究刑事责任。

第四十一条 违反本条例规定，有下列行为之一的，由县级以上人民政府农业农村主管部门处5 000元以上5万元以下罚款；情节严重的，处5万元以上10万元以下罚款；造成损失的，依法承担赔偿责任；构成犯罪的，依法追究刑事责任：

（一）擅自向社会发布农作物病虫害预报或者灾情信息；

（二）从事农作物病虫害研究、饲养、繁殖、运输、展览等活动未采取有效措施，造成农作物病虫害逃逸、扩散；

（三）开展农作物病虫害预防控制航空作业未按照国家有关规定进行公告。

第四十二条 专业化病虫害防治服务组织有下列行为之一的，由县级以上人民政府农业农村主管部门责令改正；拒不改正或者情节严重的，处2 000元以上2万元以下罚款；造成损失的，依法承担赔偿责任：

（一）不具备相应的设施设备、技术人员、田间作业人员以及规范的管理制度；

（二）其田间作业人员不能正确识别服务区域的农作物病虫害，或者不能正确掌握农药适用范围、施用方法、安全间隔期等专业知识以及田间作业安全防护知识，或者不能正确使用施药机械以及农作物病虫害防治相关用品；

（三）未按规定建立或者保存服务档案；

（四）未为田间作业人员配备必要的防护用品。

第四十三条　境外组织和个人违反本条例规定，在我国境内开展农作物病虫害监测活动的，由县级以上人民政府农业农村主管部门责令其停止监测活动，没收监测数据和工具，并处10万元以上50万元以下罚款；情节严重的，并处50万元以上100万元以下罚款；构成犯罪的，依法追究刑事责任。

第七章　附　　则

第四十四条　储存粮食的病虫害防治依照有关法律、行政法规的规定执行。

第四十五条　本条例自2020年5月1日起施行。

三、《农药管理条例》

《农药管理条例》于1997年5月8日经中华人民共和国国务院令第216号发布；根据2001年11月29日《国务院关于修改〈农药管理条例〉的决定》修订；2017年2月8日国务院第164次常务会议修订通过，自2017年6月1日起施行。该条例分总则、农药登记、农药生产、农药经营、农药使用、监督管理、法律责任、附则等8章66条。全文如下：

第一章　总　　则

第一条　为了加强农药管理，保证农药质量，保障农产品质量安全和人畜安全，保护农业、林业生产和生态环境，制定本条例。

第二条　本条例所称农药，是指用于预防、控制危害农业、林业的病、虫、草、鼠和其他有害生物以及有目的地调节植物、昆虫生长的化学合成或者来源于生物、其他天然物质的一种物质或者几种物质的混合物及其制剂。

前款规定的农药包括用于不同目的、场所的下列各类：

（一）预防、控制危害农业、林业的病、虫（包括昆虫、蜱、螨）、草、鼠、软体动物和其他有害生物；

（二）预防、控制仓储以及加工场所的病、虫、鼠和其他有害生物；

（三）调节植物、昆虫生长；

（四）农业、林业产品防腐或者保鲜；

（五）预防、控制蚊、蝇、蜚蠊、鼠和其他有害生物；

（六）预防、控制危害河流堤坝、铁路、码头、机场、建筑物和其他场所的有害生物。

第三条　国务院农业主管部门负责全国的农药监督管理工作。

县级以上地方人民政府农业主管部门负责本行政区域的农药监督管理工作。

县级以上人民政府其他有关部门在各自职责范围内负责有关的农药监督管理工作。

第四条　县级以上地方人民政府应当加强对农药监督管理工作的组织领导，将农药监督管理经费列入本级政府预算，保障农药监督管理工作的开展。

第五条　农药生产企业、农药经营者应当对其生产、经营的农药的安全性、有效性负责，自觉接受政府监管和社会监督。

农药生产企业、农药经营者应当加强行业自律，规范生产、经营行为。

第六条 国家鼓励和支持研制、生产、使用安全、高效、经济的农药，推进农药专业化使用，促进农药产业升级。

对在农药研制、推广和监督管理等工作中作出突出贡献的单位和个人，按照国家有关规定予以表彰或者奖励。

第二章 农药登记

第七条 国家实行农药登记制度。农药生产企业、向中国出口农药的企业应当依照本条例的规定申请农药登记，新农药研制者可以依照本条例的规定申请农药登记。

国务院农业主管部门所属的负责农药检定工作的机构负责农药登记具体工作。省、自治区、直辖市人民政府农业主管部门所属的负责农药检定工作的机构协助做好本行政区域的农药登记具体工作。

第八条 国务院农业主管部门组织成立农药登记评审委员会，负责农药登记评审。

农药登记评审委员会由下列人员组成：

（一）国务院农业、林业、卫生、环境保护、粮食、工业行业管理、安全生产监督管理等有关部门和供销合作总社等单位推荐的农药产品化学、药效、毒理、残留、环境、质量标准和检测等方面的专家；

（二）国家农产品安全风险评估专家委员会的有关专家；

（三）国务院农业、林业、卫生、环境保护、粮食、工业行业管理、安全生产监督管理等有关部门和供销合作总社等单位的代表。

农药登记评审规则由国务院农业主管部门制定。

第九条 申请农药登记的，应当进行登记试验。

农药的登记试验应当报所在地省、自治区、直辖市人民政府农业主管部门备案。

新农药的登记试验应当向国务院农业主管部门提出申请。国务院农业主管部门应当自受理申请之日起40个工作日内对试验的安全风险及其防范措施进行审查，符合条件的，准予登记试验；不符合条件的，书面通知申请人并说明理由。

第十条 登记试验应当由国务院农业主管部门认定的登记试验单位按照国务院农业主管部门的规定进行。

与已取得中国农药登记的农药组成成分、使用范围和使用方法相同的农药，免予残留、环境试验，但已取得中国农药登记的农药依照本条例第十五条的规定在登记资料保护期内的，应当经农药登记证持有人授权同意。

登记试验单位应当对登记试验报告的真实性负责。

第十一条 登记试验结束后，申请人应当向所在地省、自治区、直辖市人民政府农业主管部门提出农药登记申请，并提交登记试验报告、标签样张和农药产品质量标准及其检验方法等申请资料；申请新农药登记的，还应当提供农药标准品。

省、自治区、直辖市人民政府农业主管部门应当自受理申请之日起20个工作日内提出初审意见，并报送国务院农业主管部门。

向中国出口农药的企业申请农药登记的，应当持本条第一款规定的资料、农药标准品以及在有关国家（地区）登记、使用的证明材料，向国务院农业主管部门提出申请。

第十二条　国务院农业主管部门受理申请或者收到省、自治区、直辖市人民政府农业主管部门报送的申请资料后，应当组织审查和登记评审，并自收到评审意见之日起20个工作日内作出审批决定，符合条件的，核发农药登记证；不符合条件的，书面通知申请人并说明理由。

第十三条　农药登记证应当载明农药名称、剂型、有效成分及其含量、毒性、使用范围、使用方法和剂量、登记证持有人、登记证号以及有效期等事项。

农药登记证有效期为5年。有效期届满，需要继续生产农药或者向中国出口农药的，农药登记证持有人应当在有效期届满90日前向国务院农业主管部门申请延续。

农药登记证载明事项发生变化的，农药登记证持有人应当按照国务院农业主管部门的规定申请变更农药登记证。

国务院农业主管部门应当及时公告农药登记证核发、延续、变更情况以及有关的农药产品质量标准号、残留限量规定、检验方法、经核准的标签等信息。

第十四条　新农药研制者可以转让其已取得登记的新农药的登记资料；农药生产企业可以向具有相应生产能力的农药生产企业转让其已取得登记的农药的登记资料。

第十五条　国家对取得首次登记的、含有新化合物的农药的申请人提交的其自己所取得且未披露的试验数据和其他数据实施保护。

自登记之日起6年内，对其他申请人未经已取得登记的申请人同意，使用前款规定的数据申请农药登记的，登记机关不予登记；但是，其他申请人提交其自己所取得的数据的除外。

除下列情况外，登记机关不得披露本条第一款规定的数据：

（一）公共利益需要；

（二）已采取措施确保该类信息不会被不正当地进行商业使用。

第三章　农药生产

第十六条　农药生产应当符合国家产业政策。国家鼓励和支持农药生产企业采用先进技术和先进管理规范，提高农药的安全性、有效性。

第十七条　国家实行农药生产许可制度。农药生产企业应当具备下列条件，并按照国务院农业主管部门的规定向省、自治区、直辖市人民政府农业主管部门申请农药生产许可证：

（一）有与所申请生产农药相适应的技术人员；

（二）有与所申请生产农药相适应的厂房、设施；

（三）有对所申请生产农药进行质量管理和质量检验的人员、仪器和设备；

（四）有保证所申请生产农药质量的规章制度。

省、自治区、直辖市人民政府农业主管部门应当自受理申请之日起20个工作日内作出审批决定，必要时应当进行实地核查。符合条件的，核发农药生产许可证；不符合条件的，书面通知申请人并说明理由。

安全生产、环境保护等法律、行政法规对企业生产条件有其他规定的，农药生产企业还应当遵守其规定。

第十八条 农药生产许可证应当载明农药生产企业名称、住所、法定代表人（负责人）、生产范围、生产地址以及有效期等事项。

农药生产许可证有效期为5年。有效期届满，需要继续生产农药的，农药生产企业应当在有效期届满90日前向省、自治区、直辖市人民政府农业主管部门申请延续。

农药生产许可证载明事项发生变化的，农药生产企业应当按照国务院农业主管部门的规定申请变更农药生产许可证。

第十九条 委托加工、分装农药的，委托人应当取得相应的农药登记证，受托人应当取得农药生产许可证。

委托人应当对委托加工、分装的农药质量负责。

第二十条 农药生产企业采购原材料，应当查验产品质量检验合格证和有关许可证明文件，不得采购、使用未依法附具产品质量检验合格证、未依法取得有关许可证明文件的原材料。

农药生产企业应当建立原材料进货记录制度，如实记录原材料的名称、有关许可证明文件编号、规格、数量、供货人名称及其联系方式、进货日期等内容。原材料进货记录应当保存2年以上。

第二十一条 农药生产企业应当严格按照产品质量标准进行生产，确保农药产品与登记农药一致。农药出厂销售，应当经质量检验合格并附具产品质量检验合格证。

农药生产企业应当建立农药出厂销售记录制度，如实记录农药的名称、规格、数量、生产日期和批号、产品质量检验信息、购货人名称及其联系方式、销售日期等内容。农药出厂销售记录应当保存2年以上。

第二十二条 农药包装应当符合国家有关规定，并印制或者贴有标签。国家鼓励农药生产企业使用可回收的农药包装材料。

农药标签应当按照国务院农业主管部门的规定，以中文标注农药的名称、剂型、有效成分及其含量、毒性及其标识、使用范围、使用方法和剂量、使用技术要求和注意事项、生产日期、可追溯电子信息码等内容。

剧毒、高毒农药以及使用技术要求严格的其他农药等限制使用农药的标签还应当标注“限制使用”字样，并注明使用的特别限制和特殊要求。用于食用农产品的农药的标签还应当标注安全间隔期。

第二十三条 农药生产企业不得擅自改变经核准的农药的标签内容，不得在农药的标签中标注虚假、误导使用者的内容。

农药包装过小，标签不能标注全部内容的，应当同时附具说明书，说明书的内容应当与经核准的标签内容一致。

第四章 农药经营

第二十四条 国家实行农药经营许可制度，但经营卫生用农药的除外。农药经营者应当具备下列条件，并按照国务院农业主管部门的规定向县级以上地方人民政府农业主管部门申请农药经营许可证：

（一）有具备农药和病虫害防治专业知识，熟悉农药管理规定，能够指导安全合理使用农药的经营人员；

（二）有与其他商品以及饮用水水源、生活区域等有效隔离的营业场所和仓储场所，并配备与所申请经营农药相适应的防护设施；

（三）有与所申请经营农药相适应的质量管理、台账记录、安全防护、应急处置、仓储管理等制度。

经营限制使用农药的，还应当配备相应的用药指导和病虫害防治专业技术人员，并按照所在地省、自治区、直辖市人民政府农业主管部门的规定实行定点经营。

县级以上地方人民政府农业主管部门应当自受理申请之日起20个工作日内作出审批决定。符合条件的，核发农药经营许可证；不符合条件的，书面通知申请人并说明理由。

第二十五条　农药经营许可证应当载明农药经营者名称、住所、负责人、经营范围以及有效期等事项。

农药经营许可证有效期为5年。有效期届满，需要继续经营农药的，农药经营者应当在有效期届满90日前向发证机关申请延续。

农药经营许可证载明事项发生变化的，农药经营者应当按照国务院农业主管部门的规定申请变更农药经营许可证。

取得农药经营许可证的农药经营者设立分支机构的，应当依法申请变更农药经营许可证，并向分支机构所在地县级以上地方人民政府农业主管部门备案，其分支机构免予办理农药经营许可证。农药经营者应当对其分支机构的经营活动负责。

第二十六条　农药经营者采购农药应当查验产品包装、标签、产品质量检验合格证以及有关许可证明文件，不得向未取得农药生产许可证的农药生产企业或者未取得农药经营许可证的其他农药经营者采购农药。

农药经营者应当建立采购台账，如实记录农药的名称、有关许可证明文件编号、规格、数量、生产企业和供货人名称及其联系方式、进货日期等内容。采购台账应当保存2年以上。

第二十七条　农药经营者应当建立销售台账，如实记录销售农药的名称、规格、数量、生产企业、购买人、销售日期等内容。销售台账应当保存2年以上。

农药经营者应当向购买人询问病虫害发生情况并科学推荐农药，必要时应当实地查看病虫害发生情况，并正确说明农药的使用范围、使用方法和剂量、使用技术要求和注意事项，不得误导购买人。

经营卫生用农药的，不适用本条第一款、第二款的规定。

第二十八条　农药经营者不得加工、分装农药，不得在农药中添加任何物质，不得采购、销售包装和标签不符合规定，未附具产品质量检验合格证，未取得有关许可证明文件的农药。

经营卫生用农药的，应当将卫生用农药与其他商品分柜销售；经营其他农药的，不得在农药经营场所内经营食品、食用农产品、饲料等。

第二十九条　境外企业不得直接在中国销售农药。境外企业在中国销售农药的，应当依法在中国设立销售机构或者委托符合条件的中国代理机构销售。

向中国出口的农药应当附具中文标签、说明书，符合产品质量标准，并经出入境检验检疫部门依法检验合格。禁止进口未取得农药登记证的农药。

办理农药进出口海关申报手续，应当按照海关总署的规定出示相关证明文件。

第五章 农药使用

第三十条 县级以上人民政府农业主管部门应当加强农药使用指导、服务工作，建立健全农药安全、合理使用制度，并按照预防为主、综合防治的要求，组织推广农药科学使用技术，规范农药使用行为。林业、粮食、卫生等部门应当加强对林业、储粮、卫生用农药安全、合理使用的技术指导，环境保护主管部门应当加强对农药使用过程中环境保护和污染防治的技术指导。

第三十一条 县级人民政府农业主管部门应当组织植物保护、农业技术推广等机构向农药使用者提供免费技术培训，提高农药安全、合理使用水平。

国家鼓励农业科研单位、有关学校、农民专业合作社、供销合作社、农业社会化服务组织和专业人员为农药使用者提供技术服务。

第三十二条 国家通过推广生物防治、物理防治、先进施药器械等措施，逐步减少农药使用量。

县级人民政府应当制定并组织实施本行政区域的农药减量计划；对实施农药减量计划、自愿减少农药使用量的农药使用者，给予鼓励和扶持。

县级人民政府农业主管部门应当鼓励和扶持设立专业化病虫害防治服务组织，并对专业化病虫害防治和限制使用农药的配药、用药进行指导、规范和管理，提高病虫害防治水平。

县级人民政府农业主管部门应当指导农药使用者有计划地轮换使用农药，减缓危害农业、林业的病、虫、草、鼠和其他有害生物的抗药性。

乡、镇人民政府应当协助开展农药使用指导、服务工作。

第三十三条 农药使用者应当遵守国家有关农药安全、合理使用制度，妥善保管农药，并在配药、用药过程中采取必要的防护措施，避免发生农药使用事故。

限制使用农药的经营者应当为农药使用者提供用药指导，并逐步提供统一用药服务。

第三十四条 农药使用者应当严格按照农药的标签标注的使用范围、使用方法和剂量、使用技术要求和注意事项使用农药，不得扩大使用范围、加大用药剂量或者改变使用方法。

农药使用者不得使用禁用的农药。

标签标注安全间隔期的农药，在农产品收获前应当按照安全间隔期的要求停止使用。

剧毒、高毒农药不得用于防治卫生害虫，不得用于蔬菜、瓜果、茶叶、菌类、中草药材的生产，不得用于水生植物的病虫害防治。

第三十五条 农药使用者应当保护环境，保护有益生物和珍稀物种，不得在饮用水水源保护区、河道内丢弃农药、农药包装物或者清洗施药器械。

严禁在饮用水水源保护区内使用农药，严禁使用农药毒鱼、虾、鸟、兽等。

第三十六条 农产品生产企业、食品和食用农产品仓储企业、专业化病虫害防治服务组织和从事农产品生产的农民专业合作社等应当建立农药使用记录，如实记录使用农药的时间、地点、对象以及农药名称、用量、生产企业等。农药使用记录应当保存2年以上。

国家鼓励其他农药使用者建立农药使用记录。

第三十七条 国家鼓励农药使用者妥善收集农药包装物等废弃物；农药生产企业、农药经营者应当回收农药废弃物，防止农药污染环境和农药中毒事故的发生。具体办法由国务院环境保护主管部门会同国务院农业主管部门、国务院财政部门等部门制定。

第三十八条　发生农药使用事故，农药使用者、农药生产企业、农药经营者和其他有关人员应当及时报告当地农业主管部门。

接到报告的农业主管部门应当立即采取措施，防止事故扩大，同时通知有关部门采取相应措施。造成农药中毒事故的，由农业主管部门和公安机关依照职责权限组织调查处理，卫生主管部门应当按照国家有关规定立即对受到伤害的人员组织医疗救治；造成环境污染事故的，由环境保护等有关部门依法组织调查处理；造成储粮药剂使用事故和农作物药害事故的，分别由粮食、农业等部门组织技术鉴定和调查处理。

第三十九条　因防治突发重大病虫害等紧急需要，国务院农业主管部门可以决定临时生产、使用规定数量的未取得登记或者禁用、限制使用的农药，必要时应当会同国务院对外贸易主管部门决定临时限制出口或者临时进口规定数量、品种的农药。

前款规定的农药，应当在使用地县级人民政府农业主管部门的监督和指导下使用。

第六章　监督管理

第四十条　县级以上人民政府农业主管部门应当定期调查统计农药生产、销售、使用情况，并及时通报本级人民政府有关部门。

县级以上地方人民政府农业主管部门应当建立农药生产、经营诚信档案并予以公布；发现违法生产、经营农药的行为涉嫌犯罪的，应当依法移送公安机关查处。

第四十一条　县级以上人民政府农业主管部门履行农药监督管理职责，可以依法采取下列措施：

（一）进入农药生产、经营、使用场所实施现场检查；

（二）对生产、经营、使用的农药实施抽查检测；

（三）向有关人员调查了解有关情况；

（四）查阅、复制合同、票据、账簿以及其他有关资料；

（五）查封、扣押违法生产、经营、使用的农药，以及用于违法生产、经营、使用农药的工具、设备、原材料等；

（六）查封违法生产、经营、使用农药的场所。

第四十二条　国家建立农药召回制度。农药生产企业发现其生产的农药对农业、林业、人畜安全、农产品质量安全、生态环境等有严重危害或者较大风险的，应当立即停止生产，通知有关经营者和使用者，向所在地农业主管部门报告，主动召回产品，并记录通知和召回情况。

农药经营者发现其经营的农药有前款规定的情形的，应当立即停止销售，通知有关生产企业、供货人和购买人，向所在地农业主管部门报告，并记录停止销售和通知情况。

农药使用者发现其使用的农药有本条第一款规定的情形的，应当立即停止使用，通知经营者，并向所在地农业主管部门报告。

第四十三条　国务院农业主管部门和省、自治区、直辖市人民政府农业主管部门应当组织负责农药检定工作的机构、植物保护机构对已登记农药的安全性和有效性进行监测。

发现已登记农药对农业、林业、人畜安全、农产品质量安全、生态环境等有严重危害或者较大风险的，国务院农业主管部门应当组织农药登记评审委员会进行评审，根据评审结果撤销、变更相应的农药登记证，必要时应当决定禁用或者限制使用并予以公告。

第四十四条 有下列情形之一的，认定为假农药：

（一）以非农药冒充农药；

（二）以此种农药冒充他种农药；

（三）农药所含有效成分种类与农药的标签、说明书标注的有效成分不符。

禁用的农药，未依法取得农药登记证而生产、进口的农药，以及未附具标签的农药，按照假农药处理。

第四十五条 有下列情形之一的，认定为劣质农药：

（一）不符合农药产品质量标准；

（二）混有导致药害等有害成分。

超过农药质量保证期的农药，按照劣质农药处理。

第四十六条 假农药、劣质农药和回收的农药废弃物等应当交由具有危险废物经营资质的单位集中处置，处置费用由相应的农药生产企业、农药经营者承担；农药生产企业、农药经营者不明确的，处置费用由所在地县级人民政府财政列支。

第四十七条 禁止伪造、变造、转让、出租、出借农药登记证、农药生产许可证、农药经营许可证等许可证明文件。

第四十八条 县级以上人民政府农业主管部门及其工作人员和负责农药检定工作的机构及其工作人员，不得参与农药生产、经营活动。

第七章 法律责任

第四十九条 县级以上人民政府农业主管部门及其工作人员有下列行为之一的，由本级人民政府责令改正；对负有责任的领导人员和直接责任人员，依法给予处分；负有责任的领导人员和直接责任人员构成犯罪的，依法追究刑事责任：

（一）不履行监督管理职责，所辖行政区域的违法农药生产、经营活动造成重大损失或者恶劣社会影响；

（二）对不符合条件的申请人准予许可或者对符合条件的申请人拒不准予许可；

（三）参与农药生产、经营活动；

（四）有其他徇私舞弊、滥用职权、玩忽职守行为。

第五十条 农药登记评审委员会组成人员在农药登记评审中谋取不正当利益的，由国务院农业主管部门从农药登记评审委员会除名；属于国家工作人员的，依法给予处分；构成犯罪的，依法追究刑事责任。

第五十一条 登记试验单位出具虚假登记试验报告的，由省、自治区、直辖市人民政府农业主管部门没收违法所得，并处5万元以上10万元以下罚款；由国务院农业主管部门从登记试验单位中除名，5年内不再受理其登记试验单位认定申请；构成犯罪的，依法追究刑事责任。

第五十二条 未取得农药生产许可证生产农药或者生产假农药的，由县级以上地方人民政府农业主管部门责令停止生产，没收违法所得、违法生产的产品和用于违法生产的工具、设备、原材料等，违法生产的产品货值金额不足1万元的，并处5万元以上10万元以下罚款，货值金额1万元以上的，并处货值金额10倍以上20倍以下罚款，由发证机关吊销农药生产许可证和相应的农药登记证；构成犯罪的，依法追究刑事责任。

取得农药生产许可证的农药生产企业不再符合规定条件继续生产农药的，由县级以上地方人民政府农业主管部门责令限期整改；逾期拒不整改或者整改后仍不符合规定条件的，由发证机关吊销农药生产许可证。

农药生产企业生产劣质农药的，由县级以上地方人民政府农业主管部门责令停止生产，没收违法所得、违法生产的产品和用于违法生产的工具、设备、原材料等，违法生产的产品货值金额不足1万元的，并处1万元以上5万元以下罚款，货值金额1万元以上的，并处货值金额5倍以上10倍以下罚款；情节严重的，由发证机关吊销农药生产许可证和相应的农药登记证；构成犯罪的，依法追究刑事责任。

委托未取得农药生产许可证的受托人加工、分装农药，或者委托加工、分装假农药、劣质农药的，对委托人和受托人均依照本条第一款、第三款的规定处罚。

第五十三条　农药生产企业有下列行为之一的，由县级以上地方人民政府农业主管部门责令改正，没收违法所得、违法生产的产品和用于违法生产的原材料等，违法生产的产品货值金额不足1万元的，并处1万元以上2万元以下罚款，货值金额1万元以上的，并处货值金额2倍以上5倍以下罚款；拒不改正或者情节严重的，由发证机关吊销农药生产许可证和相应的农药登记证：

（一）采购、使用未依法附具产品质量检验合格证、未依法取得有关许可证明文件的原材料；

（二）出厂销售未经质量检验合格并附具产品质量检验合格证的农药；

（三）生产的农药包装、标签、说明书不符合规定；

（四）不召回依法应当召回的农药。

第五十四条　农药生产企业不执行原材料进货、农药出厂销售记录制度，或者不履行农药废弃物回收义务的，由县级以上地方人民政府农业主管部门责令改正，处1万元以上5万元以下罚款；拒不改正或者情节严重的，由发证机关吊销农药生产许可证和相应的农药登记证。

第五十五条　农药经营者有下列行为之一的，由县级以上地方人民政府农业主管部门责令停止经营，没收违法所得、违法经营的农药和用于违法经营的工具、设备等，违法经营的农药货值金额不足1万元的，并处5 000元以上5万元以下罚款，货值金额1万元以上的，并处货值金额5倍以上10倍以下罚款；构成犯罪的，依法追究刑事责任：

（一）违反本条例规定，未取得农药经营许可证经营农药；

（二）经营假农药；

（三）在农药中添加物质。

有前款第二项、第三项规定的行为，情节严重的，还应当由发证机关吊销农药经营许可证。

取得农药经营许可证的农药经营者不再符合规定条件继续经营农药的，由县级以上地方人民政府农业主管部门责令限期整改；逾期拒不整改或者整改后仍不符合规定条件的，由发证机关吊销农药经营许可证。

第五十六条　农药经营者经营劣质农药的，由县级以上地方人民政府农业主管部门责令停止经营，没收违法所得、违法经营的农药和用于违法经营的工具、设备等，违法经营的农药货值金额不足1万元的，并处2 000元以上2万元以下罚款，货值金额1万元以上的，并处货值金额2倍以上5倍以下罚款；情节严重的，由发证机关吊销农药经营许可证；构成犯罪的，依法追究刑事责任。

第五十七条 农药经营者有下列行为之一的，由县级以上地方人民政府农业主管部门责令改正，没收违法所得和违法经营的农药，并处5 000元以上5万元以下罚款；拒不改正或者情节严重的，由发证机关吊销农药经营许可证：

（一）设立分支机构未依法变更农药经营许可证，或者未向分支机构所在地县级以上地方人民政府农业主管部门备案；

（二）向未取得农药生产许可证的农药生产企业或者未取得农药经营许可证的其他农药经营者采购农药；

（三）采购、销售未附具产品质量检验合格证或者包装、标签不符合规定的农药；

（四）不停止销售依法应当召回的农药。

第五十八条 农药经营者有下列行为之一的，由县级以上地方人民政府农业主管部门责令改正；拒不改正或者情节严重的，处2 000元以上2万元以下罚款，并由发证机关吊销农药经营许可证：

（一）不执行农药采购台账、销售台账制度；

（二）在卫生用农药以外的农药经营场所内经营食品、食用农产品、饲料等；

（三）未将卫生用农药与其他商品分柜销售；

（四）不履行农药废弃物回收义务。

第五十九条 境外企业直接在中国销售农药的，由县级以上地方人民政府农业主管部门责令停止销售，没收违法所得、违法经营的农药和用于违法经营的工具、设备等，违法经营的农药货值金额不足5万元的，并处5万元以上50万元以下罚款，货值金额5万元以上的，并处货值金额10倍以上20倍以下罚款，由发证机关吊销农药登记证。

取得农药登记证的境外企业向中国出口劣质农药情节严重或者出口假农药的，由国务院农业主管部门吊销相应的农药登记证。

第六十条 农药使用者有下列行为之一的，由县级人民政府农业主管部门责令改正，农药使用者为农产品生产企业、食品和食用农产品仓储企业、专业化病虫害防治服务组织和从事农产品生产的农民专业合作社等单位的，处5万元以上10万元以下罚款，农药使用者为个人的，处1万元以下罚款；构成犯罪的，依法追究刑事责任：

（一）不按照农药的标签标注的使用范围、使用方法和剂量、使用技术要求和注意事项、安全间隔期使用农药；

（二）使用禁用的农药；

（三）将剧毒、高毒农药用于防治卫生害虫，用于蔬菜、瓜果、茶叶、菌类、中草药材生产或者用于水生植物的病虫害防治；

（四）在饮用水水源保护区内使用农药；

（五）使用农药毒鱼、虾、鸟、兽等；

（六）在饮用水水源保护区、河道内丢弃农药、农药包装物或者清洗施药器械。

有前款第二项规定的行为的，县级人民政府农业主管部门还应当没收禁用的农药。

第六十一条 农产品生产企业、食品和食用农产品仓储企业、专业化病虫害防治服务组织和从事农产品生产的农民专业合作社等不执行农药使用记录制度的，由县级人民政府农业主管部门责令改正；拒不改正或者情节严重的，处2 000元以上2万元以下罚款。

第六十二条 伪造、变造、转让、出租、出借农药登记证、农药生产许可证、农药经营许可证等许可证明文件的，由发证机关收缴或者予以吊销，没收违法所得，并处1万元以上5万元以下罚款；构成犯罪的，依法追究刑事责任。

第六十三条 未取得农药生产许可证生产农药，未取得农药经营许可证经营农药，或者被吊销农药登记证、农药生产许可证、农药经营许可证的，其直接负责的主管人员10年内不得从事农药生产、经营活动。

农药生产企业、农药经营者招用前款规定的人员从事农药生产、经营活动的，由发证机关吊销农药生产许可证、农药经营许可证。

被吊销农药登记证的，国务院农业主管部门5年内不再受理其农药登记申请。

第六十四条 生产、经营的农药造成农药使用者人身、财产损害的，农药使用者可以向农药生产企业要求赔偿，也可以向农药经营者要求赔偿。属于农药生产企业责任的，农药经营者赔偿后有权向农药生产企业追偿；属于农药经营者责任的，农药生产企业赔偿后有权向农药经营者追偿。

第八章 附 则

第六十五条 申请农药登记的，申请人应当按照自愿有偿的原则，与登记试验单位协商确定登记试验费用。

第六十六条 本条例自2017年6月1日起施行。

四、《植物检疫条例》

《植物检疫条例》于1983年1月3日由国务院发布；1992年5月13日根据《国务院关于修改〈植物检疫条例〉的决定》修订发布；根据2017年10月7日《国务院关于修改部分行政法规的决定》（国务院令第687号）第二次修订，自公布之日起施行。该条例制定的目的是防止危害植物的危险性病、虫、杂草传播蔓延，保护农业、林业生产安全，共24条。全文如下：

第一条 为了防止危害植物的危险性病、虫、杂草传播蔓延，保护农业、林业生产安全，制定本条例。

第二条 国务院农业主管部门、林业主管部门主管全国的植物检疫工作，各省、自治区、直辖市农业主管部门、林业主管部门主管本地区的植物检疫工作。

第三条 县级以上地方和各级农业主管部门、林业主管部门所属的植物检疫机构，负责执行国家的植物检疫任务。

植物检疫人员进入车站、机场、港口、仓库以及其他有关场所执行植物检疫任务，应穿着检疫制服和佩带检疫标志。

第四条 凡局部地区发生的危险性大、能随植物及其产品传播的病、虫、杂草，应定为植物检疫对象。农业、林业植物检疫对象和应施检疫的植物、植物产品名单，由国务院农业主管部门、林业主管部门制定。各省、自治区、直辖市农业主管部门、林业主管部门可以根据本地区的需要，制定本省、自治区、直辖市的补充名单，并报国务院农业主管部门、林业主管部门备案。

第五条 局部地区发生植物检疫对象的，应划为疫区，采取封锁、消灭措施，防止植物检疫对象传出；发生地区已比较普遍的，则应将未发生地区划为保护区，防止植物检疫对象传入。

疫区应根据植物检疫对象的传播情况、当地的地理环境、交通状况以及采取封锁、消灭措施的需要来划定，其范围应严格控制。

在发生疫情的地区，植物检疫机构可以派人参加当地的道路联合检查站或者木材检查站；发生特大疫情时，经省、自治区、直辖市人民政府批准，可以设立植物检疫检查站，开展植物检疫工作。

第六条 疫区和保护区的划定，由省、自治区、直辖市农业主管部门、林业主管部门提出，报省、自治区、直辖市人民政府批准，并报国务院农业主管部门、林业主管部门备案。

疫区和保护区的范围涉及两省、自治区、直辖市以上的，由有关省、自治区、直辖市农业主管部门、林业主管部门共同提出，报国务院农业主管部门、林业主管部门批准后划定。

疫区、保护区的改变和撤销的程序，与划定时同。

第七条 调运植物和植物产品，属于下列情况的，必须经过检疫：

（一）列入应施检疫的植物、植物产品名单的，运出发生疫情的县级行政区域之前，必须经过检疫；

（二）凡种子、苗木和其他繁殖材料，不论是否列入应施检疫的植物、植物产品名单和运往何地，在调运之前，都必须经过检疫。

第八条 按照本条例第七条的规定必须检疫的植物和植物产品，经检疫未发现植物检疫对象的，发给植物检疫证书。发现有植物检疫对象、但能彻底消毒处理的，托运人应按植物检疫机构的要求，在指定地点做消毒处理，经检查合格后发给植物检疫证书；无法消毒处理的，应停止调运。

植物检疫证书的格式由国务院农业主管部门、林业主管部门制定。

对可能被植物检疫对象污染的包装材料、运载工具、场地、仓库等，也应实施检疫。如已被污染，托运人应按植物检疫机构的要求处理。

因实施检疫需要的车船停留、货物搬运、开拆、取样、储存、消毒处理等费用，由托运人负责。

第九条 按照本条例第七条的规定必须检疫的植物和植物产品，交通运输部门和邮政部门一律凭植物检疫证书承运或收寄。植物检疫证书应随货运寄。具体办法由国务院农业主管部门、林业主管部门会同铁道、交通、民航、邮政部门制定。

第十条 省、自治区、直辖市间调运本条例第七条规定必须经过检疫的植物和植物产品的，调入单位必须事先征得所在地的省、自治区、直辖市植物检疫机构的同意，并向调出单位提出检疫要求；调出单位必须根据该检疫要求向所在地的省、自治区、直辖市植物检疫机构申请检疫。对调入的植物和植物产品，调入单位所在地的省、自治区、直辖市的植物检疫机构应当查验检疫证书，必要时可以复检。

省、自治区、直辖市内调运植物和植物产品的检疫办法，由省、自治区、直辖市人民政府规定。

第十一条 种子、苗木和其他繁殖材料的繁育单位，必须有计划地建立无植物检疫对象的种苗繁育基地、母树林基地。试验、推广的种子、苗木和其他繁殖材料，不得带有植物检疫对象。植物检疫机构应实施产地检疫。

第十二条　从国外引进种子、苗木，引进单位应当向所在地的省、自治区、直辖市植物检疫机构提出申请，办理检疫审批手续。但是，国务院有关部门所属的在京单位从国外引进种子、苗木，应当向国务院农业主管部门、林业主管部门所属的植物检疫机构提出申请，办理检疫审批手续。具体方法由国务院农业主管部门、林业主管部门制定。

从国外引进、可能潜伏有危险性病、虫的种子、苗木和其他繁殖材料，必须隔离试种，植物检疫机构应进行调查、观察和检疫，证明确实不带危险性病、虫的，方可分散种植。

第十三条　农林院校和试验研究单位对植物检疫对象的研究，不得在检疫对象的非疫区进行。因教学、科研确需在非疫区进行时，应当遵守国务院农业主管部门、林业主管部门的规定。

第十四条　植物检疫机构对于新发现的检疫对象和其他危险性病、虫、杂草，必须及时查清情况，立即报告省、自治区、直辖市农业主管部门、林业主管部门，采取措施，彻底消灭，并报告国务院农业主管部门、林业主管部门。

第十五条　疫情由国务院农业主管部门、林业主管部门发布。

第十六条　按照本条例第五条第一款和第十四条的规定，进行疫情调查和采取消灭措施所需的紧急防治费和补助费，由省、自治区、直辖市在每年的植物保护费、森林保护费或者国有农场的生产费中安排。特大疫情的防治费，国家酌情给予补助。

第十七条　在植物检疫工作中作出显著成绩的单位和个人，由人民政府给予奖励。

第十八条　有下列行为之一的，植物检疫机构应当责令纠正，可以处以罚款；造成损失的，应当负责赔偿；构成犯罪的，由司法机关依法追究刑事责任：

（一）未依照本条例规定办理植物检疫证书或者在报检过程中弄虚作假的；

（二）伪造、涂改、买卖、转让植物检疫单证、印章、标志、封识的；

（三）未依照本条例规定调运、隔离试种或者生产应施检疫的植物、植物产品的；

（四）违反本条例规定，擅自开拆植物、植物产品包装，调换植物、植物产品，或者擅自改变植物、植物产品的规定用途的；

（五）违反本条例规定，引起疫情扩散的。

有前款第（一）、（二）、（三）、（四）项所列情形之一，尚不构成犯罪的，植物检疫机构可以没收非法所得。

对违反本条例规定调运的植物和植物产品，植物检疫机构有权予以封存、没收、销毁或者责令改变用途。销毁所需费用由责任人承担。

第十九条　植物检疫人员在植物检疫工作中，交通运输部门和邮政部门有关工作人员在植物、植物产品的运输、邮寄工作中，徇私舞弊、玩忽职守的，由其所在单位或者上级主管机关给予行政处分；构成犯罪的，由司法机关依法追究刑事责任。

第二十条　当事人对植物检疫机构的行政处罚决定不服的，可以自接到处罚决定通知书之日起十五内，向作出行政处罚决定的植物检疫机构的上级机构申请复议；对复议决定不服的，可以自接到复议决定书之日起十五日内向人民法院提起诉讼。当事人逾期不申请复议或者不起诉又不履行行政处罚决定的，植物检疫机构可以申请人民院强制执行或者依法强制执行。

第二十一条　植物检疫机构执行任务可以收取检疫费，具体办法由国务院农业主管部门、林业主管部门制定。

第二十二条 进出口植物的检疫，按照《中华人民共和国进出境动植物检疫法》的规定执行。

第二十三条 本条例的实施细则由国务院农业主管部门、林业主管部门制定。各省、自治区、直辖市可根据本条例及其实施细则，结合当地具体情况，制定实施办法。

第二十四条 本条例自发布之日起施行。国务院批准、农业部一九五七年十二月四日发布的《国内植物检疫试行办法》同时废止。

五、《中华人民共和国劳动法》

《中华人民共和国劳动法》于 1994 年 7 月 5 日经第八届全国人民代表大会常务委员会第八次会议通过；根据 2009 年 8 月 27 日第十一届全国人民代表大会常务委员会第十次会议《关于修改部分法律的决定》第一次修正；根据 2018 年 12 月 29 日第十三届全国人民代表大会常务委员会第七次会议《关于修改〈中华人民共和国劳动法〉等七部法律的决定》第二次修正。其立法目的是保护劳动者的合法权益，调整劳动关系，建立和维护适应社会主义市场经济的劳动制度，促进经济发展和社会进步。该法分总则、促进就业、劳动合同和集体合同、工作时间和休息休假、工资、劳动安全卫生、女职工和未成年工特殊保护、职业培训、社会保险和福利、劳动争议、监督检查、法律责任、附则等 13 章 107 条。与农作物植保员有关条款如下：

第三条 劳动者享有平等就业和选择职业的权利、取得劳动报酬的权利、休息休假的权利、获得劳动安全卫生保护的权利、接受职业技能培训的权利、享受社会保险和福利的权利、提请劳动争议处理的权利以及法律规定的其他劳动权利。

劳动者应当完成劳动任务，提高职业技能，执行劳动安全卫生规程，遵守劳动纪律和职业道德。

第十二条 劳动者就业，不因民族、种族、性别、宗教信仰不同而受歧视。

第十五条 禁止用人单位招用未满十六周岁的未成年人。

文艺、体育和特种工艺单位招用未满十六周岁的未成年人，必须遵守国家有关规定，并保障其接受义务教育的权利。

第十六条 劳动合同是劳动者与用人单位确立劳动关系、明确双方权利和义务的协议。

建立劳动关系应当订立劳动合同。

第十七条 订立和变更劳动合同，应当遵循平等自愿、协商一致的原则，不得违反法律、行政法规的规定。

劳动合同依法订立即具有法律约束力，当事人必须履行劳动合同规定的义务。

第十九条 劳动合同应当以书面形式订立，并具备以下条款：（一）劳动合同期限；（二）工作内容；（三）劳动保护和劳动条件；（四）劳动报酬；（五）劳动纪律；（六）劳动合同终止的条件；（七）违反劳动合同的责任。劳动合同除前款规定的必备条款外，当事人可以协商约定其他内容。

第三十六条 国家实行劳动者每日工作时间不超过八小时、平均每周工作时间不超过四十四小时的工时制度。

第三十七条 对实行计件工作的劳动者，用人单位应当根据本法第三十六条规定的工时制度合理确定其劳动定额和计件报酬标准。

第三十八条　用人单位应当保证劳动者每周至少休息一日。

第四十六条　工资分配应当遵循按劳分配原则，实行同工同酬。

工资水平在经济发展的基础上逐步提高。国家对工资总量实行宏观调控。

第五十四条　用人单位必须为劳动者提供符合国家规定的劳动安全卫生条件和必要的劳动防护用品，对从事有职业危害作业的劳动者应当定期进行健康检查。

第五十五条　从事特种作业的劳动者必须经过专门培训并取得特种作业资格。

第五十六条　劳动者在劳动过程中必须严格遵守安全操作规程。

劳动者对用人单位管理人员违章指挥、强令冒险作业，有权拒绝执行；对危害生命安全和身体健康的行为，有权提出批评、检举和控告。

第六十六条　国家通过各种途径，采取各种措施，发展职业培训事业，开发劳动者的职业技能，提高劳动者素质，增强劳动者的就业能力和工作能力。

第六十八条　用人单位应当建立职业培训制度，按照国家规定提取和使用职业培训经费，根据本单位实际，有计划地对劳动者进行职业培训。

从事技术工种的劳动者，上岗前必须经过培训。

第六十九条　国家确定职业分类，对规定的职业制定职业技能标准，实行职业资格证书制度，由经备案的考核鉴定机构负责对劳动者实施职业技能考核鉴定。

第七十二条　社会保险基金按照保险类型确定资金来源，逐步实行社会统筹。用人单位和劳动者必须依法参加社会保险，缴纳社会保险费。

第七十三条　劳动者在下列情形下，依法享受社会保险待遇：（一）退休；（二）患病、负伤；（三）因工伤残或者患职业病；（四）失业；（五）生育。劳动者死亡后，其遗属依法享受遗属津贴。劳动者享受社会保险待遇的条件和标准由法律、法规规定。劳动者享受的社会保险金必须按时足额支付。

第一百零二条　劳动者违反本法规定的条件解除劳动合同或者违反劳动合同中约定的保密事项，对用人单位造成经济损失的，应当依法承担赔偿责任。

六、《中华人民共和国农业法》

《中华人民共和国农业法》于1993年7月2日第八届全国人民代表大会常务委员会第二次会议通过；2002年12月28日第九届全国人民代表大会常务委员会第三十一次会议修订；根据2009年8月27日第十一届全国人民代表大会常务委员会第十次会议《关于修改部分法律的决定》第一次修正；根据2012年12月28日第十一届全国人民代表大会常务委员会第三十次会议《关于修改〈中华人民共和国农业法〉的决定》第二次修正，自2013年1月1日起施行。其立法目的是巩固和加强农业在国民经济中的基础地位，深化农村改革，发展农业生产力，推进农业现代化，维护农民和农业生产经营组织的合法权益，增加农民收入，提高农民科学文化素质，促进农业和农村经济的持续、稳定、健康发展，实现全面建设小康社会的目标。该法分总则、农业生产经营体制、农业生产、农产品流通与加工、粮食安全、农业投入与支持保护、农业科技与农业教育、农业资源与农业环境保护、农民权益保护、农村经济发展、执法监督、法律责任、附则等13章99条。与农作物植保员有关条款如下：

第二条　本法所称农业，是指种植业、林业、畜牧业和渔业等产业，包括与其直接相关的产前、产中、产后服务。

本法所称农业生产经营组织，是指农村集体经济组织、农民专业合作经济组织、农业企业和其他从事农业生产经营的组织。

第六条　国家坚持科教兴农和农业可持续发展的方针。

国家采取措施加强农业和农村基础设施建设，调整、优化农业和农村经济结构，推进农业产业化经营，发展农业科技、教育事业，保护农业生态环境，促进农业机械化和信息化，提高农业综合生产能力。

第二十条　国家鼓励和支持农民和农业生产经营组织使用先进、适用的农业机械，加强农业机械安全管理，提高农业机械化水平。

国家对农民和农业生产经营组织购买先进农业机械给予扶持。

第二十一条　各级人民政府应当支持为农业服务的气象事业的发展，提高对气象灾害的监测和预报水平。

第二十二条　国家采取措施提高农产品的质量，建立健全农产品质量标准体系和质量检验检测监督体系，按照有关技术规范、操作规程和质量卫生安全标准，组织农产品的生产经营，保障农产品质量安全。

第二十四条　国家实行动植物防疫、检疫制度，健全动植物防疫、检疫体系，加强对动物疫病和植物病、虫、杂草、鼠害的监测、预警、防治，建立重大动物疫情和植物病虫害的快速扑灭机制，建设动物无规定疫病区，实施植物保护工程。

第二十五条　农药、兽药、饲料和饲料添加剂、肥料、种子、农业机械等可能危害人畜安全的农业生产资料的生产经营，依照相关法律、行政法规的规定实行登记或者许可制度。

各级人民政府应当建立健全农业生产资料的安全使用制度，农民和农业生产经营组织不得使用国家明令淘汰和禁止使用的农药、兽药、饲料添加剂等农业生产资料和其他禁止使用的产品。

农业生产资料的生产者、销售者应当对其生产、销售的产品的质量负责，禁止以次充好、以假充真、以不合格的产品冒充合格的产品；禁止生产和销售国家明令淘汰的农药、兽药、饲料添加剂、农业机械等农业生产资料。

第三十八条　国家逐步提高农业投入的总体水平。中央和县级以上地方财政每年对农业总投入的增长幅度应当高于其财政经常性收入的增长幅度。

各级人民政府在财政预算内安排的各项用于农业的资金应当主要用于：加强农业基础设施建设；支持农业结构调整，促进农业产业化经营；保护粮食综合生产能力，保障国家粮食安全；健全动植物检疫、防疫体系，加强动物疫病和植物病、虫、杂草、鼠害防治；建立健全农产品质量标准和检验检测监督体系、农产品市场及信息服务体系；支持农业科研教育、农业技术推广和农民培训；加强农业生态环境保护建设；扶持贫困地区发展；保障农民收入水平等。

县级以上各级财政用于种植业、林业、畜牧业、渔业、农田水利的农业基本建设投入应当统筹安排，协调增长。

国家为加快西部开发，增加对西部地区农业发展和生态环境保护的投入。

第四十四条　国家鼓励供销合作社、农村集体经济组织、农民专业合作经济组织、其他组织和个人发展多种形式的农业生产产前、产中、产后的社会化服务事业。县级以上人民政府及其各有关部门应当采取措施对农业社会化服务事业给予支持。

对跨地区从事农业社会化服务的，农业、工商管理、交通运输、公安等有关部门应当采取措施给予支持。

第四十六条　国家建立和完善农业保险制度。

国家逐步建立和完善政策性农业保险制度。鼓励和扶持农民和农业生产经营组织建立为农业生产经营活动服务的互助合作保险组织，鼓励商业性保险公司开展农业保险业务。

农业保险实行自愿原则。任何组织和个人不得强制农民和农业生产经营组织参加农业保险。

第五十五条　国家发展农业职业教育。国务院有关部门按照国家职业资格证书制度的统一规定，开展农业行业的职业分类、职业技能鉴定工作，管理农业行业的职业资格证书。

第五十六条　国家采取措施鼓励农民采用先进的农业技术，支持农民举办各种科技组织，开展农业实用技术培训、农民绿色证书培训和其他就业培训，提高农民的文化技术素质。

第六十五条　各级农业行政主管部门应当引导农民和农业生产经营组织采取生物措施或者使用高效低毒低残留农药、兽药，防治动植物病、虫、杂草、鼠害。

农产品采收后的秸秆及其他剩余物质应当综合利用，妥善处理，防止造成环境污染和生态破坏。

从事畜禽等动物规模养殖的单位和个人应当对粪便、废水及其他废弃物进行无害化处理或者综合利用，从事水产养殖的单位和个人应当合理投饵、施肥、使用药物，防止造成环境污染和生态破坏。

七、《中华人民共和国农产品质量安全法》

《中华人民共和国农产品质量安全法》于2006年4月29日第十届全国人民代表大会常务委员会第二十一次会议通过；根据2018年10月26日第十三届全国人民代表大会常务委员会第六次会议《关于修改〈中华人民共和国野生动物保护法〉等十五部法律的决定》修正，自公布之日起施行。其立法目的是保障农产品质量安全，维护公众健康，促进农业和农村经济发展。该法分总则、农产品质量安全标准、农产品产地、农产品生产、农产品包装和标识、监督检查、法律责任、附则等8章56条。与农作物植保员有关条款如下：

第二条　本法所称农产品，是指来源于农业的初级产品，即在农业活动中获得的植物、动物、微生物及其产品。

本法所称农产品质量安全，是指农产品质量符合保障人的健康、安全的要求。

第十一条　国家建立健全农产品质量安全标准体系。农产品质量安全标准是强制性的技术规范。

农产品质量安全标准的制定和发布，依照有关法律、行政法规的规定执行。

第十七条　禁止在有毒有害物质超过规定标准的区域生产、捕捞、采集食用农产品和建立农产品生产基地。

第十八条　禁止违反法律、法规的规定向农产品产地排放或者倾倒废水、废气、固体废物或者其他有毒有害物质。

农业生产用水和用作肥料的固体废物，应当符合国家规定的标准。

第十九条 农产品生产者应当合理使用化肥、农药、兽药、农用薄膜等化工产品，防止对农产品产地造成污染。

第二十条 国务院农业行政主管部门和省、自治区、直辖市人民政府农业行政主管部门应当制定保障农产品质量安全的生产技术要求和操作规程。县级以上人民政府农业行政主管部门应当加强对农产品生产的指导。

第二十一条 对可能影响农产品质量安全的农药、兽药、饲料和饲料添加剂、肥料、兽医器械，依照有关法律、行政法规的规定实行许可制度。

国务院农业行政主管部门和省、自治区、直辖市人民政府农业行政主管部门应当定期对可能危及农产品质量安全的农药、兽药、饲料和饲料添加剂、肥料等农业投入品进行监督抽查，并公布抽查结果。

第二十二条 县级以上人民政府农业行政主管部门应当加强对农业投入品使用的管理和指导，建立健全农业投入品的安全使用制度。

第二十三条 农业科研教育机构和农业技术推广机构应当加强对农产品生产者质量安全知识和技能的培训。

第二十四条 农产品生产企业和农民专业合作经济组织应当建立农产品生产记录，如实记载下列事项：

（一）使用农业投入品的名称、来源、用法、用量和使用、停用的日期；

（二）动物疫病、植物病虫草害的发生和防治情况；

（三）收获、屠宰或者捕捞的日期。

农产品生产记录应当保存二年。禁止伪造农产品生产记录。

国家鼓励其他农产品生产者建立农产品生产记录。

第二十五条 农产品生产者应当按照法律、行政法规和国务院农业行政主管部门的规定，合理使用农业投入品，严格执行农业投入品使用安全间隔期或者休药期的规定，防止危及农产品质量安全。

禁止在农产品生产过程中使用国家明令禁止使用的农业投入品。

第二十六条 农产品生产企业和农民专业合作经济组织，应当自行或者委托检测机构对农产品质量安全状况进行检测；经检测不符合农产品质量安全标准的农产品，不得销售。

第二十七条 农民专业合作经济组织和农产品行业协会对其成员应当及时提供生产技术服务，建立农产品质量安全管理制度，健全农产品质量安全控制体系，加强自律管理。

第二十九条 农产品在包装、保鲜、贮存、运输中所使用的保鲜剂、防腐剂、添加剂等材料，应当符合国家有关强制性的技术规范。

第三十一条 依法需要实施检疫的动植物及其产品，应当附具检疫合格标志、检疫合格证明。

第三十三条 有下列情形之一的农产品，不得销售：

（一）含有国家禁止使用的农药、兽药或者其他化学物质的；

（二）农药、兽药等化学物质残留或者含有的重金属等有毒有害物质不符合农产品质量安全标准的；

（三）含有的致病性寄生虫、微生物或者生物毒素不符合农产品质量安全标准的；

（四）使用的保鲜剂、防腐剂、添加剂等材料不符合国家有关强制性的技术规范的；

（五）其他不符合农产品质量安全标准的。

第三十六条 农产品生产者、销售者对监督抽查检测结果有异议的，可以自收到检测结果之日起五日内，向组织实施农产品质量安全监督抽查的农业行政主管部门或者其上级农业行政主管部门申请复检。

采用国务院农业行政主管部门会同有关部门认定的快速检测方法进行农产品质量安全监督抽查检测，被抽查人对检测结果有异议的，可以自收到检测结果时起四小时内申请复检。复检不得采用快速检测方法。

因检测结果错误给当事人造成损害的，依法承担赔偿责任。

第三十九条 县级以上人民政府农业行政主管部门在农产品质量安全监督检查中，可以对生产、销售的农产品进行现场检查，调查了解农产品质量安全的有关情况，查阅、复制与农产品质量安全有关的记录和其他资料；对经检测不符合农产品质量安全标准的农产品，有权查封、扣押。

第四十二条 进口的农产品必须按照国家规定的农产品质量安全标准进行检验；尚未制定有关农产品质量安全标准的，应当依法及时制定，未制定之前，可以参照国家有关部门指定的国外有关标准进行检验。

第四十五条 违反法律、法规规定，向农产品产地排放或者倾倒废水、废气、固体废物或者其他有毒有害物质的，依照有关环境保护法律、法规的规定处罚；造成损害的，依法承担赔偿责任。

第四十六条 使用农业投入品违反法律、行政法规和国务院农业行政主管部门的规定的，依照有关法律、行政法规的规定处罚。

第四十七条 农产品生产企业、农民专业合作经济组织未建立或者未按照规定保存农产品生产记录的，或者伪造农产品生产记录的，责令限期改正；逾期不改正的，可以处二千元以下罚款。

八、《中华人民共和国种子法》

《中华人民共和国种子法》于2000年7月8日第九届全国人民代表大会常务委员会第十六次会议通过；根据2004年8月28日第十届全国人民代表大会常务委员会第十一次会议《关于修改〈中华人民共和国种子法〉的决定》第一次修正；根据2013年6月29日第十二届全国人民代表大会常务委员会第三次会议《关于修改〈中华人民共和国文物保护法〉等十二部法律的决定》第二次修正；2015年11月4日第十二届全国人民代表大会常务委员会第十七次会议修订，自2016年1月1日起施行。其立法目的是保护和合理利用种质资源，规范品种选育、种子生产经营和管理行为，保护植物新品种权，维护种子生产经营者、使用者的合法权益，提高种子质量，推动种子产业化，发展现代种业，保障国家粮食安全，促进农业和林业的发展。该法分总则、种质资源保护、品种选育审定登记、新品种保护、种子生产经营、种子监督管理、种子进出口和对外合作、扶持措施、法律责任、附则等10章94条。与农作物植保员有关条款如下：

第二条 在中华人民共和国境内从事品种选育、种子生产经营和管理等活动，适用本法。本法所称种子，是指农作物和林木的种植材料或者繁殖材料，包括籽粒、果实、根、茎、苗、芽、叶、花等。

第八条 国家依法保护种质资源，任何单位和个人不得侵占和破坏种质资源。禁止采集或者采伐国家重点保护的天然种质资源。因科研等特殊情况需要采集或者采伐的，应当经国务院或者省、自治区、直辖市人民政府的农业、林业主管部门批准。

第十一条 国家对种质资源享有主权，任何单位和个人向境外提供种质资源，或者与境外机构、个人开展合作研究利用种质资源的，应当向省、自治区、直辖市人民政府农业、林业主管部门提出申请，并提交国家共享惠益的方案；受理申请的农业、林业主管部门经审核，报国务院农业、林业主管部门批准。从境外引进种质资源的，依照国务院农业、林业主管部门的有关规定办理。

第十五条 国家对主要农作物和主要林木实行品种审定制度。主要农作物品种和主要林木品种在推广前应当通过国家级或者省级审定。由省、自治区、直辖市人民政府林业主管部门确定的主要林木品种实行省级审定。申请审定的品种应当符合特异性、一致性、稳定性要求。主要农作物品种和主要林木品种的审定办法由国务院农业、林业主管部门规定。审定办法应当体现公正、公开、科学、效率的原则，有利于产量、品质、抗性等的提高与协调，有利于适应市场和生活消费需要的品种的推广。在制定、修改审定办法时，应当充分听取育种者、种子使用者、生产经营者和相关行业代表意见。

第二十二条 国家对部分非主要农作物实行品种登记制度。列入非主要农作物登记目录的品种在推广前应当登记。实行品种登记的农作物范围应当严格控制，并根据保护生物多样性、保证消费安全和用种安全的原则确定。登记目录由国务院农业主管部门制定和调整。申请者申请品种登记应当向省、自治区、直辖市人民政府农业主管部门提交申请文件和种子样品，并对其真实性负责，保证可追溯，接受监督检查。申请文件包括品种的种类、名称、来源、特性、育种过程以及特异性、一致性、稳定性测试报告等。省、自治区、直辖市人民政府农业主管部门自受理品种登记申请之日起二十个工作日内，对申请者提交的申请文件进行书面审查，符合要求的，报国务院农业主管部门予以登记公告。对已登记品种存在申请文件、种子样品不实的，由国务院农业主管部门撤销该品种登记，并将该申请者的违法信息记入社会诚信档案，向社会公布；给种子使用者和其他种子生产经营者造成损失的，依法承担赔偿责任。对已登记品种出现不可克服的严重缺陷等情形的，由国务院农业主管部门撤销登记，并发布公告，停止推广。非主要农作物品种登记办法由国务院农业主管部门规定。

第二十五条 国家实行植物新品种保护制度。对国家植物品种保护名录内经过人工选育或者发现的野生植物加以改良，具备新颖性、特异性、一致性、稳定性和适当命名的植物品种，由国务院农业、林业主管部门授予植物新品种权，保护植物新品种权所有人的合法权益。植物新品种权的内容和归属、授予条件、申请和受理、审查与批准，以及期限、终止和无效等依照本法、有关法律和行政法规规定执行。国家鼓励和支持种业科技创新、植物新品种培育及成果转化。取得植物新品种权的品种得到推广应用的，育种者依法获得相应的经济利益。

第三十一条 从事种子进出口业务的种子生产经营许可证，由省、自治区、直辖市人民政府农业、林业主管部门审核，国务院农业、林业主管部门核发。从事主要农作物杂交种子及其亲本种子、林木良种种子的生产经营以及实行选育生产经营相结合，符合国务院农业、林业主管部门规定条件的种子企业的种子生产经营许可证，由生产经营者所在地县级人民政府农业、林业主管部门审核，省、自治区、直辖市人民政府农业、林业主管部门核发。前两款规定以外的其他种子的生产经营许可证，由生产经营者所在地县级以上地方人民政府农业、林业主管部门核发。只从事非主要农作物种子和非主要林木种子生产的，不需要办理种子生产经营许可证。

第四十一条　销售的种子应当符合国家或者行业标准，附有标签和使用说明。标签和使用说明标注的内容应当与销售的种子相符。种子生产经营者对标注内容的真实性和种子质量负责。标签应当标注种子类别、品种名称、品种审定或者登记编号、品种适宜种植区域及季节、生产经营者及注册地、质量指标、检疫证明编号、种子生产经营许可证编号和信息代码，以及国务院农业、林业主管部门规定的其他事项。销售授权品种种子的，应当标注品种权号。销售进口种子的，应当附有进口审批文号和中文标签。销售转基因植物品种种子的，必须用明显的文字标注，并应当提示使用时的安全控制措施。种子生产经营者应当遵守有关法律、法规的规定，诚实守信，向种子使用者提供种子生产者信息、种子的主要性状、主要栽培措施、适应性等使用条件的说明、风险提示与有关咨询服务，不得作虚假或者引人误解的宣传。任何单位和个人不得非法干预种子生产经营者的生产经营自主权。

第四十九条　禁止生产经营假、劣种子。农业、林业主管部门和有关部门依法打击生产经营假、劣种子的违法行为，保护农民合法权益，维护公平竞争的市场秩序。下列种子为假种子：（一）以非种子冒充种子或者以此种品种种子冒充其他品种种子的；（二）种子种类、品种与标签标注的内容不符或者没有标签的。下列种子为劣种子：（一）质量低于国家规定标准的；（二）质量低于标签标注指标的；（三）带有国家规定的检疫性有害生物的。

第五十四条　从事品种选育和种子生产经营以及管理的单位和个人应当遵守有关植物检疫法律、行政法规的规定，防止植物危险性病、虫、杂草及其他有害生物的传播和蔓延。禁止任何单位和个人在种子生产基地从事检疫性有害生物接种试验。

第五十七条　进口种子和出口种子必须实施检疫，防止植物危险性病、虫、杂草及其他有害生物传入境内和传出境外，具体检疫工作按照有关植物进出境检疫法律、行政法规的规定执行。

第九十二条　本法下列用语的含义是：（一）种质资源是指选育植物新品种的基础材料，包括各种植物的栽培种、野生种的繁殖材料以及利用上述繁殖材料人工创造的各种植物的遗传材料。（二）品种是指经过人工选育或者发现并经过改良，形态特征和生物学特性一致，遗传性状相对稳定的植物群体。（三）主要农作物是指稻、小麦、玉米、棉花、大豆。（四）主要林木由国务院林业主管部门确定并公布；省、自治区、直辖市人民政府林业主管部门可以在国务院林业主管部门确定的主要林木之外确定其他八种以下的主要林木。（五）林木良种是指通过审定的主要林木品种，在一定的区域内，其产量、适应性、抗性等方面明显优于当前主栽材料的繁殖材料和种植材料。（六）新颖性是指申请植物新品种权的品种在申请日前，经申请权人自行或者同意销售、推广其种子，在中国境内未超过一年；在境外，木本或者藤本植物未超过六年，其他植物未超过四年。本法施行后新列入国家植物品种保护名录的植物的属或者种，从名录公布之日起一年内提出植物新品种权申请的，在境内销售、推广该品种种子未超过四年的，具备新颖性。除销售、推广行为丧失新颖性外，下列情形视为已丧失新颖性：1. 品种经省、自治区、直辖市人民政府农业、林业主管部门依据播种面积确认已经形成事实扩散的；2. 农作物品种已审定或者登记两年以上未申请植物新品种权的。（七）特异性是指一个植物品种有一个以上性状明显区别于已知品种。（八）一致性是指一个植物品种的特性除可预期的自然变异外，群体内个体间相关的特征或者特性表现一致。（九）稳定性是指一个植物品种经过反复繁殖后或者在特定繁殖周期结束时，其主要性状保持不变。（十）已知品种是指已受理申请或者已通过品种审定、品种登记、新品种保护，或者已经销售、推广的植物品种。（十一）标签是指印制、粘贴、固定或者附着在种子、种子包装物表面的特定图案及文字说明。

第九十三条 草种、烟草种、中药材种、食用菌菌种的种质资源管理和选育、生产经营、管理等活动，参照本法执行。

九、《中华人民共和国植物新品种保护条例》

《中华人民共和国植物新品种保护条例》于 1997 年 3 月 20 日中华人民共和国国务院令第 213 号公布；根据 2013 年 1 月 31 日《国务院关于修改〈中华人民共和国植物新品种保护条例〉的决定》第一次修订；根据 2014 年 7 月 29 日《国务院关于修改部分行政法规的决定》第二次修订，自公布之日起施行。其立法目的是保护植物新品种权，鼓励培育和使用植物新品种，促进农业、林业的发展。该法规分总则、品种权的内容和归属、授予品种权的条件、品种权的申请和受理、品种权的审查与批准、期限终止和无效、罚则、附则等 8 章 46 条。有关条款如下：

第二条 本条例所称植物新品种，是指经过人工培育的或者对发现的野生植物加以开发，具备新颖性、特异性、一致性和稳定性并有适当命名的植物品种。

第五条 生产、销售和推广被授予品种权的植物新品种（以下称授权品种），应当按照国家有关种子的法律、法规的规定审定。

第十三条 申请品种权的植物新品种应当属于国家植物品种保护名录中列举的植物的属或者种。植物品种保护名录由审批机关确定和公布。

第十四条 授予品种权的植物新品种应当具备新颖性。新颖性，是指申请品种权的植物新品种在申请日前该品种繁殖材料未被销售，或者经育种者许可，在中国境内销售该品种繁殖材料未超过 1 年；在中国境外销售藤本植物、林木、果树和观赏树木品种繁殖材料未超过 6 年，销售其他植物品种繁殖材料未超过 4 年。

第十五条 授予品种权的植物新品种应当具备特异性。特异性，是指申请品种权的植物新品种应当明显区别于在递交申请以前已知的植物品种。

第十六条 授予品种权的植物新品种应当具备一致性。一致性，是指申请品种权的植物新品种经过繁殖，除可以预见的变异外，其相关的特征或者特性一致。

第十七条 授予品种权的植物新品种应当具备稳定性。稳定性，是指申请品种权的植物新品种经过反复繁殖后或者在特定繁殖周期结束时，其相关的特征或者特性保持不变。

第三十四条 品种权的保护期限，自授权之日起，藤本植物、林木、果树和观赏树木为 20 年，其他植物为 15 年。

第三十五条 品种权人应当自被授予品种权的当年开始缴纳年费，并且按照审批机关的要求提供用于检测的该授权品种的繁殖材料。

第三章

植物病害基础知识

我国是农业有害生物灾害频发的国家。据统计，我国常见植物病害逾770种，种类多、分布广、危害重、突发性强，例如小麦赤霉病、稻瘟病等连年发生，严重威胁小麦、水稻等作物的生产安全。了解掌握植物病害基本知识，对于准确识别植物病害、科学开展防治具有重要意义。

一、植物病害的概念

（一）植物病害的定义

当植物受到不良环境条件的影响或遭受其他生物侵染后，其代谢过程受到干扰和破坏，在生理、组织和形态上发生一系列病理变化，并出现各种不正常状态，造成生长受阻，产量降低、质量变劣，甚至植株死亡的现象，称为植物病害。

植物病害都有一定的病理变化过程（即病理程序），而植物的自然衰老凋谢以及由风、雹、动物等对植物所造成的突发性机械损伤及组织死亡，因缺乏病理变化过程，故不能称为病害。

一般来说，植物发病后会不同程度地导致植物产量的减少和品质的降低，给人们带来一定的经济损失。但有些植物在寄生物的感染或在人为控制的环境下，也会产生各种各样的"病态"，如茭白受到黑粉病菌的侵染而形成肥厚脆嫩的茎、弱光下栽培成的韭黄等，其经济价值并未降低，反而有所提高，因此不能把它们当作病害。

（二）植物病害的类型

植物病害发生的原因称为病原。根据病原的不同，可将植物病害分为非侵染性病害和侵染性病害两大类。

1. 非侵染性病害 指由非生物因素（即不适宜的环境因素）引起的病害，又称生理性病害或非传染性病害。其特点是病害不具传染性，在田间分布呈片状或条状，通过改善环境条件可缓解或恢复正常。常见的有营养元素不足所致的缺素症、水分不足或过量引起的旱害和涝害、低温所致的寒害和高温所致的烫伤和日灼症，以及化学药剂使用不当和有毒污染物造成的药害和毒害等。

2. 侵染性病害 指由病原生物侵染所引起的病害。其特点是具有传染性，病害发生后不能恢复常态。一般初发时都不均匀，往往有明显的"发病中心"。病害由少到多、由轻到重，逐步蔓延扩展。

非侵染性病害和侵染性病害是两类性质完全不同的病害，但它们之间又是互相联系和互相影响的。非侵染性病害常诱导侵染性病害的发生，如甘薯遭受冻害后，生活力降低，软腐病菌易侵入；反之，侵染性病害也可为非侵染性病害的发生提供有利条件，如小麦在冬前发生锈病后，将降低植株的抗寒能力而易受冻害。

（三）植物病害的症状

植物感病后其外表的不正常表现称为症状。症状包括病状和病征两个方面。病状是指植物本身表现出的各种不正常状态；病征是指病原物在植物发病部位表现的特征。植物病害都有病状，而病征只有由真菌、细菌所引起的病害才表现明显。

1. 病状类型

（1）变色　植物患病后，局部或全株失去正常的绿色，称为变色。叶绿素的合成途径受到抑制或破坏，植物的绿色部分均匀地变为浅绿、黄绿，称为褪绿，褪成黄色，称为黄化；叶片不均匀褪色，呈黄、绿相间，称为花叶；花青素形成过盛，叶片变红或紫红，称为红叶。

（2）坏死　植物受害部位的细胞和组织死亡，称为坏死。常表现为病斑、叶枯、溃疡、疮痂等，其中，植物发病后最常见的坏死病状是病斑。病斑可以发生在植物的根、茎、叶、果等各个部位，因病斑的颜色、形状等不同而有褐斑、黑斑、轮纹斑、角斑、大斑等。

（3）腐烂　植物细胞和组织发生较大面积的消解和破坏，称为腐烂。组织幼嫩多汁的（如瓜果、蔬菜、块根及块茎等）多出现湿腐，如白菜软腐病；组织较坚硬，含水分较少或腐烂后很快失水的多引起干腐，如玉米干腐病；幼苗的根或茎腐烂，幼苗直立死亡，称为立枯，幼苗倒伏，称为猝倒。

（4）萎蔫　植物由于失水而导致枝叶萎垂的现象称为萎蔫。由于土壤中含水量过少或高温时过强的蒸腾作用而引起的植物暂时性缺水，若及时供水，植物可以恢复正常的，称为生理性萎蔫。而因病原物的侵害，破坏了植物根部或茎部的输导组织，使水分不能正常运输而引起的凋萎现象通常是不能恢复的，称为病理性萎蔫。萎蔫急速，枝叶初期仍为青色的叫青枯，如番茄青枯病；萎蔫进展缓慢，枝叶逐渐干枯的叫枯萎，如棉花枯萎病。

（5）畸形　受害植物的细胞或组织过度增生或受到抑制而造成的形态异常称为畸形。如植株徒长、矮缩、丛枝、瘤肿、叶片皱缩、卷叶、蕨叶等。

2. 病征类型

（1）霉状物　病部表面产生各种颜色的霉层，如绵霉、霜霉、青霉、灰霉、黑霉、赤霉等。

（2）粉状物　病部形成的白色或黑色粉层，分别是白粉病和黑粉病的病征。

（3）锈状物　病部表面形成小疱状突起，破裂后散出白色或铁锈色的粉末状物，分别是白锈病和各种锈病的病征。

（4）粒状物　病部产生的形状、大小及着生情况各异的颗粒状物。如油菜菌核病病部产生的菌核；小麦白粉病、甜椒炭疽病病部的小黑粒等。

（5）脓状物　病部产生乳白色或淡黄色，似露珠的脓状黏液，干燥后成黄褐色薄膜或胶粒，这是细菌性病害特有的病征，称菌脓。

症状是植物内部病变的外观表现，各种病害大都有其独特的症状，因此，常用症状作为诊断病害的重要依据。但需要注意的是，同一种病害发生在不同的寄主部位、不同的生育期、处于不同的发病阶段和不同环境条件下可表现出不同的症状，而不同的病害有时却可以表现出相似的症状，所以只能利用症状对病害做出初步诊断。

二、植物侵染性病害的病原物

植物侵染性病害的病原生物主要有真菌、细菌、病毒、线虫和寄生性种子植物等。其中，多数是由真菌引起的，其次为病毒和细菌所引起。

（一）植物病原真菌

真菌病害是植物病害中种类最多，也是最重要的一类病害。真菌的主要特征是：营养体呈细小的丝状菌丝，具有细胞壁和细胞核；主要繁殖方式是产生各种类型的孢子；不含叶绿素，不能自制养分，属于异养生物，以寄生或腐生的方式生存。

1. 真菌的一般性状

（1）营养体　真菌营养生长阶段的结构称为营养体。除少数种类的营养体是圆形或近圆形的单细胞或变形体外，真菌典型的营养体是极细小且多分枝的丝状体。单根丝状体称为菌丝，成丛或交织成团的丝状体称为菌丝体。菌丝通常呈圆管状，大部分颜色透明，少数表现不同颜色。低等真菌的菌丝没有横隔膜，称无隔菌丝；高等真菌的菌丝有隔膜，称有隔菌丝（图 3 - 1）。

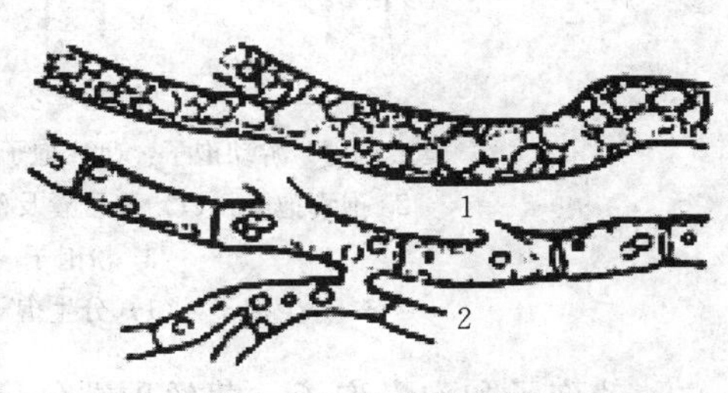

图 3 - 1　真菌的菌丝
1. 无隔菌丝　2. 有隔菌丝

菌丝一般由孢子萌发后形成的芽管发育而成。菌丝的每一部分都有潜在生长的能力。在适宜的环境条件下，每一小段都能长出新的菌丝体。

大多数菌丝体都在寄主细胞内或细胞间生长，直接从寄主细胞内或通过细胞壁吸取养分。生长在寄主细胞间的真菌，尤其是专性寄生真菌，从菌丝体上形成伸入寄主细胞内吸取养分的结构称为吸器。吸器的形状因真菌种类不同而异，有瘤状、分枝状、掌状、指状和丝状等。

有些真菌的菌丝体在不适宜的条件下或生长后期发生变态，形成一些特殊结构以度过不良环境，如菌核、菌索、子座等组织体。

菌核是由菌丝纠集而成的颗粒状结构，形状大小各异，有菜籽状、绿豆状、鼠粪状或不规则形状等。环境适宜时，菌核吸水膨胀，形成新的菌丝或繁殖体。

菌索是由很多菌丝平行排列而成的绳索状物，外形与高等植物的根有些相似，所以也称根状菌索。有蔓延和直接侵染的作用。

子座是由菌丝交织而成或由菌丝体和部分寄主组织结合而成的垫状结构。其上或内部形成子实体，也可直接产生繁殖体。

（2）繁殖体　大多数真菌的菌丝体生长发育到一定阶段后，就转入繁殖阶段。真菌的主要繁殖方式是通过营养体的转化，形成大量的孢子。真菌的孢子相当于高等植物的种子，对传播和传代都起着非常重要的作用，而且是真菌分类的重要依据。真菌产生孢子的结构，不论简单或复杂都称为子实体，由菌丝体与部分寄主组织结合而形成的。真菌的繁殖方式可分为无性繁殖和有性繁殖两大类。

无性繁殖是不经过两性细胞或性器官而结合，由营养体直接分化形成无性孢子的繁殖方式。常见的无性孢子有以下几种（图 3 - 2）：

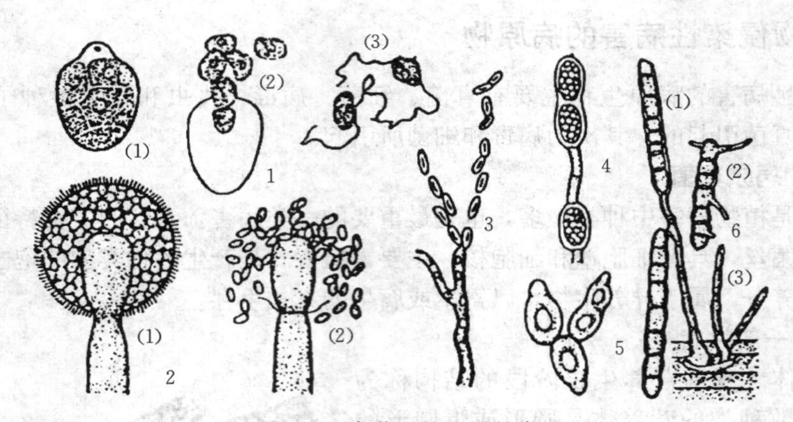

图 3-2　真菌无性孢子的类型

1. 游动孢子：(1) 孢子囊　(2) 孢子囊萌发　(3) 游动孢子

2. 孢囊孢子：(1) 孢子囊及孢囊梗　(2) 孢子囊破裂并释放出孢囊孢子

3. 粉孢子　4. 厚垣孢子　5. 芽孢子

6. 分生孢子：(1) 分生孢子　(2) 分生孢子萌发　(3) 分生孢子梗

游动孢子和孢囊孢子：菌丝顶端分化成较菌丝膨大的囊状物，叫孢子囊。其下有梗，称为孢囊梗。孢子囊内无细胞壁，有鞭毛，遇水能游动的孢子叫游动孢子；孢子囊内有细胞壁，无鞭毛，不能游动，借气流传播的孢子叫孢囊孢子。

分生孢子：分生孢子产生于由菌丝分化而形成的梗上，这种梗称为分生孢子梗。分生孢子成熟后从梗上脱落传播。有些真菌的分生孢子和分生孢子梗还着生在分生孢子盘和分生孢子器上（图 3-3）。分生孢子盘和分生孢子器都是由菌丝交织而成，前者呈垫状或盘状，后者为球形或瓶状，顶端有孔口。它们先在寄生表皮下形成，成熟后露出表面呈小黑点状。

图 3-3　分生孢子盘（左）和分生孢子器（右）

厚垣孢子：由菌丝或孢子中的某些细胞膨大变圆、原生质浓缩、细胞壁加厚而形成的休眠孢子。

芽孢子：由菌丝细胞或孢子芽生小突起，经过生长和发育，最终脱离母细胞所形成的独立新个体。

粉孢子：由气生菌丝自行断裂而形成的繁殖体，又称节孢子。

有性繁殖是经过两性细胞或两性器官结合而产生有性孢子的繁殖方式。真菌的性器官称为配子囊，性细胞称为配子。典型的真菌有性生殖都必须经历质配、核配和减数分裂 3 个步骤。常见的有性孢子（图 3-4）有：

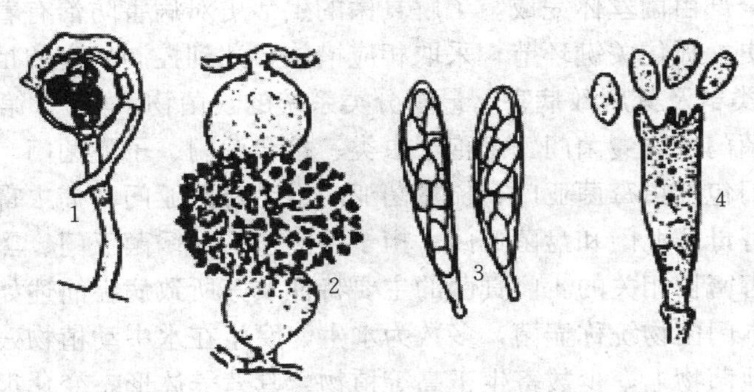

图 3-4　真菌有性孢子的类型
1. 卵孢子　2. 接合孢子　3. 子囊孢子　4. 担孢子

卵孢子：由两个异形配子囊结合而成。卵孢子呈球形、壁厚，可以抵抗不良环境。

接合孢子：由两个同形配子囊结合而成的球形、厚壁的休眠孢子。

子囊孢子：由两个异形配子囊结合，先形成很多长棒形或椭圆形的囊状结构，称为子囊。后在子囊内形成 8 个子囊孢子。子囊通常产生在具有包被的子囊果内。常见的子囊果有 3 种类型（图 3-5），即球状而无孔口的闭囊壳；瓶状或球状，顶端开门的子囊壳以及盘状或杯状的子囊盘。

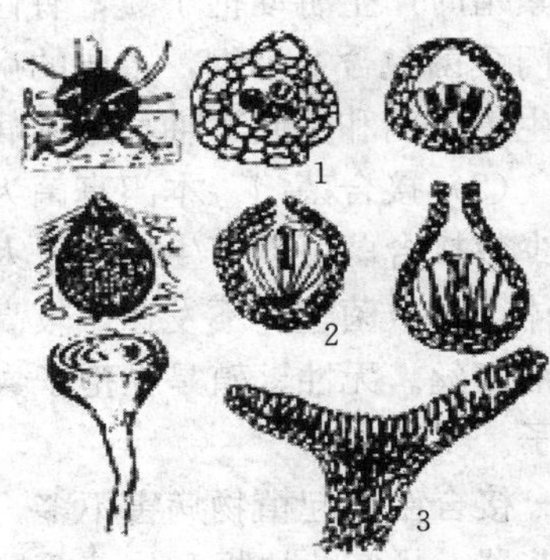

图 3-5　子囊果及其剖面
1. 闭囊壳　2. 子囊壳　3. 子囊盘

担孢子：两性器官退化，由两性菌丝结合，形成双核菌丝，再由双核菌丝顶端长出 4 个小分枝叫担子，每个担子上产生 1 个外生担孢子。有些真菌在产生担子前，双核菌丝先形成厚垣孢子或冬孢子，再由这两种孢子萌发产生担子和担孢子。如黑粉病菌和锈菌。

2. 真菌的生活史　真菌的生活史是指真菌从一种孢子开始，经过萌发生长和一定的发育阶段，最后又产生同一种孢子的过程。真菌典型的生活史一般包括无性和有性两个阶段（图 3-6）。在无性阶段，菌丝体经过一段时间的生长，产生无性孢子。无性孢子在适宜条件下可萌发形成新的菌丝体，在一个生长季节中可产生多次，产生的数量也很大，对植物病害的传播蔓延起着重要作用，但对不良环境的抵抗力较弱。有性阶段多发生在植物生长或病菌侵染的后期，从菌丝体上分化形成配子囊，并由其结合经过质配、核配和减数分裂产生有性孢子。有性孢子在一个生长季节中或一年中通常只产生 1 次，数量也较少，但对不良环境的抵抗力较强，是许多病害每年的初次侵染来源。

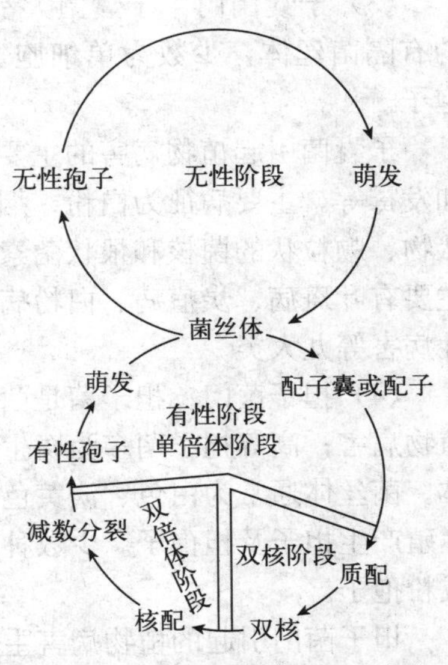

图 3-6　真菌的典型生活史

有些真菌以有性繁殖为主，无性孢子很少产生或不产生；也有些真菌只有无性繁殖阶段，有性阶段目前尚未发现，或虽已发现但不常发生；还有些真菌在整个生活史中不形成任何孢子，全部由菌丝体完成。了解真菌的生活史对病害防治有着重要的意义，可根据不同真菌的生活史，抓住关键环节，采取相应措施，达到控制病害的目的。

3. 真菌的主要类群及其所致病害 最新分类系统的《菌物字典》（第十版）把真菌界划分为7类，包括壶菌门、球囊菌门、微孢子虫类、接合菌门、子囊菌门、担子菌门和无性态菌物。其中接合菌门包括虫霉菌亚门、梳霉菌亚门、毛霉菌亚门和捕虫霉菌亚门；子囊菌门包括外囊菌亚门、酵母菌亚门和盘菌亚门；担子菌门包括柄锈菌亚门、黑粉菌亚门和伞菌亚门。现将与植物病害密切相关的4门真菌的主要特征及其所致病害简述如下：

（1）壶菌门 本门菌物统称壶菌，多数为水生，腐生在水中动植物残体上，或寄生于水生植物、动物和其他菌物上，少数寄生于高等植物。其营养体形态变化很大，从呈球形或近球形的单细胞至发达的无隔菌丝体。比较低等的壶菌是多核的单细胞，具有细胞壁，大多呈球形或近球形，寄生在寄主细胞内，其营养体在发育的早期没有细胞壁，有的壶菌单细胞营养体的基部还可以形成假根；较高等的壶菌可以形成发达或不发达的无隔菌丝体。壶菌门无性繁殖时产生游动孢子囊，有性生殖方式多种，大多数产生休眠孢子囊，少数产生卵孢子。本门真菌包含2个纲，主要的病原菌有引起玉米褐斑病的玉米节壶菌、引起马铃薯癌肿病的内生集壶菌和引起车轴草冠瘿病的车轴草尾囊壶菌。

（2）接合菌门 本门真菌为陆生，大多数为腐生物，有的是昆虫的寄生物或共生物，还有少数接合菌可以寄生植物、人和动物引起病害。营养体为单倍体，大多是很发达的无隔菌丝体，少数菌丝体不发达，较高等的种类菌丝体有隔膜。有的种类菌丝体可以分化形成假根和匍匐丝。无性繁殖是在孢子囊中形成孢囊孢子。有性生殖是以配子囊配合的方式产生接合孢子。

接合菌引起植物病害不多，只有根霉和笄霉等少数几个属可引起植物病害。主要造成植物花器、果实、块根和块茎等器官的腐烂，也可引起幼苗烂根。主要病征是在病部产生霉状物，初期为白色，后期转为灰白色，霉层上可见黑色小点。引起的病害常称为软腐病、褐腐病、根霉病和黑霉病等。

（3）子囊菌门 子囊菌大都陆生，营养方式有腐生、寄生和共生。营养体大多是发达的有隔菌丝体，少数为单细胞。无性繁殖形成休眠孢子或分生孢子，有性生殖产生子囊孢子。

子囊菌引起植物病害的主要病状有叶斑、炭疽、疮痂、溃疡、枝枯、腐烂、肿胀、萎蔫和发霉等。主要病征为白粉、烟霉、各种颜色的点状物（以黑色为主）、黑色刺毛状物、霉状物、颗粒状的菌核和根状菌索等，有时也产生白色棉絮状的菌丝体。这类病菌造成的病害主要有叶斑病、炭疽病、白粉病、煤烟病、霉病、萎蔫病、干腐枝枯病、腐烂病和过度生长性病害等九大类。

（4）担子菌门 担子菌是菌物中最高等的类群。低等担子菌几乎全部为寄生菌，可引起植物病害；高等担子菌多为腐生菌，其中许多是食用菌或药用菌。营养体为发达的有隔菌丝体。菌丝体通常为白色、淡黄色或橘黄色。有些担子菌的菌丝体可形成菌核或菌索。其有性生殖产生担子及担孢子。少数种类可无性繁殖，通过芽殖、菌丝断裂产生分生孢子、节孢子或粉孢子。

担子菌门引起的植物病害主要包括黑粉病、锈病、根腐病及过度生长性病害。其中黑粉病和锈病分别在病部产生黑色粉状物和锈色粉状物而易于识别。担子菌所致植物病害的主要病状为：斑点、斑块、立枯、纹枯、根腐、肿胀和瘿瘤等。除了锈菌、黑粉菌、丝核菌和外担菌外，担子菌很少引起叶斑。主要病征为锈状物、黑粉状物、霉状物、颗粒状菌核或索状菌索。

（二）植物病原细菌

细菌的种类很多，但所致植物病害的数量和危害性远不如真菌。尽管如此，有些细菌病害也是农业生产上的重要问题，如马铃薯和大白菜软腐病、水稻白叶枯病、茄科植物的青枯病等。

1. 细菌的一般性状　细菌的形态有杆状、球状和螺旋状3种，植物病原细菌都为杆状，且绝大多数具有细长的鞭毛。其中，着生在菌体一端或两端的鞭毛称为极生鞭毛，着生在菌体四周的鞭毛称为周生鞭毛（图3-7）。革兰氏染色反应多数为阴性，少数为阳性。

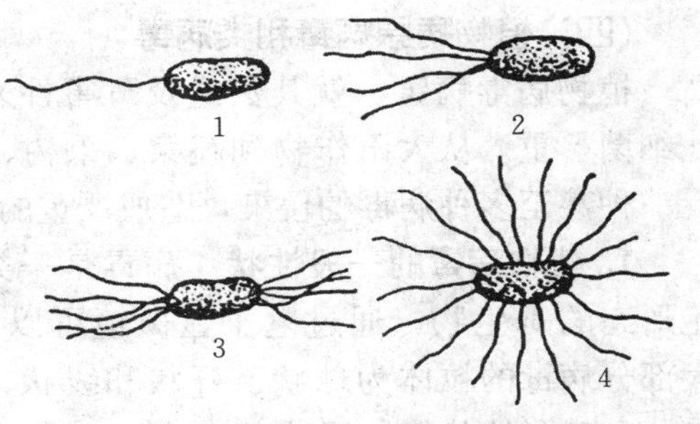

图3-7　植物病原细菌形态

1. 单极毛杆菌　2、3. 极毛杆菌　4. 周毛杆菌

细菌以裂殖方式进行繁殖，即当一个细胞长成后，从中间进行横分裂形成两个子细胞。细菌的增殖很快，在适宜的条件下，每20分钟就可进行1次分裂。

大多数植物病原细菌都是死体营养生物，对营养的要求不严格，可在一般的人工培养基上生长。在固体培养基上形成的菌落多为白色、灰白色或黄色。培养基的酸碱度以中性偏碱为宜，最适温度一般为26～30℃。大多数植物病原细菌都是好氧的，少数为兼性厌气性。

2. 植物病原细菌的主要类群　常见植物病原细菌属及其主要特征如下：

（1）假单胞菌属　菌体短杆状或略弯，鞭毛1～4根或多根，极生。革兰氏染色反应阴性，严格好气性。培养基上形成的菌落为灰白色，有的能产生荧光色素。危害后引起植物叶斑、坏死及茎秆溃疡等症状。

（2）黄单胞菌属　菌体短杆状，有1根极鞭，革兰氏染色反应阴性，严格好气性。培养基上形成蜜黄色菌落。危害后主要引起植物叶斑、叶枯，少数引起萎蔫等症状。如水稻白叶枯病、甘蓝黑腐病等。

（3）土壤杆菌属　菌体短杆状，鞭毛1～6根，周生或侧生。革兰氏染色反应阴性，好气性。培养基上形成黏性的灰白色至白色菌落。常引起木本植物的瘤肿和发根等畸形症状。如果树根癌病等。

（4）欧文氏菌属　菌体短杆状，除1个种无鞭毛外，其余都有多根周生鞭毛。革兰氏染色反应阴性，兼性好气性。培养基上菌落灰白色。危害后多引起植物软腐，少数引起枯死和萎蔫。如十字花科蔬菜软腐病等。

（5）根状杆菌属　菌体短杆状至不规则杆状，无鞭毛，革兰氏染色反应阳性，好气性。培养基上菌落多为灰白色。危害后引起植物萎蔫、溃疡等症状，如马铃薯环腐病等。

（三）植物菌原体

植物菌原体是一类最简单的、不具有核膜包围成细胞核的原核生物，包括植原体（即原来的类菌原体）和螺旋体两种类型。它们没有细胞壁，没有革兰氏染色反应，也无鞭毛等其他附属结构，菌体外缘为三层结构的单位膜。

植物菌原体通过裂殖或芽殖的方式进行繁殖。传播途径为嫁接传染和昆虫传播（主要是叶蝉，其次是飞虱、木虱等），侵染植物多引起全株性症状，主要表现有：黄化、矮缩、丛枝、萎缩及器官畸形等类型。如水稻黄萎病、玉米矮缩病、马铃薯丛枝病、花生丛枝病、枣疯病、桑萎缩病等。

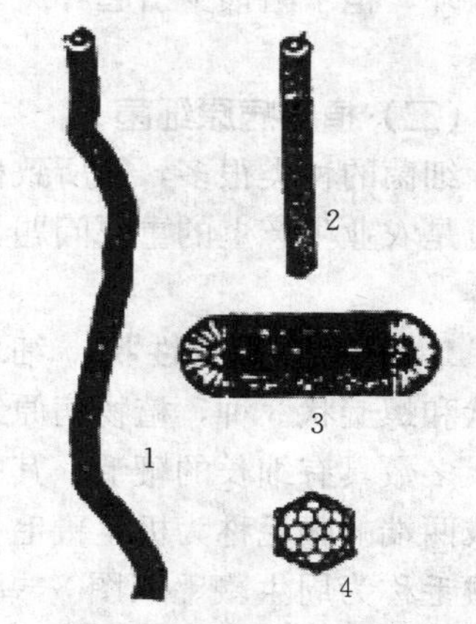

图 3-8　植物病毒形态

1. 线状　2. 杆状　3. 短杆状　4. 球状

（四）植物病原病毒和类病毒

植物病毒病害，就其数量及危害性来看，次于真菌而比细菌严重。从大田作物到蔬菜、果树、园林花卉都会遭受一种甚至多种病毒的侵染，造成严重的经济损失。

1. 植物病毒的一般性状　病毒是一类极其细小的非细胞形态的寄生物，通过电子显微镜可以观察到它的形态。大部分病毒的粒体为球状、杆状和线状，少数为弹状、杆菌状和双联体状等（图 3-8）。

病毒结构简单，由核酸和蛋白质组成（图 3-9）。核酸在中间，形成心轴。蛋白质包围在核酸外面，形成一层衣壳，对核酸起保护作用。

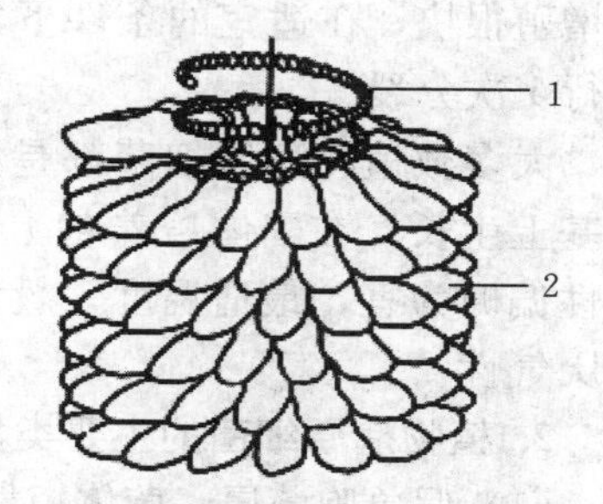

图 3-9　烟草花叶病毒结构示意图

1. 核酸　2. 蛋白质

病毒是一种专性寄生物，只能寄生于活的寄主细胞内生活繁殖。当病毒粒体与寄主细胞活的原生质接触后，病毒的核酸与蛋白质衣壳分离，核酸进入寄主细胞内，改变寄主细胞的代谢途径，并利用寄主自身的营养物质、能量及合成系统，分别合成病毒的核酸和蛋白质衣壳，最后核酸进入蛋白质衣壳内而形成新的病毒粒体。病毒的这种独特的繁殖方式叫作增殖，也称为复制，通常病毒的增殖过程也是病毒的致病过程。

2. 植物病毒的传播特点　病毒是通过寄主植物体内带毒汁液传病的，其传播完全是被动的，具体传播方式有机械传播（汁液摩擦传播）、无性繁殖材料和嫁接传播、种子和花粉传播以及介体传播。其中，介体传播是植物病毒最主要的传播方式。自然界能传播病毒的生物介体有昆虫、螨、线虫和真菌等。昆虫是其中最主要的传毒介体，其中尤以刺吸式口器昆虫（如蚜虫、叶蝉、飞虱等）最为重要。

3. 类病毒　类病毒比病毒更小、更简单。在结构上没有蛋白质外壳，只有裸露的核糖核酸碎片。种子带毒率高，可通过种子传毒、无性繁殖材料和汁液接触传染，昆虫也能传播病害。

类病毒能引起致病株矮化、畸形、黄化、坏死、裂皮等病害症状。如马铃薯纺锤块茎病、柑橘裂皮病、葡萄黄点病、菊花矮缩病和褪绿斑驳病等。

（五）植物病原线虫

线虫属于动物界，线虫门。多数腐生在土壤和水中，少数寄生于动、植物体上。寄生于植物上会引发植物病害。它的危害除直接吸取植物体内的养料外，主要是分泌激素性物质或毒素，破坏寄主生理机能，使植物发生病变，故称线虫病。如水稻干尖线虫病、花生根结线虫病、大豆胞囊线虫病、甘薯茎线虫病、柑橘根结线虫病等。此外，线虫的活动和危害，还能为其他病原物的侵入提供途径，从而加重其他病害的发生。

1. 植物病原线虫的形态　植物病原线虫虫体细小、圆筒状、两端稍尖，多数为雌、雄同形，雌虫较雄虫略肥大；少数为雌、雄异形，雄虫线形，雌虫梨形或柠檬形（图 3－10）。

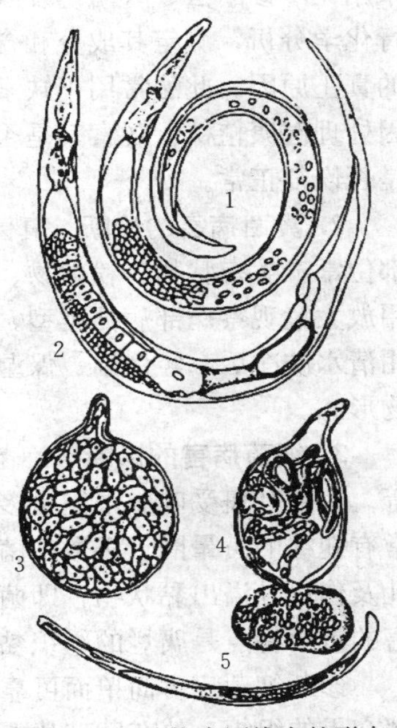

图 3－10　植物病原线虫的形态
1. 雄线虫　2. 雌线虫　3. 胞囊线虫属雌虫　4. 根结线虫属雌虫和卵囊　5. 根结线虫属雄虫

2. 植物病原线虫的发生规律　植物病原线虫的生活史包括卵、幼虫和成虫 3 个阶段。卵产于病组织或土壤中，有少数留在雌虫体内。一龄幼虫在卵内发育，孵化后遇适宜的条件就侵入寄生危害。幼虫经 3～4 次蜕皮即变为成虫。

植物病原线虫都是专性寄生的，其寄生方式可分为外寄生和内寄生，虫体全部钻入植物组织内的称为内寄生，仅以口针穿刺到寄主组织内吸食，而虫体留在植物体外的称为外寄生。有的线虫早期是外寄生，后期是内寄生。

很多植物病原线虫必须先在土壤中生活一段时间再侵入植物体，故土壤温度、水分、氧气状况、土壤质地对其有直接的影响，一般温度为 20～30 ℃、湿度较大、氧气充足、沙性土壤利于线虫生长发育和活动，在此条件下线虫危害严重。

三、植物病害的诊断

植物病害种类繁多，发生规律各异，只有对植物病害做出正确诊断，找出病害发生的原因并确定病原的种类，才有可能根据病原特性和发病规律制定出切实可行的防治措施。因此，正确诊断植物病害是对其进行有效防治的前提。

（一）植物病害诊断的步骤

1. 田间观察与症状诊断　首先在发病现场观察田间病害的分布情况，并调查了解病害发生与当地气候、地势、土质、施肥、灌溉、施药等的关系，初步判断病害类别，再仔细观察症状特征进一步诊断。注意，必须严格区别是虫害、药害还是病害；是侵染性病害还是非侵染性病害。

由于受时间和条件的限制，有些病害的症状表现不够明显，难以鉴别。必须进行连续观察，或经人工保温保湿培养使其症状充分表现后，再进行诊断。

2. 室内病原鉴定　对于仅用肉眼观察不能确诊的病害，还要在室内借助一定的仪器设备进行病原鉴定。如用显微镜观察病原物形态等。对于某些新的或少见的真菌和细菌性病害，还需进行病原物的分离、培养和人工接种试验，才能真正确定致病菌。

（二）各类病害诊断的方法

1. 非侵染性病害的诊断　非侵染性病害由不良的环境条件所致。一般在田间表现为较大面积的同时均匀发生，并且无逐步传染扩散的现象，除少数由高温或药害等引起局部病变（灼伤、枯斑）外，通常发病植株表现为全株性发病，从病株上看不到任何病征。必要时可采用化学诊断法、人工诱发及治疗试验法进行诊断。化学诊断法可通过对病株或病田土壤进行化学分析，测定其成分和含量，再与健株或无病田土壤进行比较分析，从而了解引起病害的真正原因。此法常用于缺素症等的诊断。人工诱发及治疗试验是在初诊基础上，用可疑病因处理健康植株，观察其是否发生病害；或对病株进行针对性治疗，观察其症状是否减轻或是否恢复正常。

2. 真菌病害的诊断 真菌病害的主要病状是坏死、腐烂和萎蔫，少数为畸形；在发病部位常产生霉状物、粉状物、锈状物、粒状物等病征。可根据病状特点，结合病征的出现，用放大镜观察病部病征类型，确定真菌病害的种类。如果病部表面病征不明显，可将病组织用清水洗净后，经保温、保湿培养，在病部长出菌体后制成临时玻片，再用显微镜观察病原物形态。

3. 细菌病害的诊断 细菌所致的植物病害症状主要有斑点、溃疡、萎蔫、腐烂及畸形等。多数叶斑受叶脉限制呈多角形或近似圆形斑。病斑初期呈半透明水渍状或油渍状，边缘常有褪绿的黄晕圈。多数细菌病害在发病后期，当气候潮湿时，会从病部的气孔、水孔、皮孔及伤口处溢出黏状物，即菌脓，这是细菌病害区别于其他病害的主要特征。腐烂型细菌病害的重要特点是腐烂的组织黏滑且有臭味。

诊断细菌病害简单而可靠的方法是切片检查有无喷菌现象。具体方法是：切取小块病健部交界的组织，放在载玻片上的水滴中，盖上盖玻片，在显微镜下观察，如在切口处有云雾状细菌溢出，说明是细菌性病害。对萎蔫型细菌病害，将病茎横切，可见维管束变褐色，用手挤压，会从维管束中流出混浊的黏液，利用这个特点可与真菌性枯萎病区分。此外，也可将病组织洗净后，剪下一小段，在盛有水的瓶里插入病茎或在保湿条件下经过一段时间，可观察到切口处有混浊的细菌溢出。

4. 病毒病害的诊断 植物病毒病有病状没有病征。病状多表现为花叶、黄化、矮缩、丛枝等，少数为坏死斑点。感病植株，多为全株性发病，少数为局部性发病。在田间，一般心叶首先出现症状，然后扩展至植株的其他部分。此外，随着气温的变化，特别是在高温条件下，病毒病常会发生隐症现象。

病毒病症状有时易与非侵染性病害混淆，诊断时要仔细观察和调查，注意病害在田间的分布，综合分析气候、土壤、栽培管理等与发病的关系以及病害扩展与传毒昆虫的关系等。必要时还需采用汁液摩擦接种、嫁接传染或昆虫传毒等接种试验，以证实其传染性，这是诊断病毒病的常用方法。

5. 线虫病害的诊断 线虫多数会引起植物地下部发病，病害是缓慢的衰退症状，很少有急性发病。通常表现为植株矮小、叶片黄化、茎叶畸形、叶尖干枯、须根丛生以及形成虫瘿、瘤肿、根结等。

鉴定时，可剖切虫瘿或肿瘤部分，用针挑取线虫制片或用清水浸渍病组织，或做病组织切片镜检。有些植物线虫不产生虫瘿和根结，可通过漏斗分离法或叶片染色法检查。必要时可用虫瘿、病株种子、病田土壤等进行人工接种。

（三）诊断植物病害时应注意的事项

1. 要充分认识植物病害症状的复杂性 植物病害的症状虽有一定的特异性和稳定性，但在许多情况下还表现有一定的变异性和复杂性。病害在初期和后期的症状往往不同。同一种病害，由于植物品种、生长环境和栽培管理等方面的差异，症状表现也会有很大差异。相反，有时不同的病原物在同一寄主植物上又会表现出相似的症状。若不仔细观察，往往得不到正确的结论。因此，为了防止误诊，强调用显微镜鉴定病原是十分必要的。

2. 要防止病原菌和腐生菌的混淆　植物感病以后，组织、器官的坏死病部容易被腐生菌污染，因此，可同时镜检出多种微生物类群，故诊断时要取新鲜的病组织进行检查，避免造成混淆和误诊。

3. 要注意病害与虫害、机械损伤的区别　病害与虫害、机械损伤的主要区别在于前者有病变过程，后者则没有。但也有例外，如蚜虫、螨类危害后也能产生类似于病害的危害状，这就需要仔细观察和鉴别才能区分。

4. 要防止侵染性病害和非侵染性病害的混淆　侵染性病害和非侵染性病害在自然条件下有时是联合发生的，容易混淆。而侵染性病害的病毒病类与非侵染性病害的症状类似，需通过调查、鉴定、接种等手段进行综合分析，方可做出正确诊断。

四、植物侵染性病害的发生和发展

（一）病原物的寄生性和致病性

1. 寄生性　一种生物生活在另一种生物的外表或内部，并从后者体内获得赖以生存的主要营养物质，这种生物称为寄生物。供给寄生物以必要生活条件的生物就是它们的寄主。绝大多数病原物与植物之间都是一种寄生关系。根据营养方式，一般将寄生物分为活体营养生物和死体营养生物两类。活体营养生物是指在自然界中只能从寄主的活细胞和组织中获取养分的生物，相当于过去所提的专性寄生物（如植物病原真菌中的锈菌、白粉菌、霜霉菌等，以及寄生植物的病毒、线虫和种子植物）。死体营养生物是指在自然界可以从死的寄主组织或有机质中获取养分的生物，相当于过去所提的非专性寄生物（如大多数的植物病原真菌和细菌）。死体营养生物又分两种情况：一种像活体营养生物一样，侵染活的细胞和组织，寄主组织死亡后，能继续生长和繁殖；另一种是在侵入前先分泌酶或毒素杀死寄主组织，然后进入其中腐生。

寄生物对寄主具有一定的选择性，亦即寄生物有一定的寄主范围。一般活体营养生物的寄主范围较窄，死体营养生物的寄主范围较广，但也有例外。

寄生物对寄主作物的种或品种的寄生选择性，称为寄生专化性。寄生专化性最强的表现是生理小种。生理小种是病原物种内形态相同，对寄主作物品种致病力不同的类型。

2. 致病性　病原物的致病性是指病原物破坏寄主而引起病害的能力。病原物对寄主植物的破坏性表现在它不仅夺取植物水分和养料，使植物生长不良，而且在其寄生过程中会改变或破坏植物正常的新陈代谢，还产生各种有毒物质、酶和刺激素等破坏植物。

病原物寄生性强弱和致病性强弱之间没有一定的相关性。通常寄生性强的，致病性弱；而寄生性弱的反而致病性强。例如，病毒都是活体营养生物，但有些并不引起严重的病害。而一些引起软腐病的病原物都是死体营养生物，如大白菜软腐病菌，寄生性较弱，但它们对寄主的破坏作用却很大。

（二）寄主植物的抗病性

抗病性是指寄主植物抵抗病原物侵染及减轻所造成损害的能力。在植物病害的形成和发展过程中，病原物要侵入、扩展，寄主则要作出反应，进行抵抗。病原物能否侵入、侵入后能否引起植物发病，一方面取决于病原物的致病性和环境条件，另一方面则取决于寄主植物的抗病性。

1. 植物对病原物侵染的反应 当病原物侵染时，不同的寄主植物可有不同的反应。反应类型可分为以下几种：

（1）免疫 植物对病原物具有极高的抵抗能力，完全不表现任何症状。

（2）抗病 植物受病原物侵染后发病较轻的称为抗病。根据抗病能力的差异，可进一步分为高抗和中抗等类型。

（3）耐病 植物受病原物侵染后会发生病害，但由于自身的补偿作用，对产量和质量影响较小。

（4）感病 植物受病原物侵染后发病较重的称为感病。根据感病程度的差异，可进一步分为高感和中感等类型。

2. 小种专化抗性和非小种专化抗性

（1）小种专化抗性 寄主品种与病原物生理小种之间具有特异的相互作用，即寄主植物的某个品种能高度抵抗病原物的某个或某几个生理小种，但对其他多数小种则不能抵抗。这种抗性称为小种专化抗性（过去称为垂直抗性），一般表现为免疫或高度抗病。这种抗病性往往是由个别主效基因和寡基因控制，因而对生理小种是专化的，一旦遇到不同致病力的新小种时就会丧失抗病性而变成高度感病。这类抗病性容易选择，但一般不能持久。

（2）非小种专化抗性 寄主品种与病原物生理小种之间没有特异的相互作用，即寄主植物的某个品种能抵抗病原物的多数或所有生理小种，这种抗性称为非小种专化抗性（过去称为水平抗性），一般表现为中度抗病。这种抗病性通常是由多个微效基因控制的，一般不存在生理小种对寄主的专化性，因而较为稳定和持久，但在育种过程中不易选择。

植物的抗病性和植物的其他性状一样，既可以遗传，也可以在一定条件下发生变异。其变异的原因主要有以下 3 个方面：寄主植物本身抗病性的变异、病原物致病力和生理小种的变异以及环境条件的影响。在生产实践中，一方面应加强培育具有水平抗性的品种，对小种专化抗性品种应注意合理布局或轮换种植，以延缓和防止寄主抗病性的丧失；另一方面可通过改进栽培管理技术，创造有利于植物生长发育的的条件和生态环境，以促进植物健壮生长，从而增强植物的抗病性，减轻病害的发生。

3. 植物抗病机制 植物的抗病机制与许多因素有关，主要有以下几方面：

（1）避病植物 因不能接触病原物或接触机会较少而不发病或发病减轻的现象称为避病。有些植物是因其感病阶段与病原物的盛发期错开，从而避免了病原物的侵染。如小麦品种由于早熟或晚熟，抽穗扬花期避开了多雨天气，赤霉病发生就轻。还有些植物是由于形态或机能上的特点而避病。

（2）形态结构上的抗病 植物表皮毛的多少和表皮蜡质层、角质层的厚薄，气孔、水孔的数量和大小都直接影响病原物的侵入。如柑橘溃疡病菌在甜橙类上发病重，柑类、橘类则抗病性强，是因为甜橙的气孔分布密、气孔中隙大，溃疡病菌易侵入，而柑类、橘类则相反。

（3）生理上的抗病性 植物细胞的营养物质状况、酸度、渗透压及特殊抗生物质、有毒物质（如植物碱、单宁等）含量越高，则抗病性越强。

（三）病原物的侵染过程

侵染过程是指从病原物与寄主植物感病部位接触开始，经侵入并在植物体内繁殖和扩展，直至寄主表现病害症状为止的过程，简称病程。一般将病程划分为侵入期、潜育期和发病期3个时期。

1. 侵入期　从病原物开始侵入寄主到侵入后与寄主建立寄生关系为止的时期。病原物侵入寄主植物通常有直接侵入（直接穿透植物的角质层或表皮层）、自然孔口侵入（气孔、水孔、皮孔等）和伤口侵入（虫伤、冻伤、机械损伤）3种途径。各类病原物的侵入途径是不同的。病毒、菌原体只能从伤口侵入，而且是新鲜微伤；一般细菌和真菌可以从自然孔口和伤口侵入；寄生性强的真菌还能直接侵入；线虫一般以穿刺方式直接侵入；寄生性种子植物则是产生吸根直接侵入。环境条件中湿度对病原物的侵入影响最大，一般在温暖、高湿的条件下，更有利于病原物的侵入。

2. 潜育期　从病原物与寄主建立寄生关系到寄主表现症状为止的这段时期。各种病害潜育期长短不同，这与病原物特性、寄主的抵抗力和环境条件密切相关。环境条件中温度影响最大，在适宜的发病条件下，温度越高，潜育期越短，发病流行越快。

3. 发病期　从症状出现后，病害进一步发展的时期。在这时期，寄主作物表现各种病状和病征。病征的出现一般就是再侵染病原的出现，如果病征稠密，表示有大量病原物存在，病害就有大发生的可能。适宜的温度和较高的湿度条件，有利于病斑的扩大和病原物繁殖体的形成，病害发展快。

（四）病害的侵染循环

侵染循环是指侵染性病害从植物的前一个生长季节开始发病到下一个生长季节再度发病的过程。主要包括以下3个环节（图3-11）：

1. 病原物的越冬和越夏　病原物的越冬和越夏是指病原物以一定的方式在特定的场所渡过寄主植物的休眠期而存活下来的过程，该过程发生在冬季称为越冬、在夏季称为越夏。病原物越冬和越夏的方式有寄生、腐生和休眠3种。病原物越冬和越夏的场所一般就是下一个生长季节植物病害的初侵染来源。在越冬、越夏期间，病原物多数不活动，且比较集中，是病害侵染循环中的薄弱环节，比较容易消灭。因此，了解病原物的越冬或越夏场所，采取相应的有效防治措施，就能得到良好的防治效果。

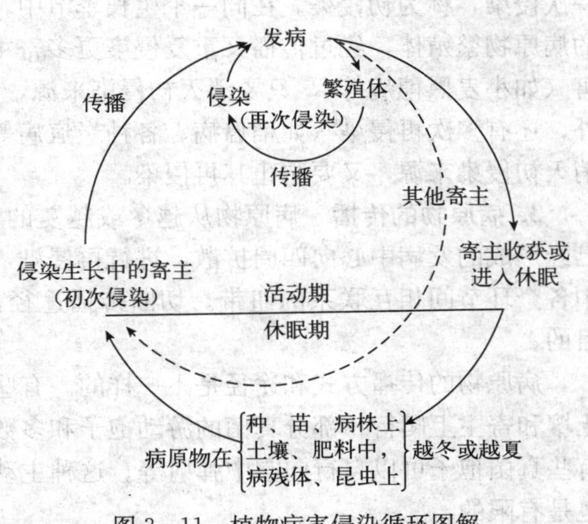

图3-11　植物病害侵染循环图解

越冬、越夏场所因病原物种类而异，有的病原物只有一个场所，有的则有多个场所。归纳起来病原物越冬、越夏的场所有以下几种：

（1）种子、苗木和其他无性繁殖材料　在种子、苗木、接穗及块根、块茎等繁殖材料上越冬、越夏的病原物，有的是以休眠体混杂于种子中，有的则以休眠孢子附着于种子表面，还有的潜伏在种苗及其他繁殖材料的内部。

（2）田间病株　有些活体营养病原物必须在活的寄主上寄生才能存活。如小麦锈菌的越夏、越冬都要寄生在田间生长的小麦上，在我国，小麦秆锈菌一般是在北方小麦上越夏后传到南方，在南方小麦上越冬后再传到北方。有些病毒，当栽培寄主收割后，就转移到其他栽培的或野生的寄主上越夏或越冬，如油菜花叶病毒可以在野生植物蔊菜上越夏。

（3）病株残体　许多病原真菌和细菌都能在病株残体中潜伏存活或以腐生方式生活一定的时期。残体中病原物存活的时间长短，主要取决于残体分解腐烂速度的快慢。

（4）土壤　病株残体和在病株上产生的病原物都很容易落在土壤里。因此，土壤也是多种病原物越冬、越夏的场所。有些病原物产生各种休眠体（如厚垣孢子、菌核等）在土壤中休眠越冬，有些则以腐生方式在土壤中存活。以土壤作为越冬、越夏场所的病原物可分为土壤寄居菌和土壤习居菌两类，前者只能在土壤中的病株残体上腐生或休眠越冬，当残体分解腐烂后，就不能在土壤中存活；后者在病残体分解腐烂后仍能在土壤中长期存活。

（5）粪肥　病原物可随同病株残体混入粪肥中，或用病残体作饲料，不少病原物的休眠孢子通过牲畜的消化道后仍保持侵染能力。因此，肥料必须充分腐熟后才能使用，避免用带菌病株作生饲料喂牲畜。

（6）昆虫或其他介体　一些由昆虫传播的病毒，在寄主作物收割后，可在昆虫体内越冬或越夏，如小麦土传花叶病毒在禾谷多黏菌休眠孢子中越夏，水稻黄矮病毒在黑尾叶蝉体内越冬。

2. 病原物的初侵染和再侵染　经越冬或越夏后的病原物，在植物生长季节中引起的第一次侵染，称为初侵染。在同一个生长季节中，受到初侵染的植株，在适宜条件下病部产生的病原物繁殖体，经过传播又重复侵染更多寄主，称为再侵染。只有初侵染而无再侵染的病害（如小麦黑穗病等），只要消灭初侵染来源，一般就能得到防治。大多数病害，除初侵染外，还有多次再侵染（如稻瘟病、各种炭疽病等），对这类病害的防治既要采取措施减少和消灭初侵染来源，又要防止其再侵染。

3. 病原物的传播　病原物从越冬或越夏的场所到达寄主感病部位引起初侵染，或者从已经形成的发病中心向四周扩散，进行再侵染，都必须经过传播才能实现。传播是侵染循环中各个环节间相互联系的纽带。切断传播途径，就能打断侵染循环，从而达到防治病害的目的。

病原物的传播方式和途径是不一样的。有些病原物靠自身活动主动向外传播，如线虫在土壤和寄主上爬行；部分真菌的游动孢子和多数病原细菌能借助鞭毛在水中游动进行传播；有些真菌孢子可以自行向空中弹射等。这种主动传播的方式并不普遍，其传播的距离和范围也是有限的。

绝大多数病原物都是依靠外界的动力（如气流、雨水、昆虫及人为因素等）被动传播。许多真菌能产生大量孢子，孢子小而轻，易被气流散布到空气中，所以气流传播是大多数病原真菌的主要传播方式。雨水传播（包括降雨、地表径流和灌溉等）是多数病原细菌、部分病原真菌及病原线虫的传播方式。昆虫传播与病毒的关系最大，一些细菌病害和真菌病害也可由昆虫传播。此外，线虫、真菌、菟丝子及其他生物介体也可传播病原物。人为传播包括携带和调运带有病原物的种苗及其他农产品，可使病原物进行远距离传播；从事施肥、灌溉、移栽、修剪、整枝等农事活动，也可引起病原物的近距离传播，造成病区扩大。

任何植物的侵染性病害都有病原物的越冬、越夏、初侵染、再侵染和传播等问题，这是病害发生发展的一般规律。但不同的病害，其侵染循环的特点不同，即使同一种病害在不同地区或不同条件下也有所不同。了解病害侵染循环的特点是认识病害发生发展规律的核心，也是对病害进行预测预报及制定防治对策的依据。

（五）病害的流行

植物病害在一个时期或在一个地区内，病害发生面积广、发病程度严重，引起的损失大，这种现象称为病害流行。经常流行的病害，称为流行性病害。如小麦锈病、稻瘟病等。

植物病害流行必须具备以下3个基本条件：

1. 大面积集中栽培的感病寄主植物　种植感病品种是病害流行的先决条件。感病寄主植物的数量和分布是病害能否流行和流行程度轻重的基本因素。感病寄主植物群体越大，分布越广，病害流行的范围越大，则危害越重。尤其是大面积种植同一感病品种（即品种单一化），会造成病害流行的潜在威胁，易引起病害的流行。

2. 大量致病力强的病原物　对没有再侵染或再侵染次数少的病害，病害初侵染源的多少，即病原物越冬或越夏的数量，对病害的流行起着决定性的作用；而对于有多次再侵染的病害，病害的流行程度不仅取决于越冬或越夏的病原物数量，还取决于病原物的繁殖速度和再侵染的次数。如果病害的潜育期短，再侵染的次数多，就能迅速地积累大量的病原，引起病害的广泛传播和流行。

3. 适宜的环境条件　在具备前两个因素的前提下，病害能否流行，在很大程度上取决于环境条件是否适宜病害的流行。环境条件主要有气候条件、栽培条件和土壤条件，其中以气候条件最为重要，它包括温度、湿度、光照等。其中湿度的影响较温度更大。大多数病原物在适宜的湿度条件下，才能繁殖、传播和侵入。因此，雨水多的年份，常易引起许多病害的流行。

在侵染性病害流行的3个基本条件中，缺少任意一个条件都不会引起病害流行。但是，各种病害的性质不同，此3个因素在病害流行中并不同等重要，每种病害都有它决定性的因素，称为流行的主导因素。即使同一种病害，处于不同时间、不同地点也可能会有不同的主导因素。如稻瘟病在常年发病区，菌源多，病菌生理小种没有改变，品种也没有更换，这时环境条件，特别是抽穗期前后的低温阴雨天气，就成为穗颈瘟流行的主导因素；而在相同的栽培条件下，大面积更换了品种，则所换品种的抗病性强弱，便成为病害是否流行的主导因素；同样，在相似的品种和气候条件下，则致病力强的生理小种的产生，便成为病害流行的主导因素。所以，对病害的流行及其消长变化要进行具体分析，找出决定性因素，抓住主要矛盾，及时开展防治。

第四章

农业昆虫基础知识

昆虫属于无脊椎动物节肢动物门昆虫纲，已知种类超过 110 万种，约占整个动物界的 2/3，是动物界中种类最多、分布最广、群体数量最大的一个类群。

昆虫与人类的关系十分密切。许多昆虫种类危害农林植物，传播人、畜疾病，被称为害虫。也有不少种类能帮助植物传花授粉，或协助人类消灭害虫和有害植物，或其本身具有可利用的经济价值（如家蚕、蜜蜂、白蜡虫等），这些统称为益虫。

一、昆虫的外部形态

农业昆虫是指与农业生产密切相关的一些昆虫，通常包括危害农作物的昆虫及其天敌昆虫。此外，还有一些无脊椎动物与农业生产密切相关，包括节肢动物门蛛形纲的蜘蛛和螨类、软体动物门腹足纲的蜗牛和野蛞蝓等。

昆虫种类繁多，外部形态差异很大，但仍有共同的基本构造。其中最主要的共同特征是其成虫的体躯明显地分为头、胸、腹三段，胸部一般有两对翅，三对足。根据这些特征，就能将昆虫与其他节肢动物区别开来（图 4-1）。

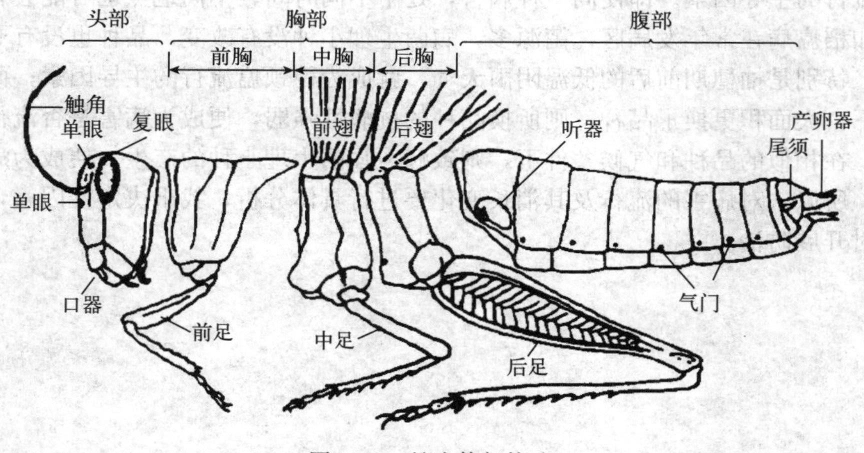

图 4-1　蝗虫体躯构造

（一）昆虫的头部

头部是昆虫体躯最前面的一个体段。头部着生触角、复眼等感觉器官和取食口器，故头部是昆虫感觉和取食的中心（图 4-2）。

1. 触角　昆虫一般都有 1 对触角，位于头部前方或额的两侧。触角的基本构造分为 3

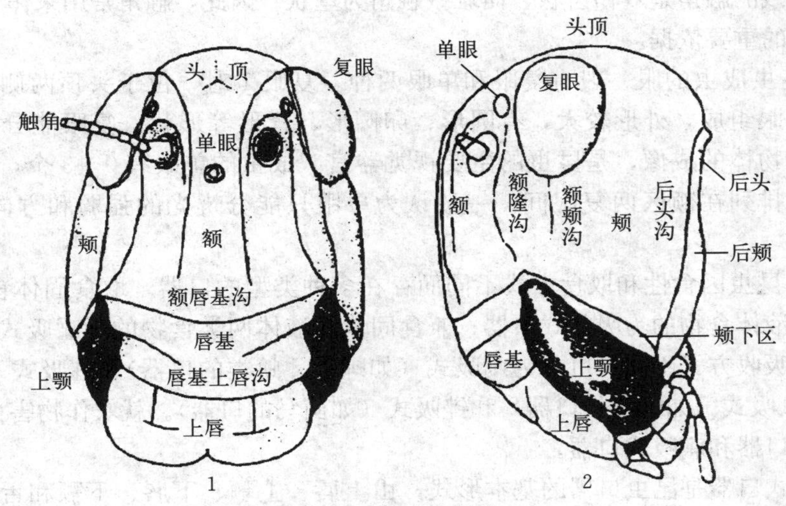

图 4-2　蝗虫头部构造
1. 正面观　2. 侧面观

部分：柄节、梗节和鞭节，其中基部第一节称柄节，第二节称梗节，其余各节统称鞭节。鞭节的形态变化较大，因而形成各种类型的触角。触角上着生许多触角感器，在昆虫觅食、求偶、产卵、避害等活动中有着非常重要的作用。

昆虫触角的形状会随昆虫的种类和性别而有变化（图 4-3）。如金龟类具鳃片状触角，蝇类具芒状触角；此外，多数昆虫雄虫的触角比雌虫发达，在形状上也表现出明显的差异，

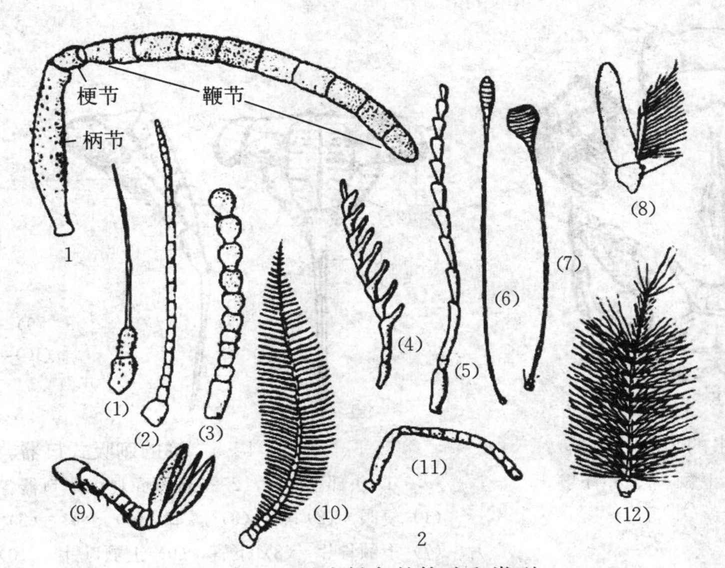

图 4-3　昆虫触角的构造和类型
1. 触角的基本构造　2. 触角的类型
（1）刚毛状（蜻蜓）（2）丝状（飞蝗）（3）念珠状（白蚁）（4）栉齿状（绿豆象）（5）锯齿状（锯天牛）（6）球杆状（白粉蝶）（7）锤状（长角岭）（8）具芒状（绿蝇）（9）鳃片状（棕色金龟甲）（10）双栉齿状（樟蚕蛾）（11）膝状（蜜蜂）（12）环毛状（库蚊）

如小地老虎雄蛾的触角是双栉齿状，而雌蛾触角为丝状。因此，触角常用来作为识别昆虫种类和区分性别的重要依据。

2. 眼 昆虫成虫的眼一般有复眼和单眼两种。复眼1对，位于头顶两侧，颊区上方。复眼由很多小眼组成，外形较大，有圆形、卵圆形、肾形等形状。复眼能分辨光的波长、强度和近距离物体的成像，是昆虫的主要视觉器官。成虫的单眼有0～3个，多数为3个，呈倒三角形，排列在额区两复眼间。一般认为单眼只能分辨光的强弱和方向，不能形成物像。

3. 口器 昆虫因食性和取食方式不同而存在多种类型的口器。取食固体食物的为咀嚼式口器；取食液体食物的为吸收式口器；兼食固体和液体两类食物的为嚼吸式口器。此外，吸收式口器因吸收方式不同又可分为刺吸式（如蝉类、蚧类的口器）、虹吸式（如蝶类、蛾类的口器）、舐吸式（如蝇类的口器）和锉吸式（如蓟马的口器）。就农作物害虫而言，最主要的是咀嚼式口器和刺吸式口器。

（1）咀嚼式口器是昆虫口器的基本形式，由上唇、上颚、下唇、下颚和舌5部分组成，如蝗虫的口器（图4-4）。因其具有坚硬的上颚，故能使植物的组织和器官受到机械损伤而残缺不全，如造成植物叶片上的缺刻、孔洞和透明斑等。

（2）刺吸式口器是由咀嚼式口器演化而成，其上、下颚特化成2对口针，下唇延长成包藏口针的槽状结构——喙（图4-5）。刺吸式口器以口针刺入植物组织内，吸取植物的汁液。通常不会造成植物明显的残缺和破损，而是呈变色斑点、卷缩扭曲、肿瘤、枯萎等危害状。许多刺吸式口器的昆虫（如蚜虫、叶蝉、飞虱等）在取食的同时，能传播病毒或细菌，严重危害作物。

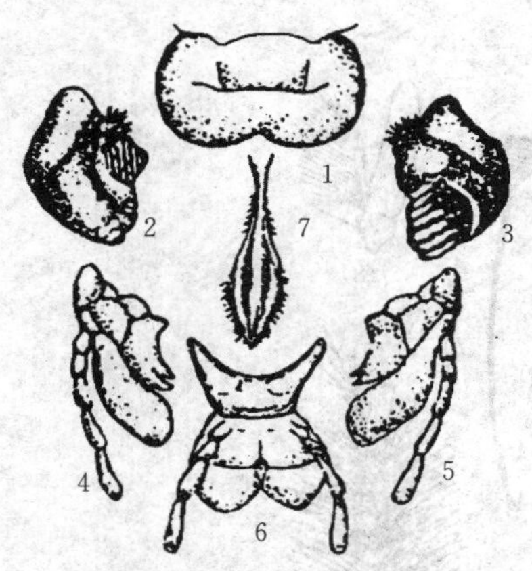

图4-4 蝗虫的咀嚼式口器

1. 上唇 2、3. 上颚 4、5. 下颚 6. 下唇 7. 舌

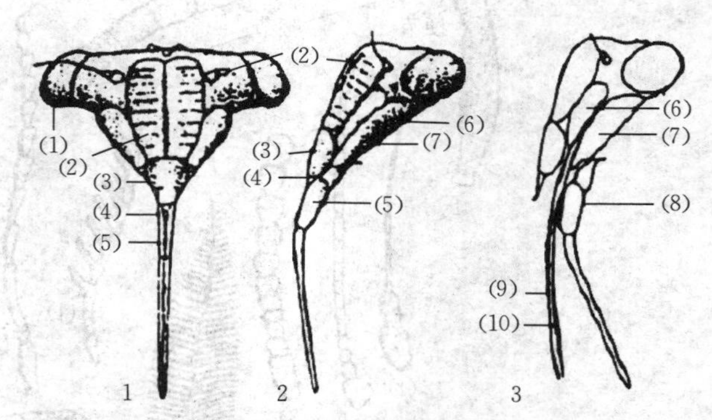

图4-5 蝉的刺吸式口器

1. 头部正面观 2. 头部侧面观 3. 口器各部分分解

（1）复眼 （2）额 （3）唇基 （4）上唇 （5）喙管 （6）上颚骨片 （7）下颚骨片 （8）下唇 （9）上颚口针 （10）下颚口针

了解昆虫口器的类型和取食特点，有助于判别田间害虫的类别，同时还可以针对不同类型口器的特点，选用合适的农药进行防治。如防治咀嚼式口器害虫，可用胃毒剂施于植株表面，或制成毒饵，使其取食后中毒死亡；而防治刺吸式口器害虫，则用能被植物吸收并传导的内吸剂施于植物上，使其吸食含毒汁液而中毒死亡。

4. 头式　根据昆虫口器的着生位置和指向，可将昆虫头部分为3种头式（图4-6）。

（1）下口式　口器着生于头部的下方，头部纵轴与体躯纵轴几乎成直角。多见于植食性昆虫，如蝗虫等。

（2）前口式　口器着生于头部的前方，头部纵轴与体躯纵轴平行或呈钝角。多见于捕食性昆虫，如步甲等。

（3）后口式　口器从头的腹面伸向体后方，头部纵轴与体躯纵轴呈锐角。多见于刺吸式口器的昆虫，如叶蝉、蚜虫等。

昆虫头式的不同，反映了昆虫在取食方式上的差异。此外，利用昆虫的头式可区别昆虫的大类。

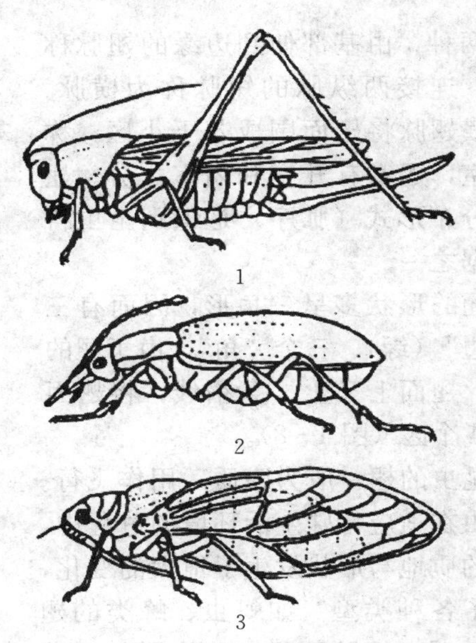

图4-6　昆虫的头式
1. 下口式　2. 前口式　3. 后口式

（二）昆虫的胸部

胸部是昆虫体躯的第二个体段，分3节，自前向后依次为前胸、中胸和后胸。每个胸节侧下方均着生1对足，分别称为前足、中足和后足。中胸和后胸背侧面各有1对翅，分别称为前翅和后翅。足和翅是昆虫的运动器官，因此，胸部是昆虫的运动中心。

胸部外壁一般高度骨化，节间尤其是中后胸间联系坚固。每一胸节均由4块骨板组成，分别为腹板、背板和1对侧板。

1. 足的构造和类型　胸足分6节，自基部向端部依次为基节、转节、腿节、胫节、跗节和前跗节，基节着生于胸节侧板的膜质基节窝内，一般粗短；转节在各节中最短小；腿节通常最粗大；胫节通常细而长，常具成行的刺或端距；跗节通常分2～5个亚节；前跗节一般包括1对爪、中垫等（图4-7）。

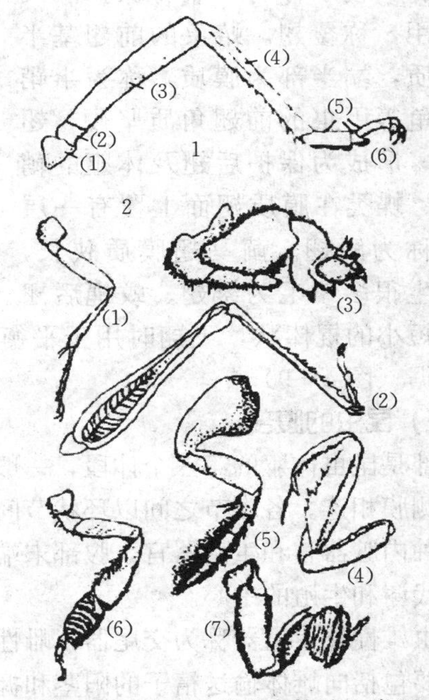

图4-7　昆虫足的基本构造和类型
1. 足的构造：（1）基节　（2）转节　（3）腿节　（4）胫节　（5）跗节　（6）前跗节
2. 足的类型：（1）步行足（步行虫）　（2）跳跃足（蝗虫的后足）　（3）开掘足（蝼蛄的前足）　（4）捕捉足（螳螂的前足）　（5）游泳足（龙虱的后足）　（6）携粉足（蜜蜂的后足）　（7）抱握足（雄龙虱的前足）

昆虫的足多数用于行走，而有些昆虫由于生活环境和生活方式不同，胸足的形态和功能发生了相应的变化，形成各种类型的足，可据此识别昆虫类别并判断其生活方式。

2. 翅的构造和类型　多数昆虫的成虫具有2对翅。昆虫的翅一般多为膜质薄片，中间贯穿着起支撑作用的翅脉。翅脉有纵脉和横脉两种，由基部伸到边缘的翅脉称纵脉，连接两纵脉的短脉称为横脉。纵、横翅脉将翅面围成若干小区，称为翅室，翅室有开室和闭室之分。翅脉的分布形式（脉序）是识别昆虫科的依据之一。

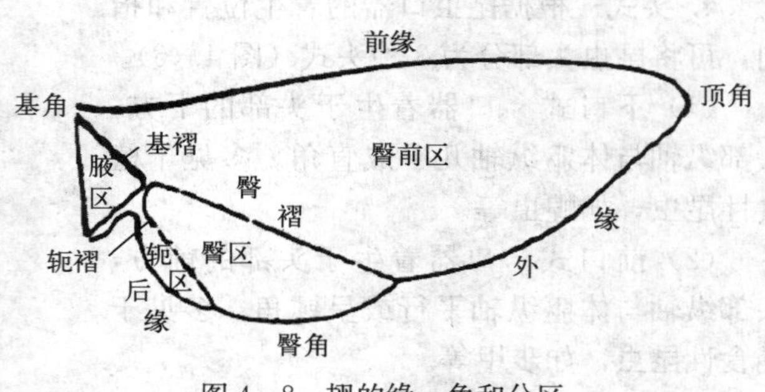

图 4－8　翅的缘、角和分区

翅的形状多呈三角形，因而有三条“边”（缘）、三个“角”，由于翅的折叠，翅面上又生 3 条褶线，将翅面分成 4 个区（图 4－8）。

昆虫的翅一般为膜质，用作飞行。但昆虫在适应特殊生活环境的过程中，其翅的质地与形状发生了很大的变化，形成了各种类型。如蚜虫、蜂类的翅膜质透明，翅脉明显，称为膜翅。蝗虫、蝼蛄等的前翅革质化，半透明，保留翅脉，覆于体背，兼有保护和飞翔的作用，称覆翅。蝽象的前翅基半部为革质，端半部为膜质，称为半鞘翅。金龟等甲虫的前翅角质坚硬，翅脉消失，形成为保护后翅及体躯的鞘翅。蛾、蝶类在膜质翅面上覆有一层鳞片，称为鳞翅。蓟马翅膜质狭长，边缘着生很多缨毛为缨翅。蚊蝇后翅退化为短小的棍棒状，飞翔时用于平衡身体，称为平衡棒。昆虫翅的类型是昆虫分目的主要依据（图 4－9）。

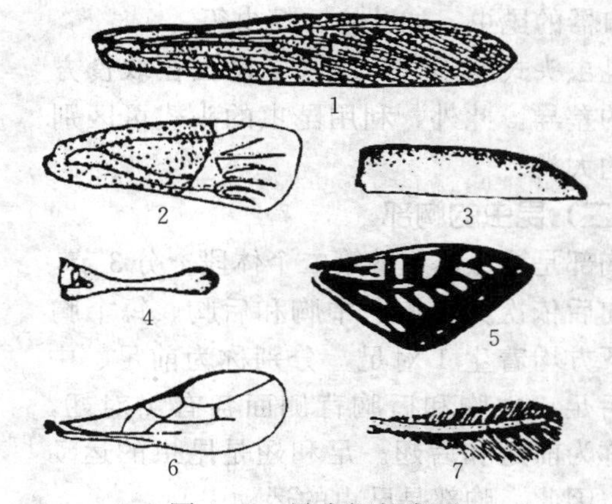

图 4－9　昆虫翅的类型

1. 覆翅　2. 半鞘翅　3. 鞘翅　4. 平衡棒　5. 鳞翅　6. 膜翅　7. 缨翅

（三）昆虫的腹部

腹部是昆虫体躯的第三个体段，一般由 9～11 节组成，各腹节的骨板仅有背板和腹板，两者以侧膜相连。各腹节之间以环状节间膜相连。腹部 1～8 节两侧各有 1 对气门。腹内包藏着各种内脏器官和生殖器官，腹部末端具有外生殖器，有些昆虫还有尾须。所以腹部是昆虫新陈代谢和生殖的中心。

昆虫雄性外生殖器称为交尾器，雌性的外生殖器称为产卵器。交尾器位于雄性第 9 节腹面，主要包括向雌体输送精子的阳茎和握持雌体的抱器。产卵器位于雌虫第 8、9 腹节的腹面，一般由 2 对产卵瓣构成。因昆虫产卵的环境场所不同，产卵器的外形也有不同的变化。如叶蜂、叶蝉的产卵器呈锯状，蝗虫、蟋蟀则分别呈锥状和矛状，这些昆虫可以将卵产在植物体内或土壤中。而蝶、蛾、蝇类和甲虫等昆虫无特殊构造的产卵器，其腹部末端若干体节细长而套叠，称伪产卵器，产卵时可以伸缩，只能将卵产生在物体表面、裂缝或凹陷的地方。此外，有些昆虫的产卵器已失去产卵的功能，特化成用以自卫和麻醉猎物的蜇刺，如胡蜂。

（四）昆虫的体壁

体壁是昆虫的骨化躯壳，又称为外骨骼。具有保持体形、保护内脏、防止体内水分蒸发和外物侵入体内的功能，并且可以接受感应，与外界环境进行联系。

1. 基本构造　体壁由里向外分为底膜、皮细胞层和表皮层3部分（图4-10）。皮细胞层由单层活细胞组成，部分细胞在发育的过程中能特化成各种不同的腺体、刚毛和鳞片等。表皮层较薄，但构造复杂，又可分为内表皮（柔软具延展性）、外表皮（质地坚硬）和上表皮（亲脂疏水性）。

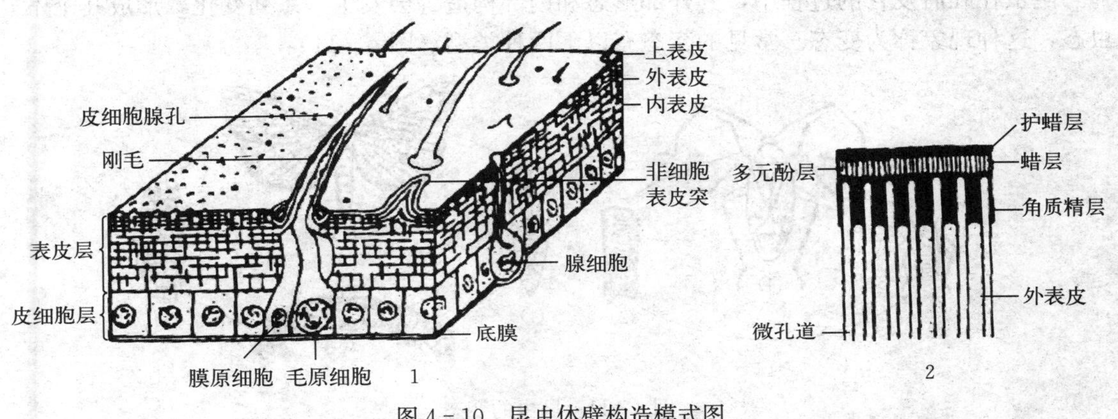

图4-10　昆虫体壁构造模式图

1. 体壁的切面　2. 上表皮的切面

2. 体壁构造与害虫防治的关系　体壁的构造和表面特征会对杀虫剂的杀虫效果产生影响。体壁上的刚毛、鳞片、毛、刺及上表皮的蜡层、护蜡层等会影响杀虫剂在昆虫体表的黏着和展布，因而在药液中加入适量的洗衣粉等可提高杀虫效果。既具有脂溶性又有一定水溶性的杀虫剂能顺利通过亲脂性的上表皮和亲水性的内、外表皮，进而表现出良好的杀虫效果。另外，同一种昆虫低龄期的体壁薄于老龄期，尤其是刚蜕皮的昆虫，外表皮尚未形成，药剂比较容易透入体内。

二、昆虫的生物学特性

昆虫的生物学特性是在长期演化过程中逐渐形成的，包括昆虫的发育、繁殖和行为习性等。了解昆虫的生物学特性，对于害虫的防治具有重要意义。

（一）昆虫的繁殖方式

昆虫最普遍的繁殖方式是两性生殖，此外还有孤雌生殖、卵胎生殖、多胚生殖等特异生殖方式。

1. 两性生殖　指雌雄两性交配后，卵和精子结合形成受精卵，再发育成新个体的生殖方式。绝大多数昆虫以此种方式繁殖后代。

2. 孤雌生殖　又称单性生殖，是指卵不经过受精就能发育成新个体的生殖方式。如蓟马、蚜虫等的生殖方式。

3. 卵胎生　指卵在母体内完成胚胎发育，母体产下的已是初孵幼虫。如蚜虫、麻蝇等的生殖方式。

4. 多胚生殖 指由一个卵在发育过程中分裂成两个以上的胚胎，从而形成多个个体的生殖方式，如某些寄生蜂。

多数昆虫完全或基本上以某一种生殖方式繁殖，但有的昆虫兼有两种以上生殖方式，如蜜蜂、棉蚜等。

（二）昆虫的发育与变态

昆虫个体由卵发育到成虫性成熟为止可分为胚胎发育和胚后发育两个阶段。前者是指从卵发育为幼虫（若虫）的发育期，又称卵内发育；后者是指从卵孵化开始至成虫性成熟的发育期。

昆虫在胚后发育的过程中，其外部形态和内部构造等会发生一系列变化，形成几个不同虫态，这种现象称为变态。常见的变态有以下两种类型（图 4－11）：

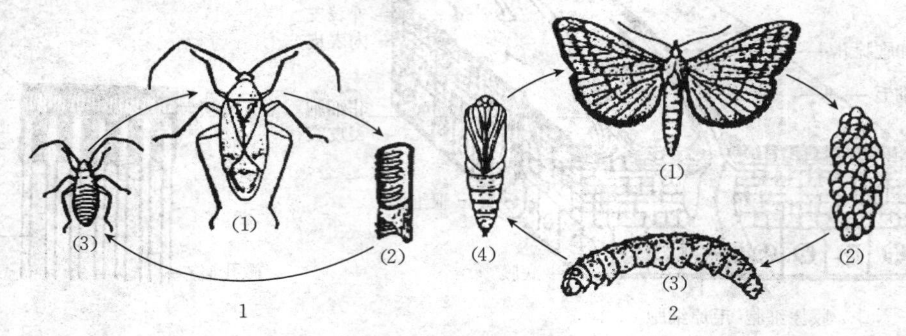

图 4－11 昆虫的变态

1. 不全变态（苜蓿盲蝽）：(1) 成虫 (2) 卵 (3) 若虫
2. 全变态（玉米螟）：(1) 成虫 (2) 卵 (3) 幼虫 (4) 蛹

1. 不全变态 昆虫一生经过卵、若虫、成虫 3 个阶段，若虫的外部形态和生活习性与成虫很相似，仅在个体大小、翅及生殖器官发育程度等方面存在差异。如蝗虫、蝽类、叶蝉等属此类变态。

2. 全变态 昆虫一生经过卵、幼虫、蛹、成虫 4 个阶段，幼虫在外部形态和生活习性上与成虫截然不同，必须经过蛹期的剧烈改造，才能变为成虫。如蛾、蝶类和鞘翅目昆虫均属于全变态。

（三）昆虫个体发育各阶段的特点

1. 卵期 卵自产下后到孵化出幼虫（若虫）所经历的时间称卵期。昆虫的卵是一个大型的细胞，最外面的卵壳坚硬且构造十分复杂，表面有各种刻纹。卵壳的顶部有孔，叫作受精孔或卵孔（图 4－12）。

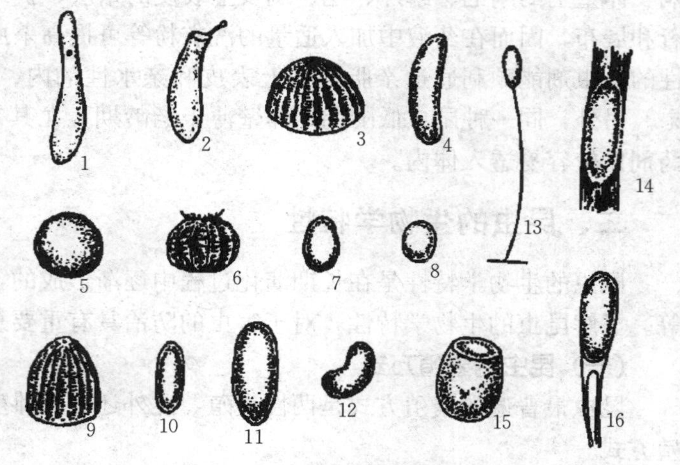

图 4－12 昆虫卵的形状

1. 花生形 2. 袋形（三点盲蝽） 3. 半球形（小地老虎） 4. 长卵形（蝗虫）球形（甘薯天蛾） 5. 长茄形（飞虱） 6. 篓形（棉金刚钻） 7. 椭圆形（蝼蛄） 8. 椭圆形（大黑鳃金龟） 9. 半球形（棉铃虫） 10. 长椭圆形（棉蚜） 11. 长椭圆形（豆芫菁） 12. 肾形（棉蓟马） 13. 有柄形（草蛉） 14. 被有绒毛的椭圆形卵块（三化螟） 15. 桶形（稻绿蝽） 16. 双瓣形（豌豆象）

不同昆虫卵的大小、形状各不相同（图 4－13）。其产卵方式也多种多样，有的单粒散产（如菜粉蝶），有的集聚成块（如玉米螟），有的卵块上覆有茸毛（如三化螟），有的卵则具有卵囊或卵鞘（如蝗虫、螳螂）。产卵场所亦因昆虫种类而异，多数昆虫将卵产在植物表面，有的产于植物组织内，有的则产在土壤中。

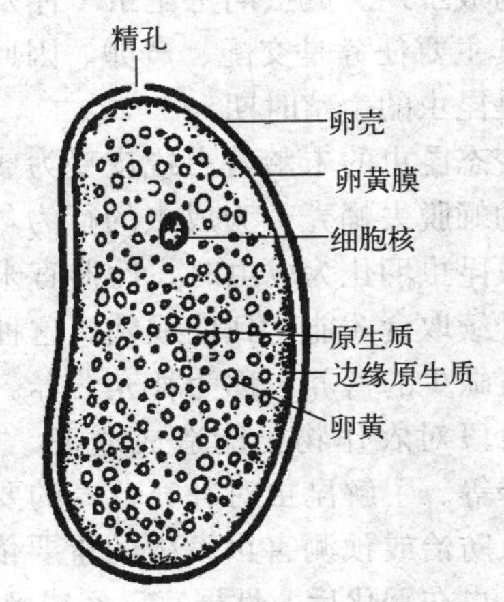

图 4－13　昆虫卵的构造

2. 幼虫（若虫）**期**　幼虫或若虫破卵壳而出的过程，称为孵化。昆虫自卵孵化为幼虫到变为蛹（或成虫）之前的整个发育阶段，称为幼虫期。幼虫期是昆虫一生中主要取食危害的时期，因而也是防治的关键阶段。幼虫取食生长到一定阶段，由于坚韧的体壁限制了它的生长，就必须蜕去旧表皮，重新形成新表皮，才能继续生长，这种现象称为蜕皮。

昆虫在蜕皮前常不食不动，每蜕1次皮，虫体就显著增大，食量相应增加，在形态上也发生变化。两次蜕皮之间所经历的时间称为龄期。初孵幼虫（若虫）为第一龄幼虫（若虫），以后每蜕皮 1 次，幼虫就增加 1 个龄期。所以计算虫龄是蜕皮次数加 1。

昆虫的蜕皮次数和龄期长短，因种类及环境条件而异。一般幼虫蜕皮 4 或 5 次。在二、三龄前，活动范围小，取食很少，抗药能力很差；到生长后期，则食量骤增，常暴食成灾，而且抗药力增强。所以，进行害虫防治的关键时期掌握在低龄阶段。

全变态昆虫的幼虫期随种类不同，其形态也各不相同。常见的主要有 3 种类型，即多足型、寡足型、无足型（图 4－14）。多足型有 3 对胸足，2 对以上腹足，如蝶蛾类的幼虫；寡足型只有 3 对胸足，无腹足，如草蛉和多数甲虫的幼虫；而无足型则完全无足，如蝇、虻类的幼虫。

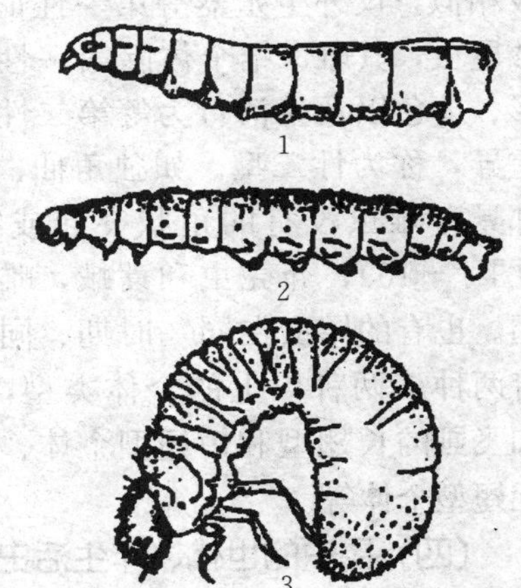

图 4－14　昆虫的幼虫类型
1. 无足型（蝇类）　2. 多足型（蝶类）　3. 寡足型（蛴螬）

3. 蛹期　全变态的幼虫老熟后，即停止取食，寻找适当场所，同时体躯缩短，活动减弱，进入化蛹前的准备阶段，称为预蛹（前蛹）。预蛹蜕去皮变成蛹的过程，称为化蛹。从化蛹起到变为成虫所经过的时间，称为蛹期。在此期间，蛹在外观上不吃不动，实际上内部正进行着幼虫器官解体和成虫器官形成的激烈生理变化。因此，这一时期抵抗不利环境因素的能力很差。了解这一特性，可以采取相应措施来消灭害虫。如在二化螟的化蛹盛期，用深水灌溉就可使蛹窒息死亡。

昆虫的蛹一般可分为 3 种类型，即离蛹（触角、足、翅等游离蛹体外，可动，如鞘翅目昆虫的蛹）、被蛹（触角、足、翅等紧贴蛹体，不可动，如蝶蛾类的蛹）和围蛹（蛹体被末龄幼虫蜕下的皮包围，如蝇类的蛹）（图 4－15）。

4. 成虫期 成虫从羽化起直到死亡所经历的时间，称为成虫期。成虫期是昆虫个体发育的最后阶段，其主要任务是交配、产卵。因此，成虫期实质上是昆虫的生殖时期。

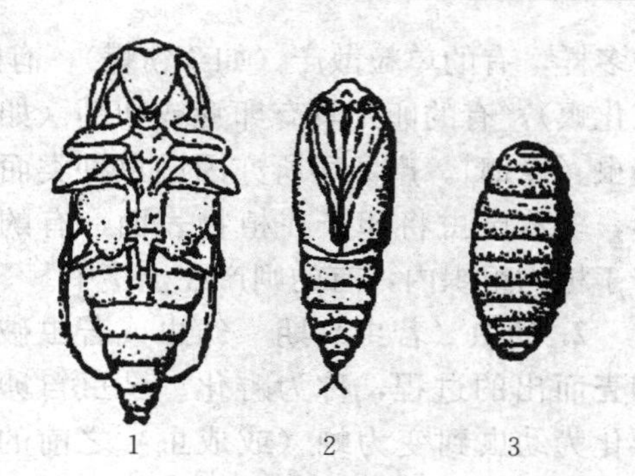

图 4-15 蛹的类型

1. 离蛹（天牛） 2. 被蛹（蛾类） 3. 围蛹（蝇类）

不全变态昆虫的末龄若虫蜕皮变为成虫或全变态昆虫的蛹脱去蛹壳变为成虫的行为，称为羽化。大多数昆虫羽化为成虫时，性器官未完全成熟，需要继续取食才能达到性成熟。这种对成虫性成熟不可缺少的营养，称为补充营养。这类昆虫的成虫阶段对农作物仍能造成危害，如蝗虫、蝽类、叶蝉等。了解昆虫对补充营养的要求，可以作为害虫防治或预测害虫发生的重要依据。如用糖醋类发酵液诱杀黏虫、地老虎等。另外，某些昆虫在羽化后，性器官已经成熟，不需取食就能进行交尾、产卵，这类昆虫的成虫期是不危害作物的，如三化螟、玉米螟等。

成虫性成熟后进行交配和产卵。从羽化到第一次产卵间隔的时间称产卵前期。由第一次产卵到产卵终止的时间，称为产卵期。昆虫的产卵能力相当强，一般单头雌虫可产卵数十粒到数百粒，很多蛾类可产卵千粒以上。

多数昆虫，其成虫的雌雄个体，在体形上比较相似，仅外生殖器等第一性征不同。但也有少数昆虫，其雌、雄个体除第一性征不同外，在体形、体色以及生活行为等第二性征方面也存在着差异，称为性二型。如独角仙、锹甲的雄虫，头部具有雌虫没有的角状突起或特别发达的上颚（图 4-16）；介壳虫和蓑蛾，雌虫无翅，雄虫有翅。也有的昆虫在同一时期、同一性别中，存在着两种或两种以上的个体类型，称为多型现象。如飞虱的长翅型和短翅型个体、蚜虫的有翅型和无翅型个体等。

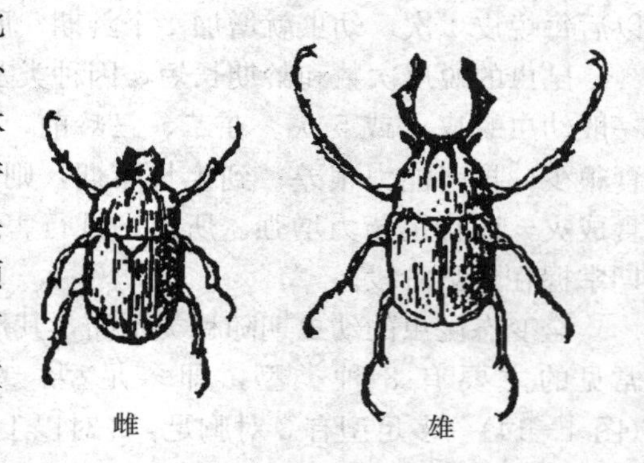

图 4-16 锹甲的性二型现象

（四）昆虫的世代、年生活史

昆虫自卵或幼虫离开母体到成虫性成熟能产生后代为止的个体发育周期，称为一个世代。年生活史是指昆虫从当年越冬虫态开始活动到第二年越冬结束为止的发育过程。包括一年中发生的世代数、各世代的发生时期及与寄主植物发育阶段的配合情况、各虫态的历期以及越冬或越夏的虫态和场所等。掌握了这些基本情况，可作为制订防治措施的重要依据。

世代历期的长短和每年发生的代数因虫种和环境而不同。有的昆虫每年固定地发生一代，称为一代性或一化性昆虫，如大豆食心虫等。有的一年发生几代甚至二十几代，称多代性或多化性昆虫，如棉铃虫、蚜虫等。有的几年甚至十几年才完成一代，如桑天牛、十七年蝉等。多化性昆虫每年发生代数往往在低纬度、低海拔地区和温暖年份较多。世代的历期则在温度较高的季节较短。

有的多化性昆虫，由于各种原因导致种群中个体发育进程严重参差不齐，在同一时间内出现不同世代的相同虫态，使田间发生的世代难以划分界限，这种现象称为世代重叠。

昆虫在一年的发生过程中，有时发生生长发育暂时停止的现象，这种现象从生理上可分为休眠和滞育两种类型。这是昆虫对不良环境的一种适应。掌握昆虫的休眠和滞育的规律，有助于对害虫准确预测和防治，也有助于对益虫的保护。

（五）昆虫的主要习性

1. 食性　食性是昆虫对食物的选择性。按食物性质可分为以下几种：

（1）植食性　以活体植物及其产品为食。多数植食性昆虫危害虫。少数可以为人类养殖利用，如家蚕等。植食性昆虫，按其寄主植物的范围宽窄，又可分为单食性、寡食性和多食性，单食性昆虫只取食1种植物，如三化螟只取食水稻；寡食性昆虫一般只取食1个科及其近缘科的植物，如菜粉蝶只危害十字花科植物和近缘的木樨科植物；而多食性昆虫能取食多种不同科的植物，如玉米螟可取食40科181属200多种植物。

（2）肉食性　以活的动物体为食。肉食性昆虫多数为益虫，按其取食的方式又可分为捕食性（如肉食性瓢虫）和寄生性（如赤眼蜂等）。

（3）杂食性　既能取食植物，又能取食动物，如胡蜂、蜚蠊等。

（4）腐食性　以动物尸体、腐烂的动植物组织、动物粪便等为食，如食粪金龟类等。

了解昆虫的食性，可以正确运用轮作与间套作、中耕除草、调整作物布局等农业措施防治害虫，同时对害虫天敌的选择与利用也具有非常重要的实际意义。

2. 假死性　有些昆虫如金龟类，黏虫的幼虫等，在受到突然的接触或震动时，身体蜷曲，从植株上坠落地面，一动不动，片刻又爬行或飞起。这种特性称为假死性，有利于昆虫逃避敌害，在防治上可采用振落法加以捕杀。

3. 趋性　即昆虫对外界刺激或趋或避的反应。趋向刺激源来源称为正趋性；避开刺激源来源称为负趋性。按刺激源的性质，可将趋性分为趋光性、趋温性和趋化性等。在昆虫的综合防治中，可以采用色板、灯光、热源及化学物质等配合其他措施来进行诱测、诱杀害虫。

4. 群集性　指同种昆虫的个体高密度地聚集在一起的习性。群集有临时群集和永久群集之分。临时群集只是在某一虫态和某一段时间内群集在一起，过后便分散，例如二化螟、茶毛虫等初龄幼虫群集在一起，老龄时则分散危害。永久性群集则是终生群集在一起，而且群体向同一个方向迁移或作远距离的迁飞，如群居型飞蝗。昆虫的群集有利其度过不良环境，同时也为集中消灭害虫提供了良机。

5. 扩散与迁飞性　扩散是昆虫在个体发育中，为了取食、栖息、交配、繁殖和避敌等，在小范围内不断进行的分散行为。如三化螟的低龄幼虫，可通过爬行、吐丝飘荡等方式，以孵化的卵块为中心向四周扩散；菜蚜在环境条件不适时以有翅蚜在蔬菜田内扩散或向邻近菜地转移。对这类害虫，应掌握时机，在其扩散前进行防治。

迁飞是昆虫在一定季节内、一定的成虫发育阶段，有规律地、定向地、长距离迁移飞行的行为。东亚飞蝗、黏虫、褐飞虱、稻纵卷叶螟、小地老虎等农业害虫具有这一特性。迁飞是昆虫有助于种群延续生存的一种适应性。了解昆虫的扩散迁飞规律，对准确预报、设计合理的综合防治方案具有重要意义。

三、昆虫与环境的关系

昆虫的生长发育、繁殖和种群动态，都受环境条件的制约。环境适宜，害虫大发生，危害严重，反之轻发生或不危害。了解昆虫与周围环境之间的关系，是进行害虫测报、防治和益虫利用的基础。

影响害虫发生和数量消长的环境因素，主要是气候、土壤、生物等因素。

（一）气候因素

气候因素主要包括温度、湿度、光、降雨和风等。

1. 温度 温度是气候因素中对昆虫影响最显著的一个因素。这是因为昆虫是变温动物，其体温随环境温度的高低而变动。昆虫的生命活动是在一定的温度范围内进行的，这个范围称为昆虫的适宜温区或有效温区，温带地区的昆虫适宜温区一般为 8～40 ℃。其中最适于昆虫生长发育和繁殖的温度范围称为最适温区，一般为 22～30 ℃。有效温区的下限是昆虫开始生长发育的温度，称为发育起点温度，一般为 8～15 ℃。温度主要影响昆虫生长发育的速度，在有效温区内二者呈“S”形曲线关系：即在低适温区，发育速度随着温度的上升而缓慢增加；在高适温区，发育速度随着温度的上升明显减慢，直至停止，甚至发育速度下降；而在最适温区范围内，昆虫的发育速度与温度呈直线正相关关系。

昆虫完成一定发育阶段（1 个虫态或 1 个世代），需要一定的温度积累，即发育所需天数与同期内的有效温度（发育起点以上的温度）的乘积。这一常数称为有效积温，而这一规律则称为有效积温法则，用公式表示为：

$$K=N\ (T-C)$$

式中，C 为发育起点温度，T 为环境温度，N 为完成某虫期发育所需天数，K 为该虫期发育期间的有效积温，单位是（度·日）。

根据有效积温法则可以推算某种昆虫在一个地区每年可发生的代数，可以预测昆虫某虫态的发生期，还可以求得控制益虫发育进度的最适温度，以便在需要时获得预期的虫态。

2. 湿度 湿度问题实际上是水的问题。水是虫体的组成部分，也是生命活动的重要物质与媒介。不同的昆虫或同种昆虫不同的发育阶段，对水的要求不同，水分过高或过低都能直接或间接地影响昆虫正常的生命活动甚至造成死亡。湿度主要影响昆虫的繁殖力和成活率，它对害虫发生量的影响较为明显。多数害虫要求较高的湿度，一般以相对湿度 70%～90%为适宜，但有些吸食植物汁液的害虫如蚜虫、红蜘蛛等常在干旱年份发生较重。

3. 温、湿度的综合作用 自然界中温度和湿度总同时存在，相互影响，并且综合作用于昆虫。当二者均处于适宜范围时，有利于害虫的发育和繁殖；二者均不适宜时，害虫会受到抑制；两方面因素中如果有一个适宜，则害虫对另一个因素的适应力会增强。通常用温湿系数作为指标来研究温、湿度对昆虫的综合作用，温湿系数是相对湿度（或降雨量）与温度的比值。例如华北地区的棉蚜，当气温不超过 25 ℃，相对湿度不超过 75%时，5 d 的平均温湿系数为 2.5～3，该虫数量就会激增。在同一地区，不同的温、湿度组合可以得出相同的温湿系数，但对昆虫所起的作用却很不相同，因此，必须注意温湿系数的应用，将其限制在一定的温、湿度范围内。

4. 光 光对昆虫具有信号作用，主要影响昆虫的行为、活动和滞育。光因素主要包括光周期、光的性质（波长）和光照强度等。

光周期是指光照与黑暗的交替节律。一年中每日光照时间长短的周期性变化称为光周期的年变化，它是决定昆虫何时开始滞育的最重要的信号。

光的波长主要影响昆虫的趋光性等行为。昆虫多趋向于短光波。许多农业昆虫对330～400 nm的紫外光具有强烈的趋性。如蚜虫、蓟马、粉虱等对500～600 nm的黄绿光反应敏感。生产上常利用昆虫的视觉特点，采用黑光灯方法等诱集和防治害虫。

光照强度能影响昆虫的昼夜节律、取食、交尾、产卵、栖息及迁飞等行为。不同昆虫对光照强度有不同的反应，从而形成了不同的活动节律。如蝶类、蝇类、蚜虫等为日出性昆虫；多数蛾类和金龟等为夜出性昆虫；小麦吸浆虫等为暮出性昆虫。

5. 风　风直接影响昆虫的迁飞与扩散。如黏虫等借大气环流进行远距离迁飞，低龄幼虫与红蜘蛛等昆虫可借风扩散与转移。但大风，尤其是暴风雨，常会给弱小昆虫或初龄幼虫（若虫）以致命打击。

6. 小气候　小气候是指地面上1.5～2.0 m气层内的小范围气候。有时大气候虽不适于某种害虫的大发生，但由于栽培条件、肥水管理、植被状况等的影响，局部田块的小气候却非常适合，也会造成害虫局部严重发生。分析害虫的猖獗因子以及研究防治策略时必须加以注意。

（二）土壤因素

土壤是昆虫生长的特殊生态环境，有些昆虫终生生活在土壤中，有些则是以某一个或几个虫态生活于土中。土壤对昆虫的影响因素主要有土壤温度、土壤湿度及理化性状等。

1. 土壤温度　土壤表层的温度变化比气温大，土层越深则土温变化越小。土壤温度主要影响土栖昆虫的生长发育和栖息活动。随着季节的更替和土壤温度的变化，一些地下害虫如蛴螬、蝼蛄、金针虫等在土壤中常做上下垂直移动，形成季节性活动危害的节律。如春、秋季上升到土表危害，冬、夏季则潜入土壤深处越冬或越夏。

2. 土壤湿度　土壤空隙中的空气湿度一般总是处于饱和状态（除表土层外），对土栖昆虫的影响不大。许多昆虫的不活动虫态（如卵和蛹）常以土壤作为栖境。对土栖昆虫影响较大的是土壤含水量。一般土栖昆虫要求湿润而通气良好的土壤条件，土壤过干或淹水都会直接影响它们的生存、发育、分布及活动。

3. 土壤的理化性质　土壤酸碱度及含盐量对土栖昆虫或半土栖昆虫的活动与分布有很大影响。如华北蝼蛄喜欢在沙质土壤中活动繁殖，在黏重的土中则发生较少；沟金针虫喜欢在酸性土壤中活动，小麦红吸浆虫则适宜生活在碱性土壤中。

（三）生物因素

食物和天敌是影响昆虫生存、发育和繁殖的主要生物因子。

1. 食物　食物是昆虫生存的必需条件。昆虫都有各自的取食范围。它们在取食最适宜的食物时，生长发育快，死亡率低且生殖力强。除单食性昆虫外，多数昆虫在缺乏嗜食的植物种类时，虽也可取食其他植物，但其生长发育将明显受到抑制，成活率和繁殖量也会显著下降。同一种植物的不同生育阶段或不同器官对昆虫的作用也有明显差异。许多昆虫的发生与其适宜寄主或寄主的适宜生育阶段有同步关系。如棉蚜越冬卵的孵化与木槿的发芽同步，这是长期适应形成的物候关系。天敌的发生时间则对害虫种群有明显的跟随现象。作物的种植方式和布局也会对昆虫的发生产生影响。

2. 天敌因素　天敌是害虫一切生物性敌害的统称，主要包括以下3类：

（1）天敌昆虫　包括捕食性和寄生性两类，捕食性天敌有螳螂、草蛉、瓢虫、虎甲、步甲、食虫虻、食蚜蝇等。寄生性天敌以膜翅目、双翅目昆虫利用价值最大，如赤眼蜂、蚜茧蜂、寄生蝇等。

（2）致病微生物　常见的昆虫病原微生物有细菌、真菌、病毒和其他病原生物，如线虫等。目前，研究和应用较多的昆虫病原细菌为芽孢杆菌，如苏云金芽孢杆菌。病原真菌中比较重要的有白僵菌、蚜霉菌等。昆虫病毒最常见的是核型多角体病毒。

（3）其他食虫动物　包括蜘蛛、食虫螨、青蛙、蟾蜍、鸟类等，它们多为捕食性动物（少数螨类为寄生性），能取食大量害虫。

除了上述三方面的自然因素外，人类的生产活动也会影响昆虫的繁殖和活动。人类的生产活动，如大规模的植树造林、兴修水利和治山改水等活动，在改变自然面貌的同时，也改变着昆虫的生活环境。有些害虫会因不能适应新的环境或找不到食物来源而逐渐衰亡，也有一些害虫会因适宜改变后的环境而大量繁殖。人类可以运用一些化学、物理方法大量扑灭害虫，引进或移植天敌从而抑制害虫；但是农药的滥用又可能引起害虫产生抗药性和天敌凋落，导致害虫再猖獗。此外，种子、苗木和农产品的远距离调运，还可能帮助害虫远距离传播，带进一些危险性害虫。因此，既要必须考虑人类生产活动对昆虫带来有利的一面，也要注意可能引起的有害的一面，切实做到避害兴利。

四、农业昆虫分类

（一）昆虫分类概述

昆虫分类是研究昆虫的基础，也是认识昆虫的基本方法。昆虫分类是根据其形态特征、生物学特性、生态特点、亲缘关系、进化程度加以分析归纳进行的。昆虫的分类系统是由界、门、纲、目、科、属、种 7 个基本阶元所组成。有时为了更细致地分类，可在各阶元下设“亚”级，在目、科之上设“总”级。以东亚飞蝗为例，其分类阶梯如下：

界　动物（界）Anirnalia

门　节肢动物门 Arthropoda

纲　昆虫纲 Insecta

亚纲　有翅亚纲 Eterygota

总目　直翅总目 Orthopteroides

目　直翅目 Orthoptera

亚目　蝗亚目 Locustodea

总科　蝗总科 Locustoidea

科　蝗科 Acrididae

亚科　斑翅蝗亚科 Oedipodinae

属　飞蝗属 *Locusta*

种　飞蝗 *Locusta migratoria* L.

亚种　东亚飞蝗 *Locusta migratoria manilensis*（Meyen）

种是昆虫分类的基本阶元。同种昆虫形态基本相同，能自然交配并产生可育后代。种间一般有较明显的界限，并且存在生殖隔离。

每种已知昆虫有且只有一个全球通用的名字，称为学名。种的学名用拉丁文书写，由属名和种名组成，印刷时用斜体字，属名首字母大写。种名之后是定名人的姓，用正体字，首字母亦大写。若该学名的提法并非发表之初的原始属-种名组合，则原定名人的姓氏外要加圆括号。例如黏虫的学名为：

Mythimna siparata（Walker）

属名　　　　种名　　定名人

（二）农业昆虫重要的目、科

根据农业生产实际情况，结合专家研究结果，对下列各目重要农业昆虫予以介绍。

1. 直翅目　体中至大型。口器咀嚼式，头多为下口式。触角多为丝状，少数为剑状。前胸背板大而明显，中胸和后胸愈合。前翅成覆翅；后翅作纸扇状折叠，膜质。后足为跳跃足，或前足为开掘足。雌虫产卵器一般发达。常具听器和发音器（雄虫）。不全变态，多数植食性，很多种类是重要的农林害虫。重要的科有：

（1）蝗科　触角短于身体，前胸背板马鞍形，听器着生在第一腹节两侧，后足为跳跃足，产卵器短呈凿状，尾须短不分节。如东亚飞蝗、中华稻蝗等。

（2）蝼蛄科　触角比体短，听器在前足胫节上，状如裂缝。前足为开掘足，后翅长，纵折伸过腹末如尾状，尾须长，产卵器不发达，不外露。为多食性地下害虫。我国北方以华北蝼蛄为主，南方以东方蝼蛄为主。本目还有蟋蟀科、螽斯科等（图 4-17）。

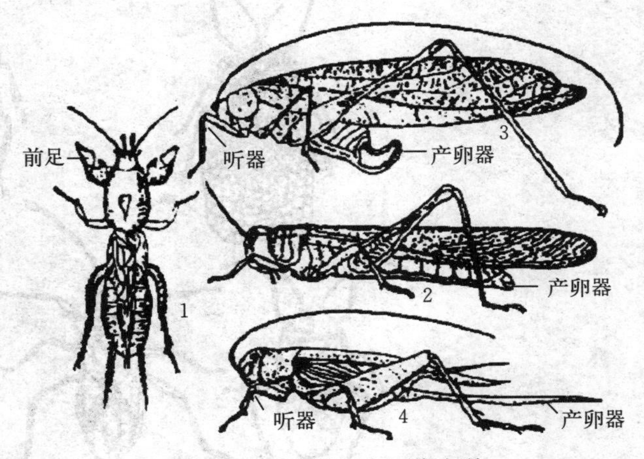

图 4-17　直翅目主要代表科

1. 蝼蛄科（华北蝼蛄）　2. 蝗科（东亚飞蝗）　3. 露螽科（日本条螽）　4. 蟋蟀科（油葫芦）

2. 半翅目　主要包括异翅亚目（蝽类）、头喙亚目（蝉类）、胸喙亚目（蚜虫、介壳虫、木虱、粉虱）。

异翅亚目　一般称为蝽类。体小至大型，略扁平。触角多为丝状。口器刺吸式，从头的前方生出，不用时贴放在头胸的腹面。前胸背板及中胸小盾片发达。前翅为半鞘翅，可分革区、爪区、膜区三部分。静止时翅平覆于体背，膜区相叠。陆生种类腹面常有臭腺开口，能散发出臭味。雌虫产卵器锥状、针状或片状，或长或短。不全变态，多为植食性的害虫，少数为肉食性天敌。重要的科有（图 4-18）：

（1）蝽科　体小至大型，头小，三角形，触角多为 5 节，通常有 2 个单眼。中胸小盾片大，至少超过前翅爪区的长度。前翅膜区上有多条纵脉，且多出自 1 根基横脉上。多为植食性，如荔枝蝽、稻绿蝽等。

（2）盲蝽科　体多小型，触角 4 节，无单眼。前翅有明显的楔片，膜片基部有两个封闭的翅室。多数植食性，如绿盲蝽、中黑盲蝽等。也有少数肉食性种类，如黑肩绿盲蝽在稻田吸食飞虱和叶蝉的卵汁。

（3）网蝽科　体小而扁，触角 4 节，无单眼。前胸背板常向两侧或向后延伸，盖住小盾片。胸部与前翅具网状花纹，前翅无明显的革片、膜片之分。成、若虫在叶背危害，常残留

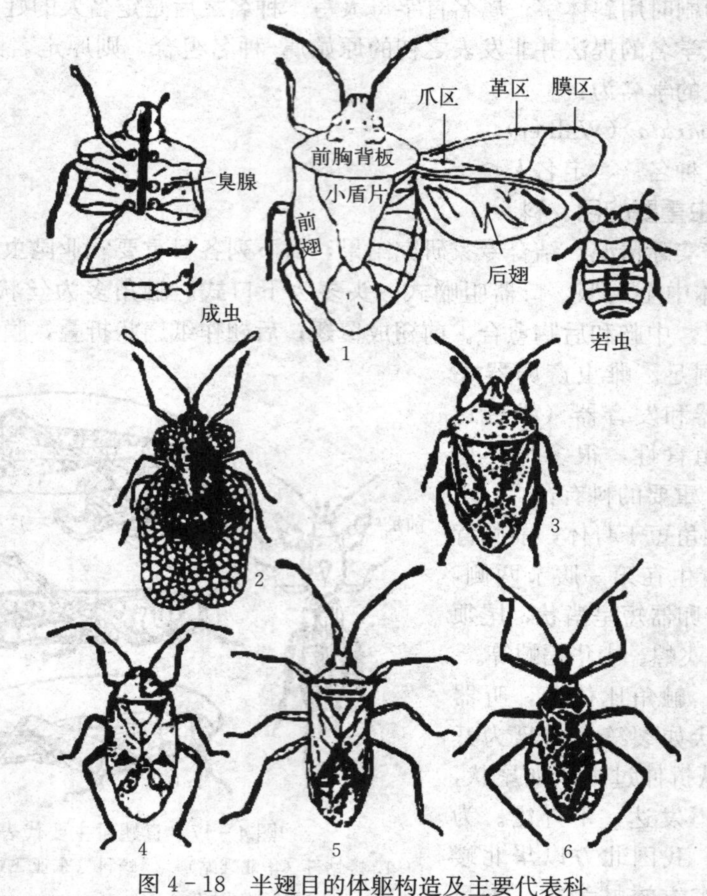

图 4-18　半翅目的体躯构造及主要代表科

1. 半翅目的体躯构造　2. 网蝽科　3. 蝽科　4. 盲蝽科　5. 缘蝽科　6. 猎蝽科

褐色排泄物，使叶面呈苍白色。如梨网蝽等。

（4）猎蝽科　体小至大型，长形稍扁。喙 3 节，基部弯曲，不紧贴头腹面。前翅膜区具 2 翅室，并有纵脉从翅室伸出。多为肉食性天敌，常见的有黄足猎蝽等。

（5）花蝽科　体小或微小。前翅有明显的缘片和楔片，膜片上有 1～3 条不明显的纵脉。喜在开花的植物上活动。肉食性，捕食小昆虫及虫卵，为重要天敌，如小花蝽等。

头喙亚目　体小至大型。触角刚毛状。口器刺吸式，从头的后方生出。前翅质地均匀，膜质，休息时常呈屋脊状。跗节 3 节。全部植食性，吸食植物汁液使其枯萎；不少种类分泌蜜露，诱致植物霉污病；或取食时分泌唾液，刺激植物组织畸形，形成虫瘿；有些种类可以传播植物病毒病。重要的科有（图 4-19）：

（1）叶蝉科　体小型，头部较圆，不窄于胸部，触角刚毛状，生于两复眼间。前翅革质，后翅膜质，后足胫节上密生两排刺。成、若虫喜横行，能跳跃。如稻黑尾叶蝉、茶小绿叶蝉等。

（2）飞虱科　体小型，头部较狭，一般窄于胸部。触角锥状，生于两复眼之下。翅膜质透明，不少种类有长翅和短翅二型。后足胫节末端有 1 个能活动的距。成、若虫能跳跃。如稻灰飞虱、白背飞虱、褐飞虱等。

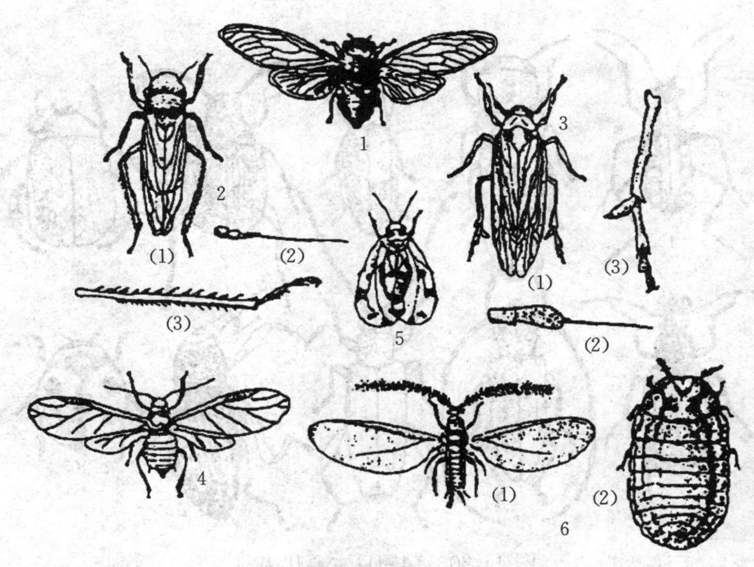

图 4－19　同翅目主要代表科

1. 蝉科　2. 叶蝉科：(1) 成虫　(2) 触角　(3) 胫节刺列　3. 飞虱科：(1) 成虫　(2) 触角　(3) 胫节下方内侧的距　4. 蚜科　5. 粉虱科　6. 绵蚧科：(1) 雄虫　(2) 雌虫

胸喙亚目　体小至中型。触角丝状。口器刺吸式，从前足基节之间生出。成虫跗节 1～2 节。部分生物学特征同头喙亚目。重要的科有：

(1) 蚜科　体小柔软，触角丝状，一般 6 节，翅膜质透明，前翅翅痣发达，腹部第六节背面两侧生腹管 1 对，腹末中央有延伸成锥状的尾片。常有世代交替或转换寄主现象。同种个体有有翅和无翅两种类型。如禾谷缢管蚜、桃蚜等。

(2) 粉虱科　体微小，成虫体及翅上被白色蜡粉。触角细长，丝状，7 节。翅短圆，前翅有翅脉 2 条，前 1 条弯曲，后翅仅有 1 条直脉。静止时翅平放背上或成屋脊状。若虫、成虫腹部腹面有管状孔。如温室白粉虱等。

(3) 蚧总科　一般通称介壳虫，形态奇特，雌雄异型。雄虫少见，雌虫和若虫危害植物。雌虫圆形、椭圆形或圆球形，有发达的口器，喙管虽短，但口针极细长，能使虫体固定在一处从远距离取食。无翅，大多足、触角、复眼等器官也极度退化。虫体多被蜡粉、蜡块或有特殊的介壳保护，腹末多有卵囊，产卵量很大。雄虫体小，仅具 1 对前翅，后翅特化成伪平衡棒，腹末常有细丝。如吹绵蚧、角蜡蚧、桶小粉蚧等。

3. 鞘翅目　昆虫纲中最大的类群，本目昆虫通称为“甲虫”。体小至大型，体壁坚硬，成、幼虫同为咀嚼式口器，头前口式或下口式，正常或延长成喙状。触角形状多样。前胸发达，中胸小盾片外露。前翅为鞘翅，静止时左右翅在背中线相遇，覆盖前胸以后的大部分。后翅膜质，用于飞翔，静止时折叠于前翅下。少数种类后翅退化。足多数为步行足。全变态。幼虫寡足型或无足型，体形多变。蛹为离蛹。多数植食性，少数肉食性，也有腐食性和粪食性的。不少种类成虫能取食危害（如叶甲和植食性金龟甲类等），但与幼虫取食部位有所不同。成虫有假死性，大多数有趋光性。重要的科有（图 4－20）：

(1) 金龟总科　体小至大型，圆筒形，触角鳃叶状。前足胫节端部宽扁，具齿，适于开

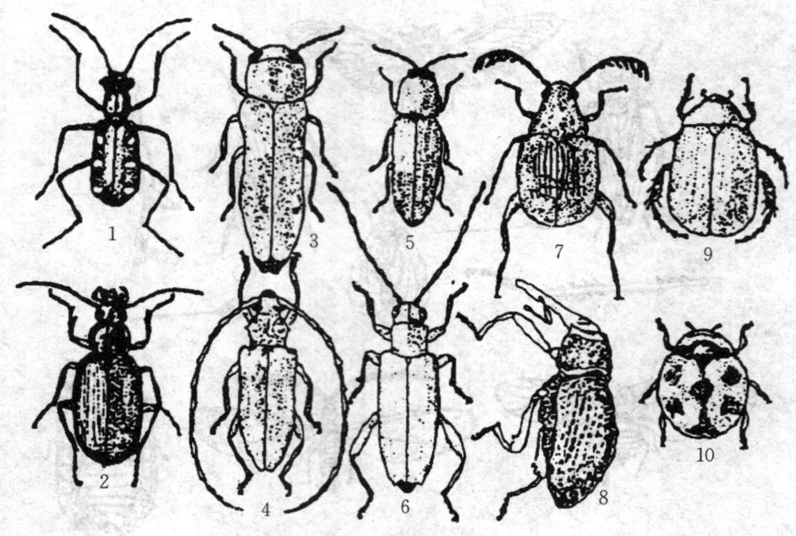

图 4-20　鞘翅目主要代表科

1. 虎甲科　2. 步甲科　3. 吉丁虫科　4. 天牛科　5. 叩头虫科　6. 叶甲科　7. 豆象科　8. 象甲科　9. 金龟甲科　10. 瓢甲科

掘。鞘翅常不及腹末，中胸小盾片多外露（蜣螂亚科多不外露）。幼虫称蛴螬，寡足型，乳白色，常弯曲成"C"形，生活在地下或腐败物中。如华北大黑鳃金龟、铜绿丽金龟等。

（2）叶甲科　体小至中型，大多为长卵形，也有半球形。多有美丽的金属光泽，故有"金花虫"之称。触角丝状，一般不超过体长之半，伸向前方。幼虫寡足型。成、幼虫均为植食性，多取食叶片，也有一些蛀茎或取食根部。如大猿叶虫、黄条跳甲、稻食根叶甲等。

（3）瓢虫科　体小至中型，体背隆起呈半球形。鞘翅常具红、黄、黑等星斑。头小，部分隐藏在前胸背板下。触角短小，锤状。多数肉食性，除小毛瓢虫亚科外，其成虫鞘翅一般无毛，有光泽。幼虫纺锤形，多毛瘤，或被有蜡粉，如七星瓢虫、龟纹瓢虫等。少数植食性，一般成虫鞘翅上多细毛，无光泽。幼虫体具枝刺，如茄二十八星瓢虫等。

本目与农林生产关系密切的还有步甲科、叩甲科、吉丁虫科、天牛科、豆象科、象甲科等。

4. 鳞翅目　昆虫纲中第二大目。体小至大型，翅密被鳞片，翅面上各种颜色的鳞片组成不同的线条和斑纹，是重要的分类特征。成虫为虹吸式口器。全变态。幼虫多足型，又称蠋型。体表柔软，头部坚硬，每侧常有 6 个单眼，唇基三角形，额很狭，呈"人"字形，口器咀嚼式，有吐丝器。胸足 3 对，腹足多为 5 对，着生在腹部第 3 至 6 节和第 10 节上。腹足底面有趾钩，可与其他目幼虫相区别。幼虫体上常有斑线和毛。蛹一般为被蛹。

成虫吸食花蜜作为补充营养，一般不危害作物，有的种类不取食，交配产卵后即死亡。幼虫绝大多数为植食性，多为重要的农业害虫，少数如家蚕、柞蚕、蓖麻蚕是益虫。本目包括蛾和蝶两大类。蝶类成虫触角为棒状，静止时翅竖立体背，多在白天活动；蛾类成虫触角有线状、栉状、羽状等多种形状，但不呈棒状，静止时翅平覆或呈屋脊状，大多在夜间活动。重要的科有（图 4-21）：

（1）粉蝶科　体中型，多为白色、黄色、橙色，杂生黑色或红色斑点。前翅三角形，后翅卵圆形。幼虫圆筒形，黄色或绿色，表皮有小颗粒，无毛或多毛。如菜粉蝶等。

图 4-21　鳞翅目主要代表科

1. 凤蝶科　2. 粉蝶科　3. 蛱蝶科　4. 弄蝶科　5. 螟蛾科　6. 夜蛾科　7. 菜蛾科　8. 木蠹蛾科　9. 灯蛾科　10. 毒蛾科　11. 尺蛾科　12. 天蛾科　13. 卷蛾科　14. 麦蛾科

(2) 弄蝶科　体小至中型，体粗壮，黑褐色，触角端部尖出，弯成小钩。静止时两翅竖起。幼虫体呈纺锤形，头大颈细，缀叶危害。如直纹稻苞虫、隐纹稻苞虫等。

(3) 螟蛾科　体小至中型，体瘦长，色淡，触角丝状，下唇须发达，多直伸前方。前翅狭长三角形，后翅有发达的臀区。幼虫体细长，光滑，钻蛀或卷叶危害。如二化螟、玉米螟、桃蛀螟等。

(4) 夜蛾科　体多中至大型，粗壮多毛，色深暗，触角丝状或羽状。前翅三角形，多斑纹，后翅比前翅宽，多为白色或灰色。幼虫体粗壮，光滑，少毛。幼虫有食叶、蛀食、切根等危害习性。如大螟、小地老虎、棉铃虫、斜纹夜蛾等。

(5) 麦蛾科　体小型，色暗淡。前翅狭长，柳叶形，后翅菜刀形，前后翅缘毛均很长。幼虫圆筒形，淡白或带粉红色，卷叶、潜叶或钻蛀危害。如麦蛾、棉红铃虫、马铃薯块茎蛾等。

5. 膜翅目　包括各种蜂和蚂蚁。体微小至大型。全变态。触角丝状、膝状、栉齿状或锤状。口器咀嚼式或嚼吸式。翅膜质，前翅大于后翅。前翅常有一显著的翅痣。腹部第一节常并入胸部，成为并胸腹节，有的第二腹节细小如柄。产卵器发达，常呈锯状或针状，有的变成螯针，用以自卫。多数肉食性，如各种捕食性和寄生性的有益种类；少数种类为植食性的害虫。幼虫通常无足，个别食叶种类幼虫为多足型。离蛹，常有茧和巢保护。重要的科有(图 4-22)：

(1) 叶蜂科　体小至中型，体粗短，胸腹广接，触角线状。产卵器锯状。幼虫有 3 对胸足，6～8 对腹足，无趾钩。体多横皱，食叶。如麦叶蜂等。

(2) 姬蜂科　体小至大型，触角线状，多节。前翅第二列翅室的中间一个特别小，呈四边形或五角形，称为小室，它的下面所连的 1 条横脉叫第二回脉。腹部细长，雌虫产卵器常从腹末腹板裂缝中伸出。为多种鳞翅目、鞘翅目等害虫幼虫和蛹的寄生天敌。如黄带姬蜂、

图 4-22　膜翅目主要代表科

1. 叶蜂科：(1) 成虫　(2) 幼虫头部正面观　2. 茎蜂科：(1) 成虫　(2) 幼虫　3. 姬蜂科　4. 茧蜂科　5. 赤眼蜂科　6. 小蜂科　7. 金小蜂科

螟黑点疣姬蜂等。

(3) 茧蜂科　体微小至中型，形态和姬蜂科相似，但脉序简单，无第二回脉，小室无或不明显，是许多害虫幼虫的寄生天敌。如中华茧蜂、螟蛉绒茧蜂等。

(4) 小蜂科　体微小至小型，头短阔，触角多呈膝状，端部膨大。翅膜质透明，翅脉退化，仅见1根，无翅痣。后足腿节膨大。寄生于鳞翅目、鞘翅目等幼虫和蛹中。如大腿小蜂等。

(5) 赤眼蜂科　体极微小，黑色、淡褐色或黄色，触角膝状。前翅宽阔，翅面微毛排成纵行。后翅狭，刀状。寄生于各种昆虫卵内。如稻螟赤眼蜂、松毛虫赤眼蜂等。

6. 双翅目　常见的有各种蚊、蝇、虻等。体型小至中等，偶见大型。复眼发达，单眼3个。触角多样，有线状、栉齿状、念珠状、环毛状和具芒状等。口器极为多样，常见的有刺吸式、舐吸式、刺舐式等。前翅发达，膜质，后翅特化成平衡棒。全变态。幼虫为无足型。幼虫的食性复杂，有植食性、腐食性、粪食性、捕食性、寄生性等。许多种类的成虫取食植物汁液、花蜜作为补充营养。重要的科有（图 4-23）：

(1) 瘿蚊科　体微小，足细长。触角长，10～36节，念珠状，轮生细毛，雄虫常具环状毛。前翅宽阔，只有3～5条纵脉。幼虫体呈纺锤形，胸部腹面有角质弹跳器，称剑骨片，其前端分叉。多植食性，危害花、叶、茎、根和果实，并能形成虫瘿。如麦红吸浆虫等。

(2) 食蚜蝇科　体中等大小，头及复眼大，触角3节，芒状。色彩鲜艳，多黑黄相间横纹，形似蜜蜂。前翅有与外缘平行的横脉。成虫善飞。幼虫蛆式，长而略扁，后端截形，体具皱褶、小突起、刺、毛等。多为捕食性，大量捕食蚜虫、介壳虫等小型农业害虫。如大灰食蚜蝇、黑带食蚜蝇等。

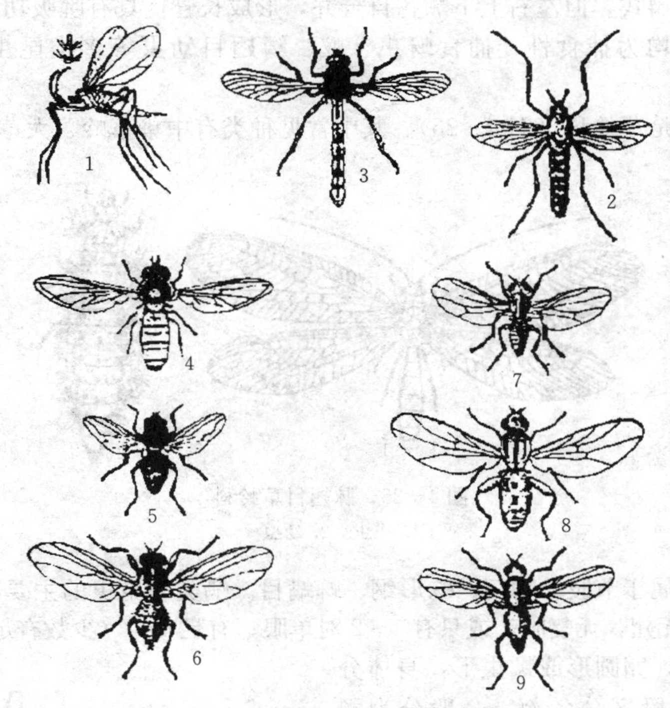

图 4-23　双翅目主要代表科

1. 瘿蚊科　2. 摇蚊科　3. 食虫虻科　4. 食蚜蝇科　5. 寄蝇科　6. 潜蝇科　7. 水蝇科　8. 黄潜蝇科　9. 花蝇科

（3）潜蝇科　体微小，触角短，第 3 节常呈球状，芒生于背面基部。翅的前缘脉在 1/3 处折断。幼虫蛆形，常潜叶危害，留下不规则形的白色潜道。如豌豆潜叶蝇、美洲斑潜蝇等。

（4）实蝇科　体小至中型，头大，有细颈，复眼突出，触角短，触角芒光滑无毛。翅宽大，有雾状的褐色斑纹。幼虫圆锥形，蛀食果实、茎、根，或在叶上穿孔，有的造成虫道或潜入叶内。如柑橘大实蝇等。

7. 缨翅目　本目昆虫通称蓟马，多数微小。口器锉吸式。触角 6～9 节，线状，略带念珠状，最前端 1 节称端突。缨翅，翅脉最多只有 2 条纵脉。有些种类无翅。足末端有能伸缩的泡状中垫，爪退化。腹部末端呈圆锥状或细管状，有锯状产卵器或无产卵器。属渐变态。多数种类植食性，是农林害虫。如稻蓟马等；少数以捕食蚜虫、螨类和其他蓟马为生，是昆虫天敌。

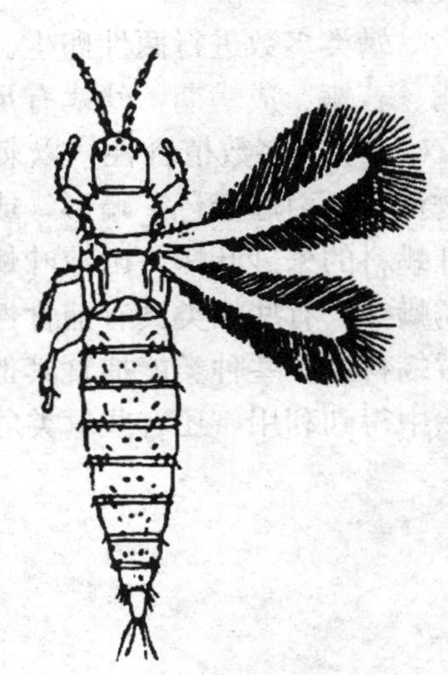

图 4-24　稻管蓟马

本目与农业生产有关的主要有蓟马科和管蓟马科（图 4-24）。

8. 脉翅目　本目昆虫通称为“蛉”。一般中、小型，也有大型种类。头下口式，口器咀嚼式。触角细长，线状、念珠状、栉齿状或球杆状。翅 2 对，膜质，静止时呈屋脊状。翅脉密而多，网状，边缘多分叉；少数种类翅脉较少，边缘不分叉。全变态。卵长形，有的有长柄。幼虫为寡足型，胸足发达，口器外形似咀嚼式，但左右上下颚各自合并，形成长管，具有吮吸功能。蛹为离蛹，外有丝茧。成、幼虫均为捕食性，捕食蚜虫、蚁、鳞翅目幼虫等多类昆虫，是重要的天敌昆虫。

本目最重要的是草蛉科（图 4-25）。其中常见种类有中华草蛉、大草蛉等。

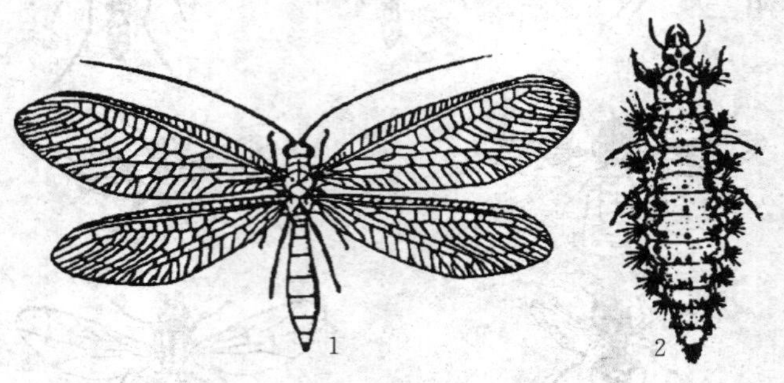

图 4-25　脉翅目草蛉科

1. 成虫　2. 幼虫

9. 螨类　螨类属于节肢动物门、蛛形纲、蜱螨目。螨类与昆虫的主要区别在于：体不分头、胸、腹三段；无翅，无复眼，或只有 1～2 对单眼；有足 4 对（少数有足 2 对或 3 对）。

螨类体型微小，卵圆形或蠕虫形，身体分节不明显，常以体段区分各部，一般分为颚体、前足体、后足体和末体（图 4-26）。颚体相当于昆虫的头部，生有口器。口器由 1 对螯肢和 1 对触肢组成。前足体和后足体相当于昆虫的胸部，分别着生前 2 对足和后 2 对足（瘿螨类则仅有前面 2 对足）。末体相当于昆虫的腹部，肛门和生殖孔一般开口于该体段的腹面。

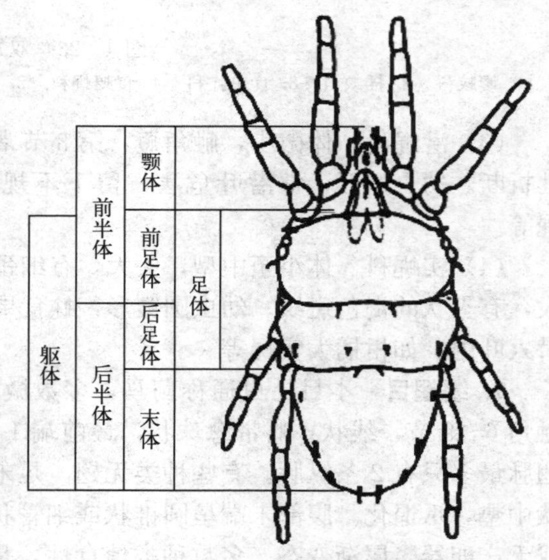

图 4-26　螨类体躯分段（短须螨属）

螨类多数进行两性卵生。一生经过卵、幼螨、若螨、成螨期，幼螨有足 3 对，若螨有足 4 对。螨类多数植食性，以刺吸式口器取食植物汁液，引起变色、畸形，或形成虫瘿等，如叶螨科的朱砂叶螨、山楂叶螨，瘿螨科的柑橘锈螨等。有些螨类具有捕食性或寄生性，如植绥螨科的一些种类能捕食其他害螨，在生物防治中得到利用。还有些螨类危害食用菌或仓储物品。

第五章

农田杂草基础知识

杂草是指生长在对人类活动不利或有害于生产的一切植物。主要为草本植物，也包括部分小灌木、蕨类及藻类。全球经定名的植物超过 30 万种，认定为杂草的植物约 8 000 种，我国杂草植物有 119 科 1 200 多种。

一、杂草的发生特点

农田杂草的生长势强。杂草中的 C_4 植物比例明显较高，全世界 18 种恶性杂草中，C_4 植物有 14 种，占 78%。而 C_4 植物由于光能利用率高、二氧化碳补偿点和光补偿点低，饱和点高、蒸腾系数低，而净光合速率高，因而能够充分利用光能、二氧化碳和水进行有机物的生产。还有许多杂草能以其地下根、茎的变态器官避开逆境，繁衍扩散，当其地上部分受伤或地下部分被切断后，能迅速恢复生长、传播繁殖。

种子和果实具有适应广泛传播的结构和途径。杂草的种子或果实有容易脱落的特性，有些杂草具有适应于散布的结构或附属物，种子可借外力（风、水流、昆虫、人畜等）传播很远，分布很广。

适应环境能力很强。具有很强的生态适应性和抗逆性，一般杂草的基因都具有杂合性，是杂草具有很强适应性的重要原因。

繁衍滋生具复杂性。结实量极大，种子寿命长，种子成熟度与萌发时期参差不齐。繁殖方式多样，主要包括营养繁殖和有性生殖。

形态结构具有多型性。不同种类的杂草个体大小差异明显，根茎叶形态特征以及组织结构多变化，同种类杂草在不同生长环境下明显不同。

生活史具有多型性。根据杂草当年开花、一次结实成熟，隔年开花、一次结实成熟和多年多次开花、结实成熟的习性，可将杂草的生活史过程分为一年生类型、二年生类型和多年生类型。

传粉途径多样。杂草一般既可异花授粉，又能自花或闭花授粉，自体授粉亲和，但绝不是完全自花传粉和无融合生殖，异花传粉的媒介不专化。

二、杂草的危害

1. 造成农副产品产量降低和品质下降

据统计，全世界每年因杂草危害造成的农作物减产约 9.7%、达 2 000 亿 kg。统计资料显示，2019 年我国农田草害面积 0.97 亿 hm^2，因草害损失粮食 34.16 亿 kg、棉花 0.25 亿 kg。杂草主要是通过与农作物争夺水、肥、光、生长空间以及克生作用等抑制农作物的生长发育，导致减产。

杂草侵害草原和草地，使草场产草量下降，草的品质降低，从而影响载畜量。如对牲畜适口性差且有毒的狼毒侵害草地，其竞争力强，抑制牧草生长，可使草场退化。

夹杂杂草子实的农产品品质将明显下降。混有较多量的毒麦子实的小麦将不能作为粮食食用或饲喂畜禽。染上龙葵浆果汁液的大豆等级将降低。缠有苍耳和牛蒡子实的羊毛，很难进行加工处理，因而其等级显著降低。

2. 防除成本巨大

每年全世界要投入大量的人力、物力和财力用于防除杂草。统计数据显示，2019 年全球除草剂销售额达到 261.75 亿美元，占全球农药销售额的 43%，直接经济投入巨大。此外，在世界许多发展中国家，人工除草仍然是杂草防除的主要方式，除草是农业生产活动中用工最多（占田间劳动量的 1/2～1/3)、最为艰苦的劳动之一。

3. 影响人类生产活动

混生有大量杂草的农作物，在收获时会给机械或人工收获带来极大不便，轻者影响收获进度，浪费大量的动力燃料和人工；重者可损坏收割机械。杂草水渠及周边，会减缓渠水流速，影响正常灌溉，且易造成泥沙淤积，缩短沟渠使用寿命。凤眼莲、空心莲子草等杂草入侵河道，严重时会阻塞水上船运。

三、杂草的分类

对杂草进行分类是识别的基础，而杂草的识别又是杂草的生物、生态学研究，特别是防除和控制的重要基础。

1. 形态学分类

根据杂草的形态特征对杂草进行分类，大致可分为三大类。

（1）禾草类　主要包括禾本科杂草。是水田和旱田的主要杂草，通常叶片窄长、叶脉平行，无叶柄，叶鞘开张，有叶舌，茎圆或扁平，有节，节间中空。胚具 1 片子叶。

（2）莎草类　主要包括莎草科杂草。叶片窄长、叶脉平行，无叶柄，叶鞘不开张，无叶舌，茎三棱形，节间不明显，茎实心。胚具 1 片子叶。

（3）阔叶草类　包括所有的双子叶植物杂草及部分单子叶植物杂草。叶片宽、叶脉网状，有叶柄，茎圆。胚具 2 片子叶。

2. 生物学特性分类

主要根据杂草所具有的不同生活型和生长习性所进行的分类。由于少数杂草的生活型随地区及气候条件有所变化，故按生活型的分类方法不能十分详尽。但其在杂草生物、生态学研究及农业生态、化学及检疫防治中仍有其重要意义。

（1）一年生杂草　在一个生长季节完成从出苗、生长及开花结实的生活史，如马齿苋、马唐、稗、异型莎草等。

（2）二年生杂草　在两个生长季节内或跨两个日历年度完成从出苗、生长及开花结实的生活史。通常是冬季出苗，翌年春季或夏初开花结实。多危害于夏熟作物田，如野燕麦、波斯婆婆纳、看麦娘、猪殃殃等。

（3）多年生杂草　多次出苗，可在多个生长季节内生长并开花结实。可以种子或营养器官繁殖，并度过不良气候条件。

根据芽位和营养繁殖器官的不同又可分为：

地下芽杂草：越冬或越夏芽在土壤中，其中还可分为地下根茎类（如刺儿菜、苣荬菜、双穗雀稗等）、块茎类（如香附子，水莎草、扁秆藨草等）、球茎类（如野慈姑等）、鳞茎类（如小根蒜等）、直根类（如车前草）。

半地下芽杂草：越冬或越夏芽接近地表，如蒲公英等。

地表芽杂草：越冬或越夏芽在地表，如蛇莓、艾蒿等。

水生杂草：越冬芽在水中。

按其生长习性可将杂草分为：

草本类杂草：茎多不木质化或少木质化，茎直立或匍匐，大多数杂草均属此类。

藤本类杂草：茎多缠绕或攀援等，如打碗花、葎草和乌蔹莓等。

木本类杂草：茎多木质化，直立，多为森林、路旁和环境杂草。

寄生杂草：多营寄生性生活，从寄主植物上吸收部分或全部所需的营养物质。根据寄生特点可分为全寄生杂草和半寄生杂草。全寄生杂草多无叶绿素，不能行光合作用。根据寄生部位又可分为茎寄生类（如菟丝子）、根寄生类（如列当等）。半寄生杂草含有叶绿素，能进行光合作用，但仍需从寄主吸收水分、无机盐等必需营养的一部分，如独脚金和桑寄生。

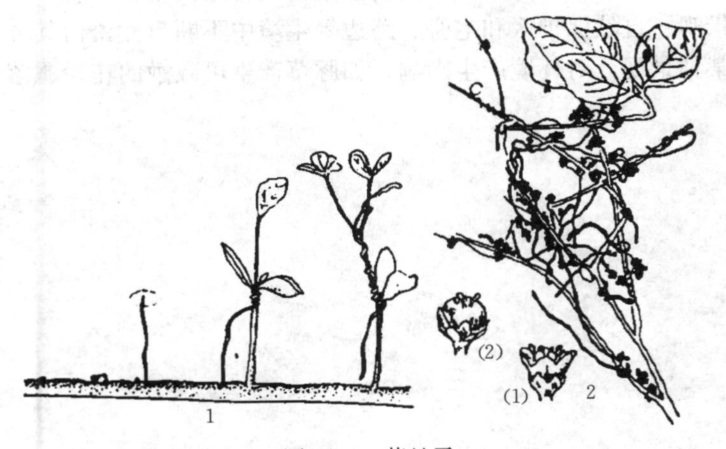

图5-1　菟丝子

1. 菟丝子的种子萌发和侵害方式　2. 菟丝子寄生状：(1) 花　(2) 蒴果

图5-2　向日葵列当

1. 列当寄生状　2. 寄主根部

3. 根据植物系统学分类

依植物系统演化和亲缘关系的理论，将杂草按门、纲、目、科、属、种进行的分类。这种分类对所有杂草均可以确定其位置，比较准确和完整，但实用性稍差。不过，其分类系统中的低级分类单位（如科、属、种）都被应用于杂草其他分类系统中，使其他系统更为完善。

4. 根据生境的生态学分类

根据杂草所生长的环境以及杂草所构成的危害类型对杂草进行的分类。此种分类的实用性强，对杂草的防治有直接的指导意义。

(1) 耕地杂草（或称田园杂草）　耕地杂草是指能够在人们为了获取农业产品进行耕作的土壤上不断自然繁衍其种族的植物。

a. 水田杂草　水田中不断自然繁衍其种族的植物。包括水稻及水生蔬菜作物田杂草。

b. 秋熟旱作物田杂草　秋熟旱作物田中不断自然繁衍其种族的植物。包括棉花、玉米、大豆、甘薯、高粱、花生、小杂粮、甘蔗和夏秋季蔬菜等田地的杂草，一般是春、夏季出苗，秋季开花结实的杂草。

c. 夏熟作物田杂草　能够在夏熟作物田中不断自然繁衍其种族的植物。包括麦类（小麦、大麦、燕麦、黑麦、青稞等）、油菜、蚕豆、绿肥以及春季蔬菜等作物田杂草。一般是冬、春出苗，春末、夏初开花结实的杂草。

d. 果、茶、桑园杂草　能够在果、茶、桑园中不断自然繁衍其种族的植物。由于果树，茶、桑均为多年生木本，故其间的杂草包括了秋熟旱作物田和夏熟作物田杂草的许多种类。当然，也有其本身的显著特点，多年生杂草比例高，其中部分种在农田中并不常见。

（2）非耕地杂草　能够在路埂、宅旁、沟渠边、荒地、荒坡等生境中不断自然繁衍其种族的植物。这类杂草许多都是先锋植物或部分为原生植物。

（3）水生杂草　能够在沟、渠、塘等生境中不断自然繁衍其种族的植物。影响水的流动和灌溉、淡水养殖、水上运输等。

（4）草地杂草　能够在草原和草地中不断自然繁衍其种族的植物。影响畜牧业生产。

（5）林地杂草　能够在速生丰产人工管理的林地中不断自然繁衍其种族的植物。

（6）环境杂草　能够在人文景观、自然保护区和宅旁、路边等生境中不断自然繁衍其种族的植物。能影响人们要维持的某种景观，对环境产生影响。如豚草产生可致敏的花粉飘落于大气中，使大气受污染。

第六章

病虫草害预测预报

第一节　常见病虫草害识别

掌握病虫草害识别技术，是初级植保员应具备的基本技能，只有掌握形态学识别特征，才能准确鉴定病虫害种类，明确病虫害发生规律，探索和优化防治方法。对于初级植保员，要求结合工作实践，通过观察当地农作物主要病害的症状、害虫以及杂草的形态特征和危害状，识别当地农作物主要病虫草害10种以上。

一、稻瘟病

稻瘟病是水稻重要病害之一，我国南、北稻区每年均有不同程度的发生。水稻全生育期都能发生稻瘟病，按发生时期及发生部位的不同，可分为苗瘟、叶瘟、节瘟、穗颈瘟和枝梗瘟、谷粒瘟等（图6-1）。

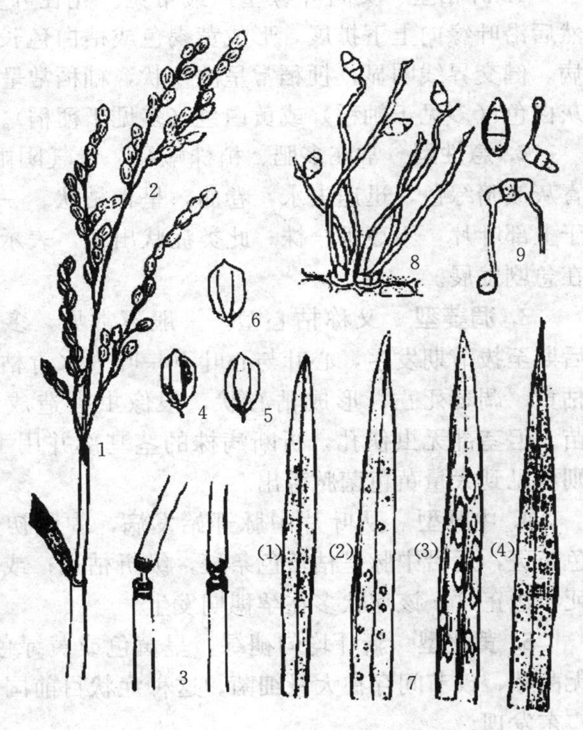

图6-1　稻瘟病

1. 穗颈瘟　2. 枝梗瘟　3. 节瘟　4. 谷粒瘟　5. 受害护颖　6. 健粒　7. 叶瘟：(1) 白点型　(2) 急性型　(3) 慢性型　(4) 褐点型　8. 分生孢子梗及分生孢子　9. 分生孢子萌发

1. 苗瘟　一般在三叶期前发生，初期在芽和芽鞘上出现水渍状斑点，随后病苗基部变成黑褐色，严重时卷缩枯死。

2. 叶瘟　发生在三叶期以后的秧苗和成株期的叶片上。病斑随品种和气候条件的不同，可分为4种类型：

（1）慢性型　又称普通型病斑。病斑呈梭形或纺锤形，边缘褐色，中央灰白色，两端有沿叶脉伸入健部组织的褐色坏死线。天气潮湿时，病斑背面有灰绿色霉状物。

（2）急性型　病斑暗绿色，水渍状，椭圆形或不规则形。病斑正反两面密生灰绿色霉层。此病斑多在嫩叶或感病品种上发生，它的出现常是叶瘟流行的预兆。若天气转晴或经药剂防治后，可转变为慢性型病斑。

（3）白点型　田间很少发生。病斑白

色或灰白色，圆形，较小。多发生在感病品种的嫩叶上，病菌侵入后恰遇天气干燥、强光照射时出现。如气候适宜，可迅速转为急性型。

（4）褐点型　为褐色小斑点，局限于叶脉之间。常在抗病品种和老叶上发生，不产生孢子。

3. 节瘟　病节凹陷缢缩，变黑褐色，易折断。潮湿时，长灰绿色霉层，常发生于穗颈下第一、二节。

4. 穗颈瘟和枝梗瘟　发生在穗颈、穗轴和枝梗上。初期出现小的淡褐色病斑，逐渐围绕穗颈、穗轴和枝梗及向上下扩展，最后变黑折断。早期侵害穗颈常造成白穗，发病迟的则秕谷增加、千粒重下降、粒质差。

5. 谷粒瘟　通常发生于谷壳和护颖上。发病严重时常导致水稻籽粒的颜色变为黑色。如果发病较早，谷壳上常出现椭圆形的病斑，病斑中间部位为灰白色，随后谷粒逐渐变瘪。如果发病较晚，常会导致椭圆形斑点或褐色不规则形斑点出现。发生于护颖时，其颜色转变为褐色。

二、水稻白叶枯病

白叶枯病是水稻重要病害之一。除新疆外，全国各稻区均有不同程度的发生，特别是华东、华南、华中等稻区常流行成灾。水稻发病后，一般引起叶片干枯、不实率增加、米质松脆和千粒重降低等现象。

主要危害叶片。其症状因水稻品种、发病时期及侵染部位不同而异。一般可分为5种类型。

1. 叶枯型　又叫叶缘型，最常见。先在叶尖或叶缘产生黄绿或暗绿色水渍状小斑点，然后沿叶缘向上下扩展，形成黄褐色或枯白色长条斑，病斑可达叶片基部。在发展过程中，病、健交界线明显，粳稻常呈波纹状，籼稻常呈直线状。病斑黄色或略带红褐色，最后变成灰白色（多见于籼稻）或黄白色（多见于粳稻）。湿度大时，病部易见蜜黄色珠状菌脓。

2. 急性型　常在多肥、植株嫩绿、天气阴雨闷热及品种极易感病的情况下出现。病叶青灰或暗绿色，迅速失水，卷曲，呈青枯状。一般仅限于上部叶片，不蔓延全株。此类症状出现，表示病害正在急剧发展。

3. 凋萎型　又称枯心型。一般不常见，多在秧田后期至拔节期发生，心叶与心叶下一叶失水青枯，渐变枯黄、凋萎死亡，形成枯心状，很像虫害造成的枯心苗。但茎部无虫伤孔，折断病株的茎基部并用手挤压，则可见到大量黄色菌脓溢出。

4. 中脉型　从叶片中脉开始发病，中脉初呈淡黄色条斑，后沿中脉呈枯黄色条斑，纵折枯死；或半边枯死半边正常。该症状多在孕穗期发生。

5. 黄化型　新叶均匀褪绿，呈黄色或黄绿色条斑，无菌脓，仅节间存在大量细菌。这种症状目前国内仅在广东发现。

以上除黄化型外，各类症状的病叶在潮湿时均有黄色菌脓溢出，菌脓混浊有黏性，干后呈鱼籽状黏附病叶上（图6-2）。

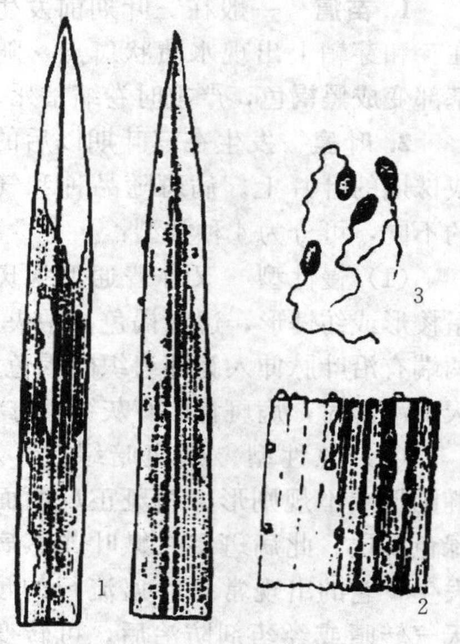

图6-2　水稻白叶枯病

1. 病叶　2. 病部菌脓　3. 病原细菌

白叶枯病叶片症状易与水稻生理枯黄相混淆，除依据症状特点外，可用以下方法进行鉴别：切取病组织一小块，放在载玻片上的清水滴中，用载玻片夹紧1 min，用肉眼透光观察；或盖上盖玻片，在低倍显微镜下观察，如见混浊的烟雾状物从叶脉溢出，为白叶枯病，生理枯黄无此现象。或取病叶剪去两端，将下端插于洗干净的湿沙中，保湿6～12 h，如果叶片上部剪断面有黄色菌脓溢出，则为白叶枯病，生理枯黄只有清亮小水珠溢出。

三、水稻纹枯病

水稻纹枯病是水稻上发生最为普遍的一种病害。我国南、北稻区均有发生，但以长江流域和南方稻区危害较严重。水稻苗期至穗期都可受害，抽穗前后受害最重。主要危害叶鞘和叶片，严重时可侵入茎秆并蔓延至穗部。

叶鞘发病先在近水面处出现暗绿色水渍状小斑，后扩大成椭圆形并相互联合成云纹状大斑。病斑边缘暗褐色，中央灰绿色，扩展迅速。受害严重时，叶鞘干枯，上面叶片随之枯黄。

叶片发病与叶鞘病斑相似，但形状较不规则，病情严重时，病部呈浅绿色，似被开水烫过，叶片很快青枯腐烂。发病严重时，病斑不断往上蔓延。剑叶叶鞘受害，往往不能正常抽穗。茎秆受害，易引起贴地倒伏，成片枯死。

湿度大时，病部可见许多白色菌丝，随后菌丝集结成白色绒球状菌丝团，最后形成暗褐色，像萝卜籽大小的菌核，菌核易脱落（图6-3）。

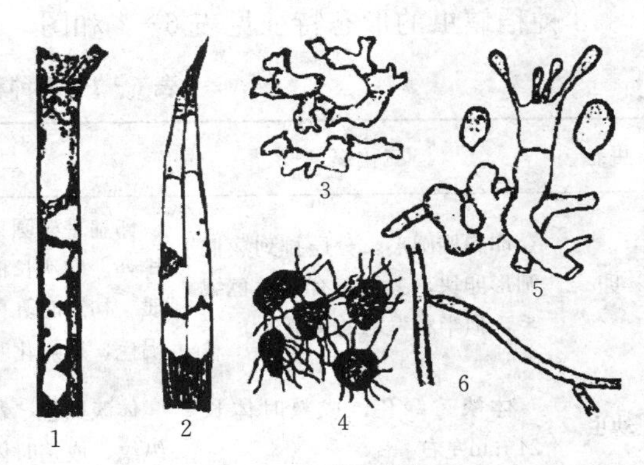

图6-3　水稻纹枯病

1. 叶鞘症状　2. 叶片症状　3. 老熟菌丝　4. 菌核　5. 担子及担孢子　6. 幼菌丝

四、水稻细菌性条斑病

水稻细菌性条斑病是国内植物检疫对象之一。整个水稻生育期的叶片均可受害，病斑初呈暗绿色水渍状半透明条斑，后迅速在叶脉间扩展变为黄褐色的细条斑，其上分泌出许多蜜黄色菌脓，排列成行。发病后期，病叶成片枯黄，似火烧状。与白叶枯病比较主要不同点是：水稻细菌性条斑病菌多从气孔侵入，病斑可在叶片任何部位发生；病斑为短而细的窄条斑，对光观察呈半透明、水渍状；病斑上菌脓多、颗粒小、色深、干燥后不易脱落。

五、水稻条纹叶枯病

水稻条纹叶枯病在我国的江苏、浙江、上海、云南、安徽、辽宁、山东等省（直辖市）均有发生，20世纪80年代至90年代前期，多处于零星状发生，90年代后期，在部分地区迅速上升，21世纪初在江苏等地暴发流行，造成严重的损失。

苗期发病：心叶基部出现褪绿黄白斑，后扩展成与叶脉平行的黄色条纹，条纹间仍保持绿色。不同品种表现不一，糯、粳稻和高秆籼稻心叶黄白、柔软、卷曲下垂、呈枯心状。矮秆籼稻不呈枯心状，出现黄绿相间条纹，分蘖减少，病株提早枯死。病毒病引起的枯心苗与三化螟危害造成的枯心苗相似，但无蛀孔，无虫粪，不易拔起，区别于蝼蛄危害造成的枯心苗。

分蘖期发病：先在心叶下一叶基部出现褪绿黄斑，后扩展形成不规则黄白色条斑，老叶不显病。籼稻品种不枯心，糯稻品种半数表现枯心。病株常枯孕穗或穗小畸形不实。

拔节后发病：在剑叶下部出现黄绿色条纹，各类型稻均不枯心，但抽穗畸形，结实很少。

六、稻螟虫

稻螟虫俗称钻心虫，国内发生危害的主要有三化螟、二化螟和大螟，均属鳞翅目。除大螟属夜蛾科外，其余属螟蛾科。

三化螟为单食性害虫，目前国内记录只危害水稻；二化螟、三化螟食性较杂。

三化螟、二化螟及大螟常同时发生，混合危害水稻。3种螟虫均以幼虫钻蛀水稻茎秆危害，造成枯心和白穗等危害状，对水稻产量影响较大。

3种稻螟虫的形态特征见表6－1和图6－4、图6－5、图6－6。

表6－1　3种稻螟虫的形态特征

虫态	三化螟	二化螟	大螟
卵	卵扁椭圆形，分层排列成椭圆形卵块，上覆盖有棕黄色绒毛，似半粒发霉的黄豆	卵扁平椭圆形，作鱼鳞状单层排列。卵块长椭圆形，表面有胶质。初产时乳白色，后渐变为茶褐色，近孵化时为黑色	卵扁球形，表面有放射状细隆线，初产时白色。将孵化时呈淡紫色，卵粒常2～3行排列成带状
幼虫	体淡黄绿色，成熟时体长21 mm左右	体淡褐色，背面有5条紫褐色纵纹，成熟时体长20～30 mm	体粗壮，头红褐色，胴部背面紫红色，体长30 mm左右
蛹	瘦长，长约13 mm，黄白色，后足伸出翅芽外，雄蛹伸出较长	圆筒形，黄褐色，长11～17 mm，腹背5条紫色纵纹，隐约可见。左右翅芽不相接，后足不伸出翅芽端部	肥壮，体长13～18 mm，长圆筒形，淡黄至褐色，头胸部有白粉状分泌物。左右翅芽有一段相接，后足不伸出翅芽端部
成虫	雌蛾黄白色，前翅近三角形，中央有1黑点，腹末端有棕黄色绒毛，体长约12 mm。雄蛾灰褐色，体形比雌蛾稍小，前翅中央有1小黑点，从顶角至后缘有1条暗褐色斜纹，外缘有7个小黑点	体比三化螟稍大，体长约10～15 mm。淡灰色，前翅近长方形，中央无黑点；外缘具有7个小黑点，排成一列。雌蛾腹部纺锤形，雄蛾腹部细圆筒形	体比二化螟肥大，灰褐色，前翅近长方形，翅中部有1明显暗褐色带，其上、下方各有2个黑点。排列成不规则四方形，后翅银白色。雌蛾体长15 mm，雄蛾体长10～13 mm

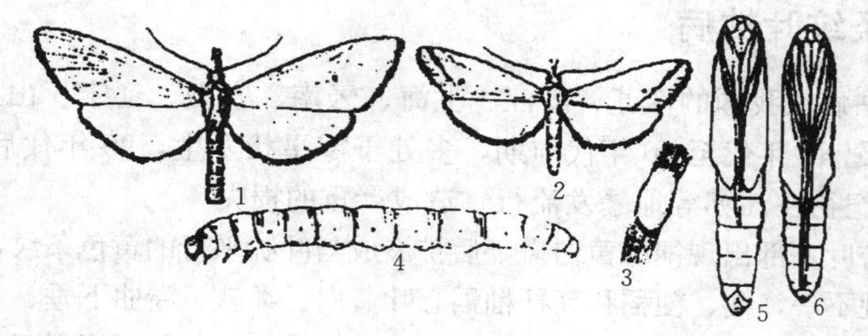

图6－4　三化螟

1. 雌成虫　2. 雄成虫　3. 卵块　4. 幼虫　5. 雌蛹　6. 雄蛹

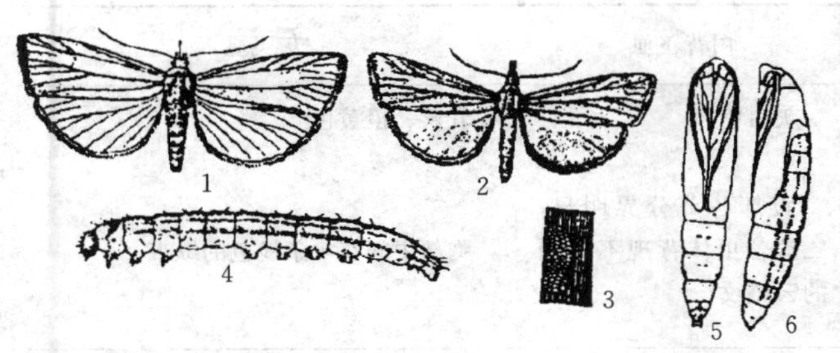

图 6-5　二化螟

1. 雌成虫　2. 雄成虫　3. 卵块　4. 幼虫　5. 雄蛹腹面观　6. 雄蛹侧面观

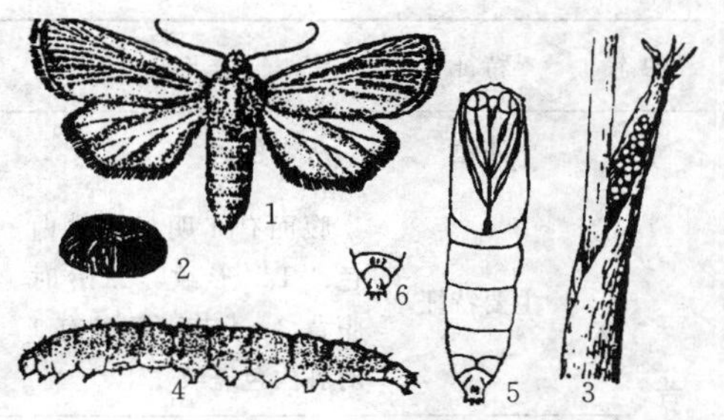

图 6-6　大　螟

1. 成虫　2. 卵　3. 产在叶鞘内的卵　4. 幼虫　5. 雌蛹　6. 雄蛹腹部末端

七、稻飞虱

稻飞虱，常见危害水稻的稻飞虱以褐飞虱、白背飞虱和灰飞虱为主，均属半翅目飞虱科。褐飞虱为单食性害虫，喜温暖潮湿气候，属偏南方种类，在长江流域各省常暴发成灾。白背飞虱对温度的适应性比褐飞虱宽，因此分布更广，属广跨偏南方种类。灰飞虱食性复杂，耐寒力较强，属温带种，分布很广，几乎遍及全国，尤以江苏、浙江及长江中游稻区较多。

稻飞虱以成、若虫群集在稻丛基部危害，刺吸叶鞘和茎秆汁液，并且还产卵于叶鞘组织内，使叶鞘出现褐色纵纹。由于成、若虫的频繁刺吸和产卵，影响了水稻的生长、抽穗和结实，严重时造成水稻茎基部变黑腐烂，全株倒伏枯死，在田间形成枯死窝，俗称“透顶”或“冒穿”，导致严重减产或失收。褐飞虱、白背飞虱和灰飞虱都能传播病毒病，其中灰飞虱是传播稻、麦、玉米等作物病毒病的主要媒介。

稻飞虱雌雄成虫有长翅型和短翅型之分。其主要形态特征见表 6-2 和图 6-7、图 6-8。

表 6-2　3 种稻飞虱的形态特征

虫态	特征	褐飞虱	白背飞虱	灰飞虱
成虫	体长（mm）	雄虫：4.0 雌虫：4.5～5.0 短翅雌虫：3.8	雄虫：3.8 雌虫：4.5 短翅雌虫：3.5	雄虫：3.5 雌虫：4.0 短翅雌虫：2.6
	体色	褐色、茶褐色或黑褐色	雄虫灰黑色，雌虫和短翅雌虫灰黄色	雄虫灰黑色，雌虫黄褐或黄色，短翅雌虫淡黄色
	主要特征	头顶较宽，褐色，小盾片褐色，有 3 条隆起线，翅浅褐色	头顶突出，小盾片两侧黑色，雄虫小盾片中间淡黄色，翅末端茶色；雌虫小盾片中间姜黄色	雄虫小盾片黑色，雌虫小盾片淡黄色或土黄色，两侧有半月形的褐色或黑褐色斑
卵	卵形	香蕉形	尖辣椒形	茄子形
	卵块 主要特征	10～20 粒呈行排列，前部单行，后部挤成双行，卵帽稍露出	5～10 粒，前后呈单行排列，卵帽不露出	2～5 粒，前部单行，后部挤成双行，卵帽稍露出

（续）

虫态		特征	褐飞虱	白背飞虱	灰飞虱
若虫	一～二龄	体色	灰褐色	灰白色	乳黄、橙黄色
		主要特征	腹面有1明显的乳白色“T”形纹，二龄时腹背3、4节两侧各有1对乳白色斑纹	腹部各节分界明显，二龄若虫体背现不规则的云斑纹	胸部中间有1条浅色的纵带
	三～五龄	体色	黄褐色	石灰色	乳白、淡黄等色
		主要特征	腹背3、4节白色斑纹扩大，呈“山”字形浅色斑纹，翅芽明显	胸、腹部背面有云纹状的斑纹，腹末较尖，翅芽明显	胸部中间的纵带变成乳黄色，两侧显褐色花纹，第3、4腹节背面有“八”字形淡色纹，腹末较钝圆，翅芽明显

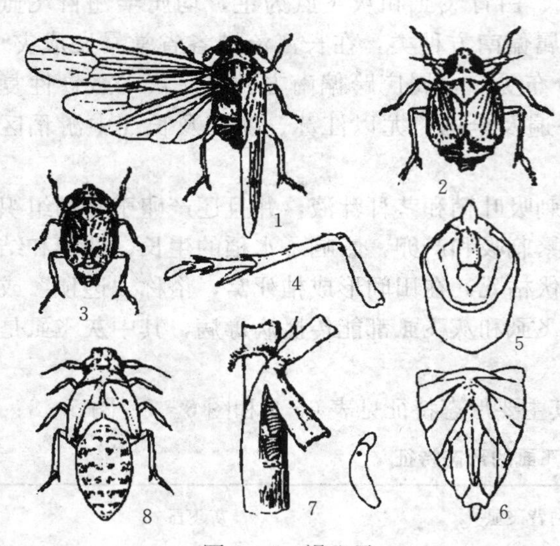

图6-7　褐飞虱

1. 长翅型成虫　2. 短翅型雌成虫　3. 短翅型雄成虫　4. 后足放大　5. 雄性外生殖器　6. 雌性外生殖器　7. 水稻叶鞘内的卵块及卵的放大　8. 五龄若虫

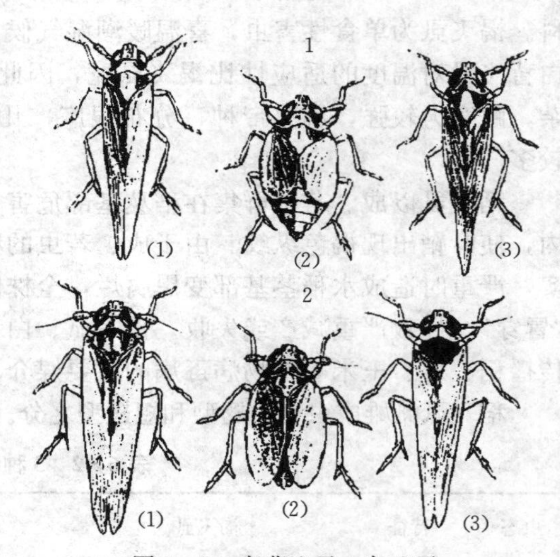

图6-8　白背飞虱、灰飞虱

1. 白背飞虱：(1) 长翅型雌虫　(2) 短翅型雌虫　(3) 长翅型雄虫；2. 灰飞虱：(1) 长翅型雌虫　(2) 短翅型雌虫　(3) 长翅型雄虫

八、稻纵卷叶螟

稻纵卷叶螟俗名卷叶虫，属鳞翅目草螟科，主要危害水稻叶片。全国各稻区均有分布，以华南和长江中、下游地区受害最重。

稻纵卷叶螟以幼虫吐丝结苞危害，幼虫在苞内取食上表皮和叶肉，留下一层透明表皮，形成白色条斑。大发生时，田间虫苞累累，白叶满田，严重影响水稻的生长发育和产量。

1. 成虫　黄褐色，体长7～9 mm，翅展16～18 mm。前翅近三角形，由前缘至后缘有2条褐纹，中间还有1条短褐纹，前后翅的外缘均有暗褐色宽边。雄蛾体色较深，在前翅前缘中央有一丛暗褐色毛。

2. 卵　扁平，椭圆形。初产时白色，后变淡黄色，将孵化时可见黑点。

3. 幼虫　五龄幼虫体长14～19 mm，头褐色，胸腹部淡黄色，老熟时橘黄色。前胸背板有1对黑褐色斑，中、后胸背面各有8个毛片分成两排，前排6个，后排2个。

4. 蛹　体长7～10 mm，圆筒形，初为黄色，后转为褐色，末端较尖削，有尾刺8根。茧白色，很薄（图6－9）。

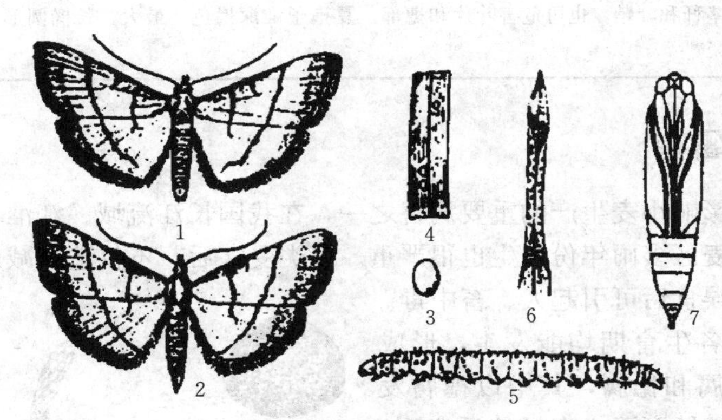

图6－9　稻纵卷叶螟

1. 雌成虫　2. 雄成虫　3. 卵　4. 稻叶上的卵　5. 幼虫　6. 稻叶被害状　7. 蛹

九、小麦锈病

小麦锈病曾经是我国小麦上发生面积最广、危害最严重的一类病害，有条锈、叶锈和秆锈3种。条锈病主要发生在河北、河南、山东、山西、陕西、甘肃、青海、四川、云南、贵州、重庆、湖北、安徽、新疆等省（市）；叶锈病以西南和长江流域发生较重，华北和东北部分麦区危害也较重；秆锈病则在华东沿海、长江流域和福建、广东、广西的冬麦区及东北、内蒙古、西北等春麦区发生危害。通过推广抗病品种等综合治理措施，小麦锈病的危害程度得到有效控制，但条锈病在西北、西南、黄淮等局部地区某些年份仍发生较重，叶锈病发病面积也有所扩大。小麦发生锈病后，光合作用面积减少，叶绿素被破坏，表皮破裂，水分散失，小麦生长发育受到严重影响。

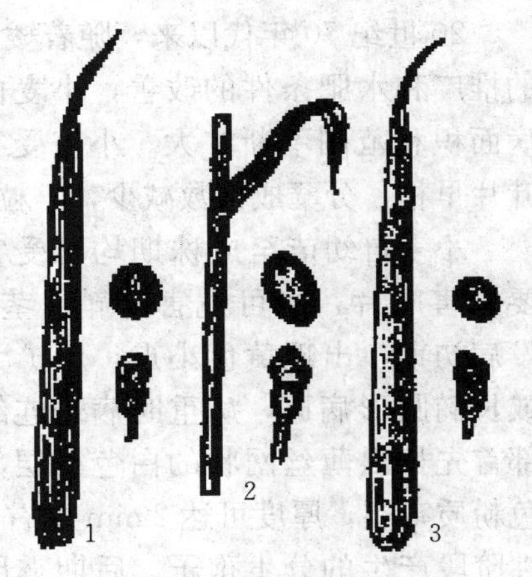

图6－10　小麦锈病

1. 条锈病　2. 秆锈病　3. 叶锈病

3种锈病的共同特征是在受害的叶片或秆上出现鲜黄色、红褐色或深褐色的疱状小突起，这是病菌的夏孢子堆，表皮破裂后，散出铁锈色粉状物，故称锈病。后期病部形成黑色疱状小突起，是病菌的冬孢子堆。

3种锈病的症状区别主要表现在孢子堆的分布、大小、形状、颜色和排列方式上，为区别这3种锈病，可形象地描述夏孢子堆为："条锈成行，叶锈乱，秆锈是个大红斑"（图6－10、表6－3）。

表 6-3　3种锈病的症状区别

病害名	症状表现
条锈病	主要危害叶片，也可危害叶鞘、茎秆和穗部。夏孢子堆鲜黄色，最小，狭长至长椭圆形，成株期呈虚线状并与叶脉平行排列，幼苗期以入侵点为中心，呈同心轮状排列
叶锈病	主要危害叶片，有时也可危害叶鞘和茎秆。夏孢子堆橘红色，居中，圆形至椭圆形，散生，排列不规则
秆锈病	主要危害茎秆和叶鞘，也可危害叶片和穗部。夏孢子堆深褐色，最大，长椭圆形至长方形，排列散乱，无规则

十、小麦赤霉病

小麦赤霉病是影响小麦生产的重要病害之一，在我国长江流域、江淮、黄淮南部冬麦区发生普遍，东北春麦区多雨年份发生也很严重。麦类受害后，不仅造成减产，而且染病麦粒中含有多种毒素，误食后可引起人、畜中毒。

赤霉病在小麦各生育期均能发生，形成苗腐、茎基腐、秆腐和穗腐，其中以穗腐发生最为普遍和严重。穗腐于小麦扬花后出现，最初在个别小穗的基部或颖壳上出现水渍状褐色斑，后逐渐扩展使整个小穗枯黄，且在小穗间上下蔓延，田间湿度高时，颖壳缝隙处和小穗基部会产生粉红色胶质霉层（分生孢子座及分生孢子），后期病部可以出现蓝黑色的颗粒（子囊壳），受害籽粒皱缩、变小，表面有白色至粉红色霉层（图 6-11）。

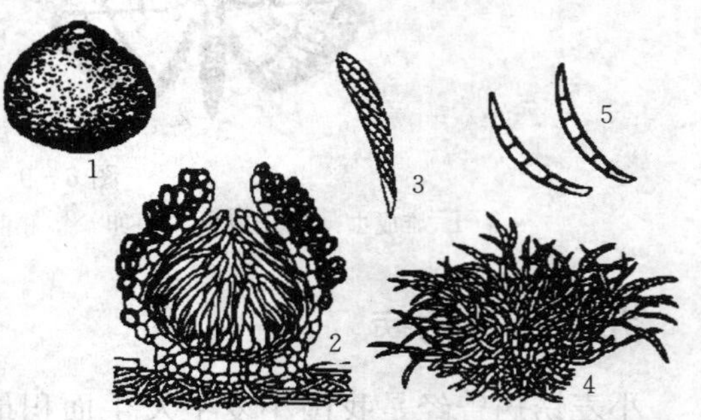

图 6-11　小麦赤霉病病原菌

1. 子囊壳　2. 子囊壳纵剖面　3. 子囊及子囊孢子　4. 分生孢子座及分生孢子　5. 分生孢子

十一、小麦白粉病

20 世纪 70 年代以来，随着矮秆小麦品种的推广和水肥条件的改善，小麦白粉病的发病面积和范围不断扩大。小麦受害后，会使叶片早枯，分蘖成穗数减少，千粒重下降。

小麦自幼苗至成株期均可受害。病菌主要危害叶片，也可危害叶鞘、茎秆和穗部。发病初期，出现黄色小点，后扩大为近圆形或长椭圆形病斑，病重时病斑连结成片。病部首先长出薄丝网状的白色霉层，后形成白色粉质霉层，厚度可达 2 mm 左右，为病菌无性阶段产生的分生孢子。后期霉层变为灰白色至黄褐色，并在其上形成黑色小点，是病菌的闭囊壳（图 6-12）。

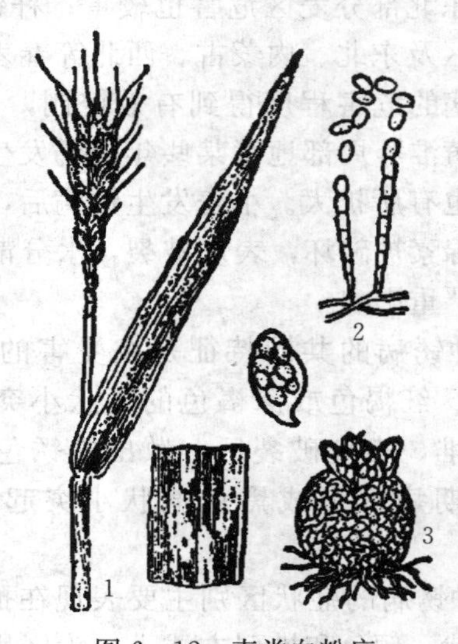

图 6-12　麦类白粉病

1. 症状　2. 分生孢子梗及分生孢子　3. 闭囊壳、子囊及子囊孢子

十二、小麦吸浆虫

危害小麦的吸浆虫主要有麦红吸浆虫和麦黄吸浆虫两种，均属双翅目瘿蚊科。其中以麦红吸浆虫发生更为普遍，危害严重。麦红吸浆虫各虫态特征如下：

1. 成虫　体长 2～2.5 mm，橘红色，密被细毛。头呈扁圆形，两复眼在上方愈合，触角 14 节。足细长，只有 1 对前翅，后翅退化为平衡棒。

2. 卵　长椭圆形，长 0.32 mm，约为宽度的 4 倍。微带红色。

3. 幼虫　呈扁纺锤形，橙黄色，体长 2～2.5 mm，前胸腹部有一"Y"形剑骨片，腹末有 2 对突起。

4. 蛹　长约 2 mm，裸蛹，红褐色，头前方有 2 根白色短毛和 1 对长呼吸管（图 6－13）。

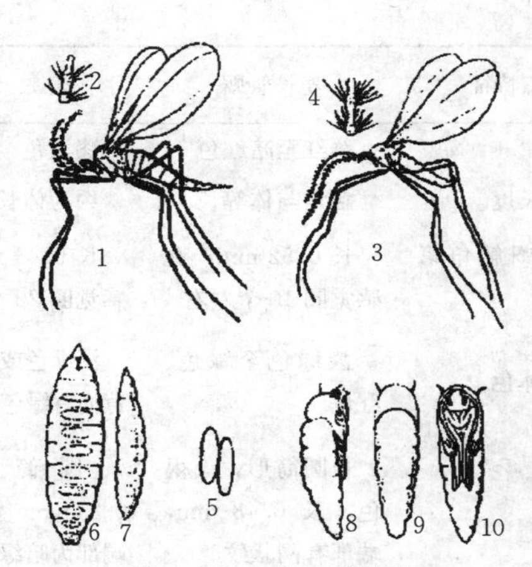

图 6－13　麦红吸浆虫

1. 雌成虫　2. 雌成虫触角的一节　3. 雄成虫　4. 雄成虫触角的一节　5. 卵　6. 幼虫腹面　7. 幼虫侧面　8. 蛹侧面　9. 蛹背面　10. 蛹腹面

十三、小麦蚜虫

小麦蚜虫属半翅目蚜科。在我国危害麦类的蚜虫主要有麦二叉蚜、麦长管蚜、禾谷缢管蚜和麦无网长管蚜等 4 种（图 6－14）。麦蚜以成、若蚜群集刺吸麦株叶片、茎秆和嫩穗的汁液，影响小麦的正常发育，麦叶被害处出现黄斑，严重时叶片枯黄，植株生长不良甚至枯死。麦穗被害后，籽粒不饱满，显著减产。此外，麦蚜又是传播植物病毒的重要媒介昆虫，以传播大麦黄矮病毒引起小麦黄矮病危害最大。

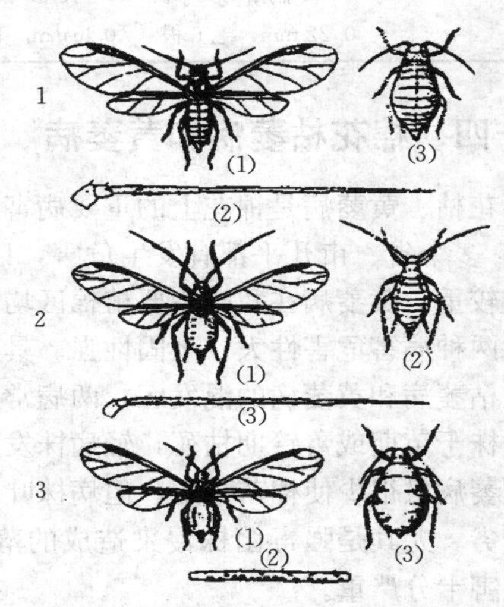

图 6－14　麦　蚜

1. 麦二叉蚜：(1) 有翅胎生雌蚜　(2) 有翅胎生雌蚜触角　(3) 无翅胎生雌蚜

2. 麦长管蚜：(1) 有翅胎生雄蚜　(2) 有翅胎生雌蚜触角　(3) 无翅胎生雌蚜

3. 禾谷缢管蚜：(1) 有翅胎生雌蚜　(2) 有翅胎生雌蚜触角第 3 节　(3) 无翅胎生雌蚜

麦蚜有多型现象，全周期蚜虫有干母、干雌、有翅与无翅胎生雌蚜、雌性蚜和雄性蚜等不同蚜型。4 种麦蚜的形态特征区分见表 6－4。

表 6－4　4 种常见麦蚜的形态特征区别

形态特征	麦长管蚜	麦二叉蚜	禾谷缢管蚜	麦无网长管蚜
无翅胎生蚜成蚜体型、体长（有翅型略小）	椭圆形 1.6～2.1 mm	椭圆或卵圆形 1.5～1.8 mm	卵圆形 1.4～1.6 mm	长椭圆形 2.0～2.4 mm

（续）

形态特征	麦长管蚜	麦二叉蚜	禾谷缢管蚜	麦无网长管蚜
复眼	鲜红至暗红色	漆黑色	黑色	黑紫色
触角长度	触角与体等长	约为体长的2/3	约为体长的2/3	约为体长的3/4
有翅蚜触角第五节	长0.52 mm，有感觉圈10个左右	长0.44 mm，有感觉圈20个左右	长0.48 mm，有感觉圈20～23个	长0.72 mm，有感觉圈40个以上
腹部体色	淡绿色至绿色、红色	淡绿色或黄绿色，背面有绿色纵条带	深绿色，后端有赤色至深紫色横带	白绿色或淡赤色，背部有绿色或褐色纵带
腹管	长圆筒形，黑褐色，长0.48 mm，端部有网状纹	圆筒形，长0.25 mm，淡绿色，端部为暗绿黑色	短圆筒形，长0.24 mm，中部稍粗壮，近端部呈瓶口状缢缩	长圆筒形，长0.42 mm；绿色，端部无网状纹
翅脉	中脉分支2次，分岔大	中脉分支1次	中脉分支2次，分岔小	中脉分支2次，分岔大
尾片	长圆锥形，长0.22 mm，毛6根	长圆锥形，长0.16 mm，毛7～8根	长圆锥形，长0.1 mm，毛4根	舌形，基部缢缩，长0.21 mm，毛8根

十四、棉花枯萎病和黄萎病

棉花枯、黄萎病是棉花上的重要病害，枯萎病在我国的东北、西北、黄河流域和长江流域等20多个省、市几乎都有发生危害，以山东、河南、陕西、四川、江苏、云南、山西等省受害较重，黄萎病在我国主要植棉区均有发生，北方棉区重于长江流域棉区。

此两种病害危害性大，顽固性强。具有毁灭性，一旦发生，很难根治。目前，我国多数棉区为枯萎病和黄萎病的混发区，两病常在同一棉田或同一棉株上混生，形成并发症。枯萎病重病株于苗期或蕾铃期枯死，轻病株发育迟缓，结铃少，吐絮不畅，纤维品质和产量均下降。黄萎病虽很少使棉苗枯死，但病株叶片枯黄脱落，结铃少，落铃率高，也使产量降低，品质变劣。尤其是强毒菌株侵染造成的落叶型症状，叶、蕾、甚至小铃在几天内可全部落光，危害十分严重。

1. 枯萎病 在子叶期即可发病，至现蕾期达到发病高峰。夏季气温较高时，病势暂停；到秋季多雨时，再度出现发病高峰。其症状因品种和环境条件的不同可出现多种类型，苗期主要有以下4种类型：

黄色网纹型：病苗子叶或真叶的叶脉局部或全部失绿变黄，叶肉仍保持一定的绿色，叶片呈黄色网纹状，最后干枯脱落。

紫红型：子叶或真叶变成紫红色，逐渐萎蔫死亡。

黄化型：子叶或真叶变黄，逐渐变褐枯死或脱落。

现蕾前后，除前述症状外，还有矮缩型病株出现，即病株矮化，节间缩短，叶色浓绿，叶片加厚，且向上卷，下部个别叶片的局部或全部叶脉变黄，呈黄色网纹状。重病株叶片萎蔫脱落，干枯死亡。有的病株半边枯死。若雨后骤晴，有的病株会突然失水萎蔫。

各种类型病株的共同特征是根、茎内部的导管变为深褐色或墨绿色。纵剖木质部，可见有黑色条纹（图6-15）。

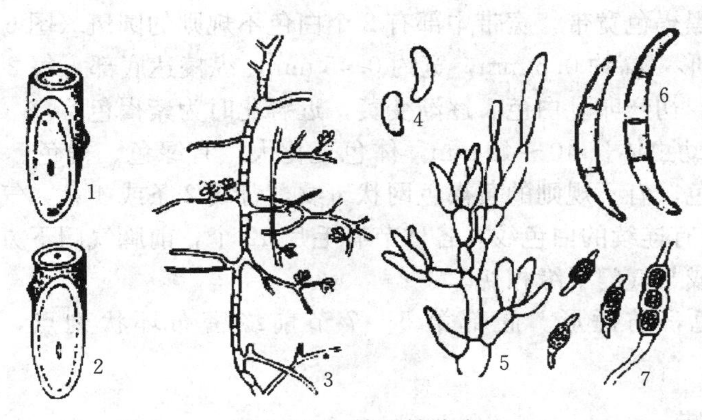

图 6-15　棉花枯萎病

1. 病茎剖面　2. 健茎剖面　3、4. 小型分生孢子梗和小型分生孢子　5. 大型分生孢子梗　6. 大型分生孢子　7. 厚垣孢子

2. 黄萎病　比枯萎病发病稍迟。一般现蕾后开始发病，到花铃期达到高峰。首先从植株下部叶片开始发病，逐渐向上扩展。发病初期，叶片边缘和叶脉之间出现淡黄色斑块，以后病斑逐渐扩大，而主脉及附近叶肉仍保持绿色，呈“花西瓜皮状”或“掌状”。有时病叶微向下卷，病部皱缩不平，最后变褐干枯。发病严重的植株，叶片全部脱落，成光杆。当夏季暴雨过后，田间病株有时突然萎垂，似开水烫过一样，形成急性型萎蔫状，黄萎病病株根、茎木质部也有变色条纹，但较枯萎病浅，呈黄褐色或淡褐色（图 6-16）。

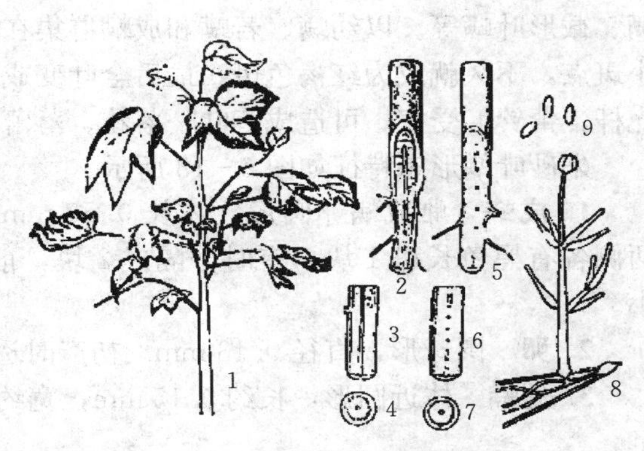

图 6-16　棉花黄萎病

1. 症状　2～4. 病茎剖面　5～7. 健茎剖面　8～9. 分生孢子梗和分生孢子

十五、棉铃虫

棉铃虫属鳞翅目夜蛾科，分布于全国各产棉区，在我国北部和西北部棉区危害较重，尤以黄河流域棉区发生危害最重。棉铃虫为多食性害虫，可以危害多种植物。主要危害棉花、玉米、向日葵等。

1. 成虫　体长 14～19 mm，翅展 30～38 mm，体色变化较大，一般雌蛾黄褐色或红褐色，雄蛾灰褐色或灰绿色。前翅有 4 条模糊的波状纹，中部近前缘处，有 1 个暗褐色环状纹和 1 个黑褐色肾状纹；外横线和亚外缘线之间褐色，形成一宽带；前翅外缘有 7 个小黑点。后翅灰白色，中部有 1 个月牙形

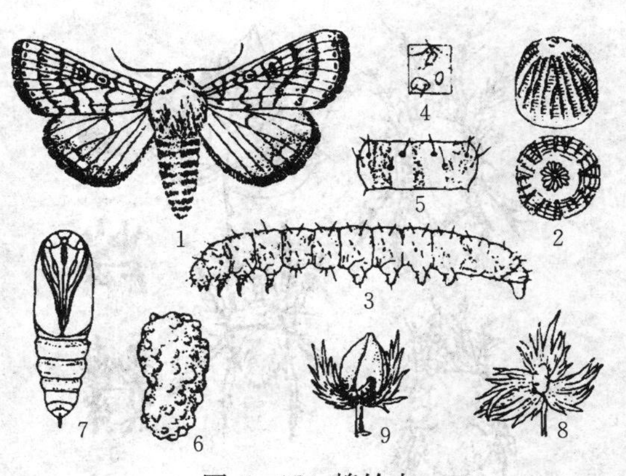

图 6-17　棉铃虫

1. 成虫　2. 卵正面观和侧面观　3. 幼虫　4. 幼虫前胸气门　5. 幼虫第二腹节背面观　6. 土茧　7. 蛹　8. 棉蕾被害状　9. 幼虫危害棉铃状

黑斑，外缘有1条黑褐色宽带，宽带中部有2个白色不规则的圆斑（图6-17）。

2. 卵　近半球形，高约0.5 mm，宽约0.45 mm，纵棱达底部，每2根纵棱间有1根纵棱分为2岔或3岔。初产卵乳白色，逐渐变黄，近孵化时为紫褐色。

3. 幼虫　老熟幼虫体长40～45 mm，体色变化大，有绿色、褐色、淡红色、淡黄色或黄绿色等。头部黄色，有不规则的黄褐色网状斑纹，背线2条或4条，气门上线可分为不规则的3～4条，其上有连续的白色纹，各体节有毛片12个，前胸气门下方的1对毛片连线的延长线穿过气门，或与气门下缘相切。

4. 蛹　黄褐色，纺锤形。腹部第5～7节前缘密布环状刻点，腹末有1对小刺（图6-17）。

十六、棉叶螨

棉叶螨也称棉红蜘蛛，属于蛛形纲蜱螨亚纲真螨总目绒螨目叶螨科，主要种类有朱砂叶螨、截形叶螨等。以幼螨、若螨和成螨群集在棉叶背面刺吸汁液。被害叶面上先出现黄白色小斑点，不久就成为红褐色斑，最后全叶变成紫红褐色枯焦脱落。苗期被害，严重时可成为光杆，蕾铃期受害，可造成落叶、落花、落蕾，致使棉株早衰减收。

朱砂叶螨形态特征如图6-18所示。

1. 成螨　雌成螨卵圆形，体长0.53 mm，宽0.32 mm。体呈红褐色或锈红色，体背两侧各有黑色长斑1块，有时分隔成2块，前面1块较大。雄成螨略呈菱形，比雌成螨略小。

2. 卵　圆球形，直径0.13 mm。初产时透明无色，或略带乳白色，后变橙红色。

3. 幼螨　体近圆形，长约0.15 mm，宽约0.12 mm。半透明，取食后体变暗绿色，3对足。

4. 若螨　分为第一若螨和第二若螨，均具足4对。第一若螨体长0.21 mm，宽1.5 mm，体侧有明显的斑块。第二若螨仅有雌螨，体长0.36 mm，宽0.22 mm。

截形叶螨用显微镜观看如图6-19所示。

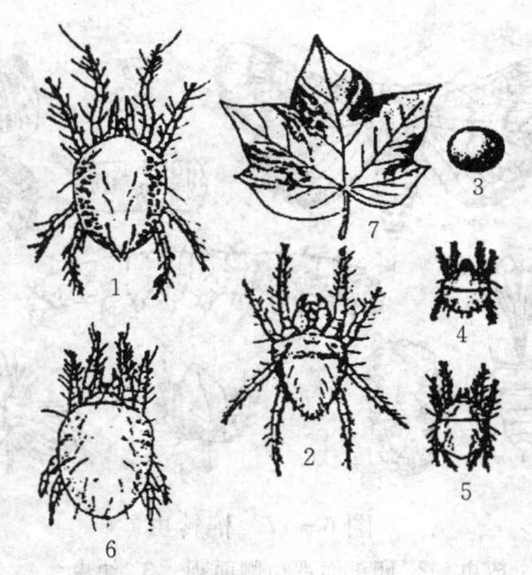

图6-18　朱砂叶螨

1. 雌成螨　2. 雄成螨　3. 卵　4. 幼螨
5. 第一龄若螨　6. 第二龄若螨　7. 被害棉叶

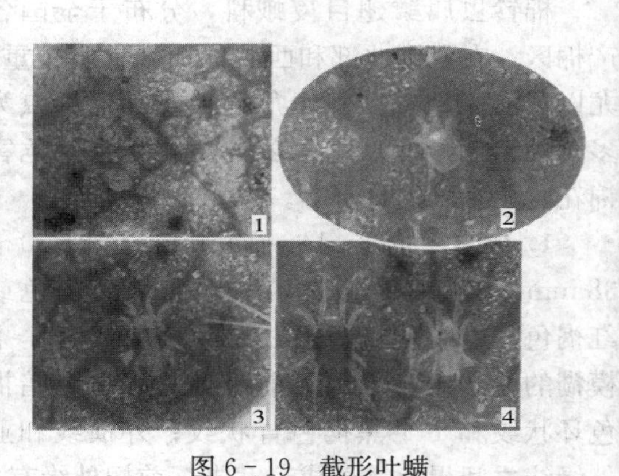

图6-19　截形叶螨

1. 卵　2. 幼螨　3. 若螨　4. 雌螨（左）与雄螨（右）

十七、玉米螟

玉米螟俗称玉米钻心虫，属鳞翅目草螟科，是世界性大害虫。国内除西藏尚未发现外，其他各省份均有发生。玉米螟是多食性害虫，其寄主植物种类多达 40 科 200 种以上，主要危害玉米、高粱、甘蔗和棉花等作物。以幼虫钻食茎秆和果实，也危害叶片。

1. 成虫　体长 13～15 mm，翅展 25～35 mm，体色黄褐，前翅中部有 2 条褐色波状纹，两横纹之间有 2 个褐斑；后翅灰黄色，也有 2 条褐色波状纹，与前翅横纹相接。

2. 卵　卵粒扁椭圆形，长约 1 mm，初产时乳白色，后变淡黄色至暗黑色。常以几十粒卵排列在一起呈鱼鳞状。

3. 幼虫　老熟幼虫体长 20～30 mm，头和前胸背板深褐色，体背多为淡褐、深褐、淡红或灰黄色，背线明显。中后胸背面有 4 个毛片成一横列，腹部 1～8 节背面有 2 列横排的毛片，前 4 后 2，前大后小。

4. 蛹　体长 12～18 mm，纺锤形，黄褐色。腹末有 5～8 根向上弯曲的毛刺（图 6－20）。

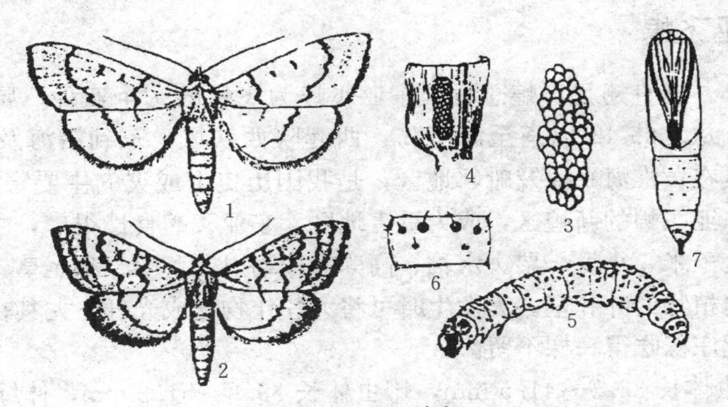

图 6－20　玉米螟

1. 雌成虫　2. 雄成虫　3. 卵块　4. 卵产于玉米叶背　5. 幼虫　6. 幼虫第二腹节背面　7. 蛹

十八、玉米大斑病和小斑病

大斑病又名煤纹病，小斑病又名斑点病。两种病害常混合发生，使玉米叶片早期枯死，严重影响玉米的产量。玉米大斑病和小斑病主要危害叶片，也可侵染叶鞘和苞叶等部位。

1. 大斑病　病斑大而少，呈梭形或长纺锤形，长 5～20 mm。发病初期为青褐色水渍状小斑点，几天后很快沿叶脉向上下扩展成梭形大斑，边缘暗褐色，中央淡褐色。天气潮湿时，病斑上密生灰黑色霉层，为病菌的分生孢子梗和分生孢子（图 6－21）。

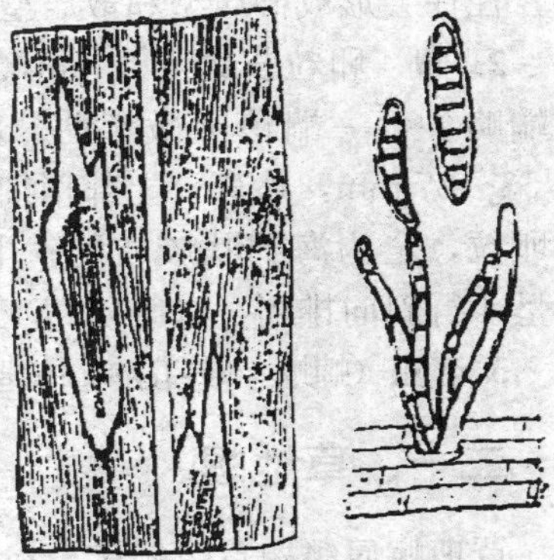

图 6－21　玉米大斑病症状及病原

2. 小斑病　病斑小而多。发病初期于叶面上产生暗色水渍状小斑点，逐渐扩大成椭圆形，长约 1 cm，一片叶上有几十个到上百个病斑。后期病斑常彼此连合，叶片干枯。多雨、潮湿条件下，病斑表面密生灰黑色霉层（分生孢子梗和分生孢子)。

在叶片上有以下 3 种类型病斑：一是黄褐色坏死小斑，基本不扩大，周围具黄绿色晕圈，属抗病类型；二是病斑呈椭圆形或长方形，其扩展受叶脉限制，黄褐色，具有明显紫褐色或深褐色边缘；三是病斑为椭圆形或纺锤形，扩展不受叶脉限制，灰色或黄褐色，一般无明显的深色边缘，病斑上有时出现轮纹。后两种为感病型病斑，在一些玉米品种上，遇高温潮湿条件时，病斑周围或两端可出现深绿色浸润区，并可迅速萎蔫枯死，称萎蔫型病斑；不产生带浸润区病斑的叶片，病斑数量多时可汇合成片，变黄枯死，称为坏死型病斑（图 6-22）。

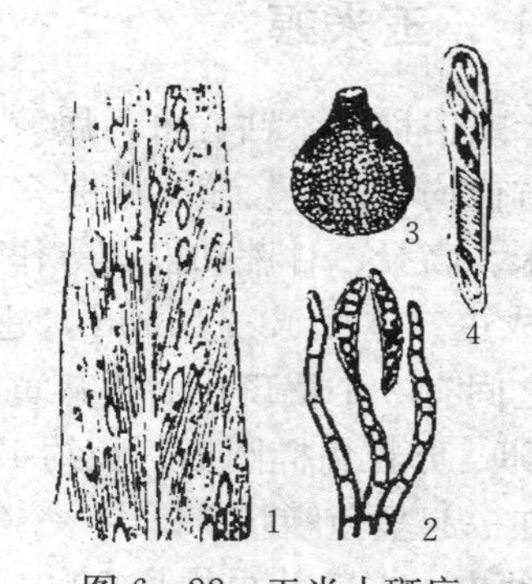

图 6-22　玉米小斑病

1. 病叶　2. 分生孢子梗及分生孢子　3. 子囊壳　4. 子囊及子囊孢子

十九、东亚飞蝗

蝗虫俗称蚂蚱，属直翅目、蝗总科。东亚飞蝗为飞蝗的 1 个亚种，属直翅目、斑翅蝗科。其分布较广，从北纬 42°以南至海南岛，西起陕西扶风，东到沿海及台湾等地均有发生。常发、重害区在黄淮海平原及毗邻地区，是我国历史上成灾的主要害虫种类。近年来，海南省已形成了东亚飞蝗的新蝗区，成为重害地区。东亚飞蝗食性很广，主要危害禾本科和莎草科植物。嗜食玉米、小麦、粟、水稻、高粱等作物以及芦苇、狗尾草、稗草等杂草。飞蝗成、若虫均咬食植物的叶和茎。大发生时可将大片作物吃成光杆，尤其在成群迁飞时，造成严重灾害，常把庄稼吃得一棵不留。

1. 成虫　雄虫体长 33.5～41.5 mm，雌虫体长 39.5～51.2 mm，体绿色或黄褐色。颜面垂直，触角丝状，多呈浅黄色。复眼卵形，其前下方常有 1 条暗褐色斑纹。前胸背板马鞍状，隆线发达。前翅狭长，褐色有光泽，常超出后足胫节的中部，其上有暗褐色斑纹；后翅透明，无色或淡黄。后足腿内侧基半部黑色，近端部有黑色环，后足胫节红色，在田间受环境条件的影响，往往会形成群居型和散居型两大类。

2. 卵　卵粒长约 6.5 mm，浅黄色，圆柱形，一端略尖，一端稍圆微弯曲。卵囊褐色圆柱形，长 53～67 mm，略弯，上部稍细。卵囊上端约 1/3 无卵粒，全为海绵状胶质物；下部含卵粒，卵粒多呈 4 行斜向排列，以胶质相互黏结。

3. 若虫（蝗蝻）　共五龄，体型似成虫（图 6-23）。

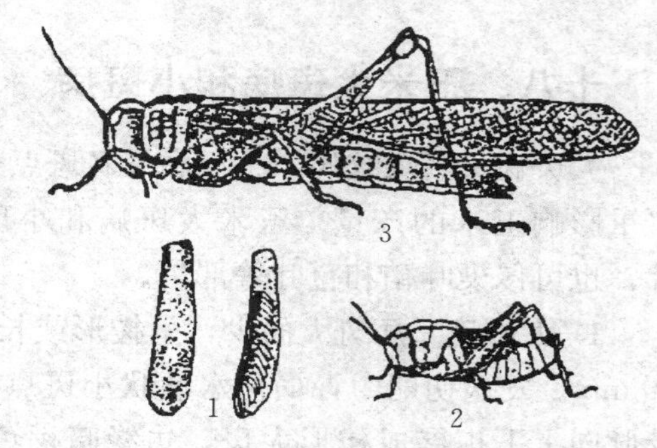

图 6-23　东亚飞蝗

1. 卵囊及其剖面　2. 若虫　3. 成虫

二十、草地螟

草地螟属鳞翅目螟蛾科。在我国主要分布于东北、华北及西北地区，为间歇性发生的害虫，近年来，在局部地区暴发成灾。幼虫食性极杂，嗜食甜菜和豆科作物，危害麻类、黄芥、马铃薯、瓜类、玉米等。食物缺乏时，也食杨、柳、榆等树木，还可取食藜科、苋科及菊科杂草等。初龄幼虫取食叶肉，残留表皮，三龄后可食尽叶片，大发生时，可危害致成片幼苗死亡。

1. 成虫　黑褐色，体长10～12 mm，前翅灰褐色，外缘有淡黄色条纹，近前缘中部有“八”字形黄白色斑，近顶角处有1长形黄白色斑，后翅浅灰黄色，有两条与外缘平行的波状纹。

2. 卵　椭圆形，长0.8～1.0 mm，宽0.4～0.5 mm。卵面略凸，初产乳白色，有光泽。

3. 幼虫　共五龄，老熟幼虫19～21 mm。一龄淡绿色，体背有许多暗褐色纹，三龄幼虫灰绿色，体侧有淡色纵带，周身有毛瘤。五龄多为灰黑色，两侧有鲜黄色线条。

4. 蛹　体长15 mm左右，藏在袋状丝质茧内。茧上端有孔，用丝封住，茧外附有细碎粒，茧长20～30 mm（图6-24）。

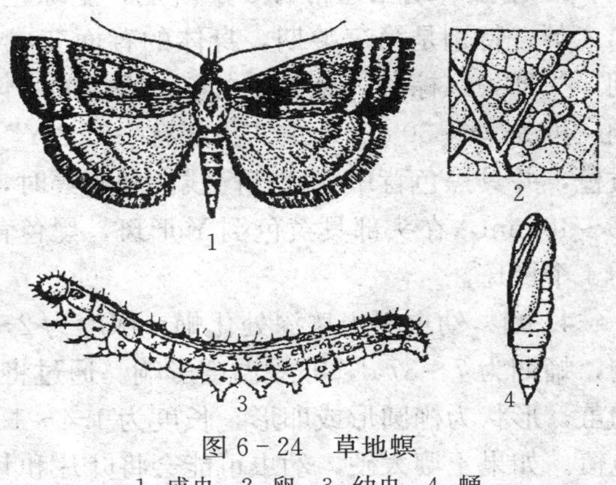

图6-24　草地螟

1. 成虫　2. 卵　3. 幼虫　4. 蛹

二十一、草地贪夜蛾

草地贪夜蛾属于鳞翅目夜蛾科灰翅夜蛾属。原产于美洲热带地区，具有很强的迁徙能力，虽不能在零度以下的环境越冬，但仍可于每年气温转暖时迁徙至美国东部与加拿大南部各地，美国历史上即发生过数起草地贪夜蛾的虫灾。2016年起，草地贪夜蛾（图6-25）散播至非洲、亚洲各国，并于2019年出现在中国大陆多个省份与台湾岛，已在多国造成巨大的农业损失。

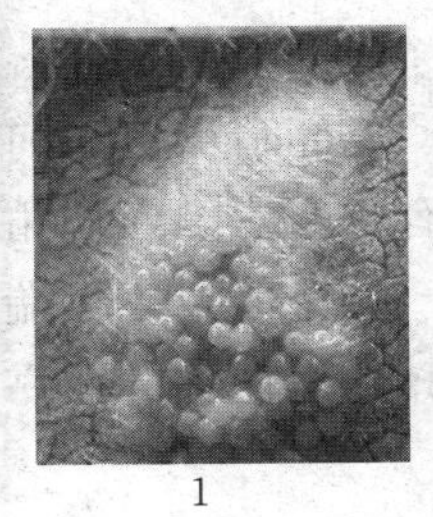

1　2　3　4　5

图6-25　草地贪夜蛾

1. 卵　2. 幼虫　3. 蛹　4. 雌成虫　5. 雄成虫

1. 成虫　羽化后，成虫会从土壤中爬出，飞蛾粗壮，灰棕色，翅展宽度32～40 mm，其中，前翅为棕灰色，后翅为白色。雄虫前翅通常呈灰色和棕色阴影，前翅有较多花纹与一个明显的白点。雌虫的前翅没有明显的标记，从均匀的灰褐色到灰色和棕色的细微斑点；后翅是具有彩虹的银白色。草地贪夜蛾后翅翅脉棕色并透明，雄虫前翅浅色圆形，翅痣呈明显的灰色尾状突起；雄虫外生殖器抱握瓣正方形。抱器末端的抱器缘刻缺。雌虫交配囊无交配片。

2. 卵 呈圆顶状半球形，直径约为4 mm，高约3 mm，聚产在叶片表面，通常每100～300粒堆积成卵块，呈单层或多层。卵块表面有雌虫腹部灰色绒毛状的分泌物覆盖形成的带状保护层。刚产下的卵呈绿灰色，12 h后转为棕色，孵化前则接近黑色，环境适宜时卵4 d后即可孵化。雌虫通常在叶片的下表面产卵，种群稠密时则会产卵于植物的任何部位。在夏季，卵阶段的持续时间仅为2～3 d。

3. 幼虫 幼虫通常有6个龄期，呈绿色，头部呈黑色，头部在第二龄期转为橙色。在第二龄，特别是第三龄期，身体的背面变成褐色，并且开始形成侧白线。在第四至第六龄期，头部为红棕色，斑驳为白色，褐色的身体具有白色的背侧和侧面线。幼虫历期受温度影响，可为14～30 d。幼虫的头部有一倒“Y”形的白色缝线。生长时，仍保持绿色或成为浅黄色，并具黑色背中线和气门线。如密集时，末龄幼虫在迁移期几乎为黑色。老熟幼虫体长35～40 mm，在头部具黄色倒Y形斑，黑色背毛片着生原生刚毛。腹部末节有呈正方形排列的4个黑斑。

4. 蛹 幼虫于土壤深处化蛹，深度为2～8 cm。其中深度会受土壤质地、温度与湿度影响，蛹期为7～37 d，亦受温度影响。通过将土壤颗粒与茧丝结合在一起，幼虫构造出松散的茧，形状为椭圆形或卵形，长度为1.4～1.8 cm，宽约4.5 cm，外层为长2～3 cm的茧所包覆。如果土壤太硬，幼虫可能会将叶片和其他物质黏在一起，形成土壤表面的茧。蛹的颜色为红棕色，有光泽，长度为14～18 mm，宽度约为4.5 mm。

二十二、黏虫

黏虫又称行军虫、五色虫、剃枝虫等，属鳞翅目夜蛾科。为世界著名的危害禾谷类作物的迁飞性害虫。在我国分布极广，全国除新疆外，各省、自治区均有发生。黏虫是一种暴食性害虫，主要危害禾本科、豆科、十字花科、蔷薇科、藜科、菊科等。如水稻、麦类、玉米、高粱、谷子、糜子、甘蔗等，也取食多种禾本科杂草。一至二龄时仅食叶肉，将叶片食成小孔；三龄后蚕食叶片形成缺刻；五至六龄为暴食期。大发生时，常将作物叶片全部食光，穗部咬断，故俗称剃枝虫，严重时造成减产甚至绝收。

1. 成虫 体长15～20 mm，翅展35～45 mm，头部和胸部灰褐色，腹部暗褐色。前翅中央近前缘处有2个淡黄色圆斑，外方圆斑下有1个小白点，其两侧各有1小黑点，顶角具1条伸向后缘的黑色斜纹。后翅暗褐色，向基部色渐淡。雄蛾腹部较细，手指轻捏，腹端可伸出1对长鳞片状抱握器；抱握器顶端具1根长刺，这个特征是区别于其他近似种的可靠特征。雌蛾腹部较粗，手捏时伸出1个管状产卵器。

2. 卵 呈馒头形，直径约0.5 mm，表面具六角形有规则的网状脊纹。初产时白色，孵化前呈黄褐色至黑褐色。卵常产于叶鞘缝内，或枯卷叶内，单层排列成行，在谷子和水稻叶片尖端产卵时常常成卵棒。

3. 幼虫 幼虫一共六龄，老熟时体长38～40 mm，头黄褐色至淡红褐色，正面有棕黑色近“八”字形纵纹，体背具各色纵条纹，背中线白色较细，边缘有细黑线；亚背线红褐色，上下镶有灰白色细条，气门黑色，气门线黄色，上下有白色带纹，腹足基部外侧各有1个黑褐色斑，趾钩单序中带，排成半环状，二至三龄幼虫黄褐至灰褐色，或带暗红色。四龄以上的幼虫多是黑色或灰黑色，因身上有5条彩色背线，所以又称无色虫。

4. 蛹 初化蛹乳白色，渐变黄褐色至红褐色，有光泽，体长19～23 mm。腹部第5～

7节背面靠近前缘处有横列的马蹄形刻点，中央刻点大而密，两侧渐稀。腹部末端有尾刺3对，中间1对粗直，两侧细小弯曲。雄蛹生殖孔位于腹部第9节，腹末腹面稍向前突，显得较钝；雌蛹生殖孔位于腹部第8节，腹末端尖瘦，腹面较平，不向外突。生殖孔与肛门的距离雌蛹大于雄蛹。

二十三、油菜菌核病

油菜菌核病，俗称“烂秆”“白秆”“搭叶烂”，是油菜常发性的主要病害。在我国各油菜产区均有发生，以长江流域和东南沿海地区发生普遍及严重，主要侵染油菜茎秆、枝叶及花蕾嫩茎等。整个生长期均可感病，现蕾后发病突出。

茎部染病初现浅褐色水渍状病斑，逐渐形成长条斑，有时具轮纹状，边缘褐色，湿度大生棉絮状白色菌丝，病茎表皮坏死，内髓部烂空，内生很多黑色鼠粪状菌核。病茎易折断，病株枝叶萎蔫直至枯死。叶片染病初呈不规则水浸状，后形成近圆形至不规则形病斑，病斑中央黄褐色或乳白色，外围暗青色，周缘浅黄色，病斑上时有轮纹明显，湿度大时，长出白色绵毛状菌丝，病叶易穿孔。花蕾嫩茎染病后，花蕾向下10 cm左右部位初期水渍状软化，软化逐渐加重花蕾向下低垂，湿度大病部长白色霉层。花瓣染病初呈水浸状，渐变为苍白色，后腐烂。角果染病初现水渍状褐色病斑，后变灰白色，种子瘪瘦，无光泽。

二十四、黄瓜霜霉病

黄瓜霜霉病俗称“跑马干”“干叶子”，是黄瓜产区的毁灭性病害。该病在各黄瓜产地均有分布，除危害黄瓜外，还可危害丝瓜、南瓜、冬瓜、生瓜、节瓜、苦瓜、瓠瓜、甜瓜等瓜类作物。病害流行时造成病株所有叶片干枯死亡，提早扯藤拉架，减产可达50%～60%。

该病在发生或流行的过程中，往往少数植株先受侵染而发病（中心病株），然后再向周围扩散蔓延。主要危害叶片，也能危害茎和花序，较少危害果实。苗期和成株期均可发病。叶片症状初期呈水渍状小斑，很快变为淡绿色或黄色病斑，病斑扩展受叶脉限制，形状为多角形，极易枯死。空气潮湿时，叶片背面的病斑处产生浓密的黑色、灰褐色或紫色霉层。病害严重时，叶片上布满了枯黄色多角形病斑，病斑相连成片，导致叶片很快干枯。

二十五、甜菜夜蛾

甜菜夜蛾别名白菜夜蛾、贪夜蛾、玉米夜蛾等。属鳞翅目夜蛾科，为世界性、暴发性害虫。在我国南北各地均有发生，在长江流域及以南发生普遍，在华北各地及陕西局部地区有些年份危害也很严重。该虫食性广泛，可取食100多种植物，对大田作物和蔬菜都可以造成伤害，20世纪90年代以来，在我国很多地区频繁暴发成灾，尤其是在黄淮或江淮地区发生严重，是玉米、棉花、大豆、白菜、萝卜、甘蓝、花菜、番茄、豇豆、四季豆、葱等作物上的主要害虫。受害最重的是十字花科蔬菜和豆科蔬菜。

甜菜夜蛾以幼虫危害。低龄幼虫在叶背群集结网食害叶肉，使叶片仅剩一层表皮和叶脉，呈窗纱状。高龄幼虫吃叶成孔洞或缺刻，严重时除主脉外，全叶皆被吃尽。作物幼苗期受害，可导致死苗而断垄，甚至毁种。三龄以上的幼虫还可钻蛀青椒、番茄果实，造成落花、落果；也可钻入葱管内危害。

1. 成虫 体长10～14 mm，翅展22～30 mm。体和前翅灰褐色，前翅外缘线由1列黑色三角形小斑组成，外横线与内横线均为黑白2色双线，肾状纹与环状纹均黄褐色，有黑色轮廓线；前翅中央近前缘外方有1个肾形斑，内方有1个环形斑。后翅灰白色，略带紫色，翅脉及翅缘灰褐色。

2. 卵 圆球形，白色，表面有放射状隆起线。卵粒成块状，每块一般有卵10余粒，单层或双层重叠成卵块，卵块表面覆盖白色鳞片。

3. 幼虫 共五龄，也有的六龄。末龄幼虫体长22～27 mm。体色变化很大，有绿色、暗绿色、黄褐色、褐色至黑褐色。腹部气门下线为黄白色纵带，有时带粉红色，直达腹部末端，不弯到臀足上。各节气门后上方具一明显的白点。

4. 蛹 体长8～12 mm，黄褐色。中胸气门位于前胸后缘，显著外突，3～7节背面和5～7节腹面有粗刻点。臀棘上有2根刚毛，呈二叉状。其腹面基部亦有2根极短的刚毛枯。

二十六、常见农田杂草

1. 马唐

识别要点：秆直立或下部倾斜，膝曲上升，高10～80 cm。叶鞘短于节间，叶片线状披针形，基部圆形，边缘较厚。总状花序；穗轴直伸或开展，小穗椭圆状披针形（图6-26）。

图6-26 马 唐

特点：禾本科一年生草本植物，种子繁殖，是旱秋作物、果园、苗圃的主要杂草。种子边成熟边脱落，借助风力等传播扩散，繁殖力强。花果期6—11月。

分布与危害：广布全国各地，主要危害玉米、豆类、棉花、花生、谷子、高粱等作物，常与毛马唐混生危害，也是棉铃虫、稻飞虱的寄主，并能感染菌核病等。

2. 狗尾草（莠）

识别要点：根为须状，高大植株具支持根。秆直立，高10～100 cm。叶舌极短，叶片扁平，长三角状狭披针形或线状披针形，先端长渐尖或渐尖，基部钝圆形。圆锥花序，圆柱状，形似狗尾，直立或弯曲（图6-27）。

图6-27 狗尾草

特点：禾本科一年生草本植物，种子繁殖，种子发芽适宜温度为15～30 ℃。种子借风、灌溉浇水及收获物进行传播。种子经越冬休眠后萌发。适生性强，耐旱耐贫瘠，酸性或碱性土壤均可生长。

分布与危害：广布全国各地，主要危害玉米、豆类、薯类、瓜类、花生等。在耕作粗放的旱作物田严重发生，对秋熟旱作物危害严重，还是细菌性褐斑病、黑穗病病原体的寄主。

3. 牛筋草（蟋蟀草）

识别要点：根系极发达。秆丛生，基部倾斜，高 10～90 cm。叶片平展，线形（图 6-28）。穗状花序 2～7 个指状着生于秆顶，很少单生；小穗含 3～6 朵小花；颖披针形，种子黑褐色。

图 6-28　牛筋草

特点：禾本科一年生草本植物，种子繁殖，种子边成熟边脱落，借助风力等传播扩散，繁殖力强，花果期 6—11 月。

分布与危害：广布全国各地，为秋熟旱作物田、果园和苗圃恶性杂草，主要危害棉花、豆类、薯类、瓜类、花生等。

4. 稗

识别要点：植株高 50～150 cm；须根庞大；茎丛生，光滑无毛；叶片主脉明显，叶鞘光滑柔软，无叶舌；圆锥花序；小穗密集于穗轴一侧（图 6-29）。

图 6-29　稗

特点：一年生草本，适应性很强，喜水湿、耐干旱、耐盐碱、喜温暖，却又能抗寒。繁殖力很强，发芽温度为 10～35 ℃。发芽的土层深度为 1～5 cm，1～2 cm 出芽率最高，深层未发芽的种子可存活 10 年以上。

分布与危害：分布遍及全国及全世界温暖地区。多生于沼泽地、沟边及水稻田中，根系庞大，吸收肥水能力强，为稻田常见杂草。

5. 菵草

识别要点：叶鞘具较宽白色膜质边缘。圆锥花序由贴生或斜升的穗状花序组成。小穗近圆形，两侧压扁，或双行覆瓦状排列于穗轴的一侧（图 6-30）。颖半圆形，两颖对合，等长，背部灰绿色，草质或近革质，边缘质薄，白色，有 3 脉，顶端钝或锐尖，有淡绿色横纹。外稃披针形，有 5 脉，其短尖头伸出颖外。成熟时颖包裹颖果。

图 6-30　菵　草

幼苗第一片真叶带状披针形，具 3 条直出平行脉。叶鞘略呈紫红色，亦有 3 脉。叶舌白色膜质，顶端 2 裂。第 2 片真叶具 5 条平行脉。叶舌三角形。

特点：一年生禾本科植物。

分布与危害：分布遍及全国。为长江流域及西南稻区稻茬麦和油菜地的主要杂草，但以低洼涝渍地发生量大。

6. 鸭跖草

识别要点：茎具有节和节间，叶互生或基生，具叶鞘，少有叶鞘不存在。花两性，常呈蓝色。种子有胚乳。茎匍匐生根，多分枝，长可达1 m。叶披针形至卵状披针形。总苞片佛焰苞状，与叶对生，展开后为心形，顶端短急尖，基部心形，鸭跖草聚伞花序，花瓣深蓝色（图6-31）。

图6-31　鸭跖草

特点：一年生草本，常见生于湿地。适应性强，在全光照或半阴环境下都能生长。喜温暖，湿润气候，喜弱光，忌阳光暴晒，最适生长温度为20～30 ℃，对土壤要求不严，耐旱性强，有药用价值，消肿、清热、凉血、解毒。

分布与危害：全国各地均有分布。桑果茶园杂草，常见于农田、果园湿润处。常成单一群落。也危害旱作物。

7. 苣荬菜

识别要点：有匍匐根状茎，茎下部光滑，上部有脱落性白色绵毛。叶椭圆状披针形，叶缘有稀疏缺刻或浅羽裂，裂片三角形，边缘具尖齿。花梗与总苞多少有脱落性白色绵毛。瘦果长椭圆形，具数纵肋。幼苗子叶阔卵形，先端微凹，上、下胚轴均较发达，光滑无毛，并带紫红色。初生叶1片，阔卵形，先端钝圆，叶缘有疏细齿，无毛。第二、第三后生叶为倒卵形，缘具刺状齿，叶两面密布串珠毛，具长柄（图6-32）。

图6-32　苣荬菜

特点：多年生草本，根茎和种子繁殖。晚春出苗。

分布与危害：广布全国，为区域性恶性杂草，为沿海及北方地区旱性麦、油菜地危害性杂草。主要危害小麦、玉米、大豆等，亦是果园杂草。北方危害重，是蚜虫的越冬寄主。由于其发达的地下根茎，防除较为困难。

8. 猪殃殃

识别要点：茎有四棱形；叶纸质或近膜质，6～8片轮生（图6-33）。聚伞花序腋生或顶生，少至多花，花小，3～10朵，黄绿色，有纤细的花梗；果实球形。

图6-33　猪殃殃

特点：一年生或二年生多枝、蔓生或攀援状草本，种子繁殖，种子、幼苗越冬。

分布与危害：我国除海南及南海诸岛外，全国均有分布。为夏熟旱作物田恶性杂草，是旱性麦地危害最严重的杂草之一，在华北、西北、淮河流域的麦田及油菜田危害最重。

9. 空心莲子草（水花生、喜旱莲子草）

识别要点：茎基部匍匐，上部上升，管状。叶片矩圆形、矩圆状倒卵形或倒卵状披针形，顶端急尖或圆钝，具短尖，基部渐狭。花密生，成具总花梗的头状花序（图 6－34）。

图 6－34　空心莲子草

特点：多年生宿根性草本。

分布与危害：分布于华北、华东、中南地区，为湿润旱地重要杂草。主要影响表现在：堵塞航道，影响水上交通；排挤其他植物，使群落物种单一化；影响鱼类生长和捕捞；在农田危害作物、影响农田排灌；入侵湿地，破坏景观。

10. 香附子（莎草）

识别要点：茎直立，三棱形。叶丛生于茎基部，叶片窄线形，具平行脉；花序复穗状，3～6 个在茎顶排成伞状；小穗宽线形，排列紧密，卵形至长圆卵形（图 6－35）。小坚果长圆状倒卵形，具细点。

图 6－35　香附子

特点：多年生草本，种子、块茎繁殖，多以块茎繁殖，耐热不耐寒，块茎生命力强，种子可以借风力、水流及人畜活动传播，繁殖速度快。匍匐根状茎长，具椭圆形块茎。花期 6—8 月，果期 7—11 月。

分布与危害：广布于世界各地；主要分布于中南、华东、西南热带、亚热带地区，华中、华北亦有分布。生长于山坡荒地草丛中或水边潮湿处。喜湿生壤土，沙土地发生严重。秋熟旱作物棉花、大豆、甘薯等苗期大量发生，还是飞虱等害虫的寄主。

11. 牛毛毡（牛毛草）

识别要点：匍匐根状茎非常细。秆多数，细如毫发，密丛生如牛毛毡（图 6－36），因而有此俗名，高 2～12 cm。叶鳞片状，具鞘，鞘微红色，膜质，管状，高 5～15 mm。

图 6－36　牛毛毡

特点：具极纤细匍匐地下根状茎，根茎和种子繁殖，体小，繁殖力极强，蔓延迅速，是稻田的重要杂草之一，花果期 4—11 月。

分布与危害：几乎遍布于全国；多半生长在水田中、池塘边、或湿黏土中，严重影响水稻生长，为恶性杂草。

第二节 病虫田间调查

开展田间调查，是判断农作物病虫害发生与危害程度的基础性工作，也是植保员应知应会的内容之一。通过学习，掌握几种主要的病虫测报调查方法，熟悉和掌握病虫田间调查和调查资料统计的相关知识。

一、稻瘟病叶瘟普查

1. 调查时间 在分蘖末期和孕穗末期各查1次。

2. 调查方法 按病情程度选择当时田间轻、中、重3种类型田，每类型田查3块田，每块田查50丛稻的丛发病率，5丛稻的绿色叶片病叶率。采用5点取样，每点直线隔丛取10丛稻，调查病丛数，选取其中有代表性的1丛稻，查清绿色叶片的病叶数，调查记载格式见表6-5。

表6-5 大田叶瘟普查表

单位________ 年度________

调查日期	调查地点	类型田①	品种名称	生育期	50丛稻		5丛稻			防病情况
					病丛数	病丛率（%）	总叶数	病叶数	病叶率（%）	

注：①指早稻、中稻、单季晚稻和双季晚稻等稻作类型。

3. 发病率计算 发病率分别用病丛率、病株率、病叶率表示，说明发病的普遍程度，又叫普遍率。计算公式如下：

$$发病率（\%）=\frac{发病株（叶、丛）数}{调查总株（叶、丛）数}\times 100\%$$

二、水稻纹枯病大田普查

1. 调查时间 分蘖盛期、孕穗期、抽穗期、乳熟期各调查1次。

2. 调查方法 选生育期早、中、迟3种类型田8～10块，直线取样，每块田调查100丛，计算病丛率和病株率。调查结果记入表6-6。

表6-6 水稻纹枯病田间调查表

稻作类型________ 年度________

调查日期	类型田①	水稻种类②	品种名称	生育期	调查丛数	病丛数	病丛率（%）	调查总株数	病株数	病株率（%）	肥水管理	备注

注：①指早稻、中稻、单季晚稻和双季晚稻等稻作类型；②指粳稻、籼稻、糯稻和杂交稻。

三、稻飞虱大田普查

1. 普查时间和次数 主害前一代二、三龄若虫盛期查1次，主害代防治前和防治10 d后各查1次，共查3次。每次成虫迁入后，立即普查1次田间成虫迁入量。

2. 调查方法 每调查区每种主要水稻类型田至少查20块。采用平行跳跃式取样，每块田取5～10点，每点2丛。用盘或盆拍查，内壁不涂黏虫胶，即拍即点数成虫、高龄若虫和低龄若虫。普查结果记入表6-7。

表6-7 稻飞虱大田虫口密度普查记载表

年度________

调查日期	调查地点	类型田①	品种名称	生育期	成虫量（头/百丛）			若虫量（头/百丛）			合计	褐飞虱百分率（%）	防治情况
					长翅	短翅	小计	低龄	高龄	小计			

注：①指早稻、中稻、单季晚稻和双季晚稻等稻作类型。

四、二化螟虫口密度调查

1. 调查时间 冬前虫口密度，在晚稻收割时调查1次。冬后及各发生世代，在化蛹始盛期前后调查1次。

2. 调查方法 冬前调查，根据稻作、品种或螟害轻重情况，划分2～3个类型田，每个类型田选择3～4块，用平行跳跃式或双行直线连续割取水稻200丛，剥查稻桩和稻草内虫口密度。冬后调查，选有代表性的绿肥留种田和春花田各3～5块，采取多点随机取样或5点取样，每点量取一定面积，将所有外露和半外露稻桩进行剥查。二化螟越冬场所比较复杂，冬后有效虫源除稻桩外，还有稻草、茭白、春花植株等，如虫口在当地占有一定比例时，也需要调查。稻草取样，采取分户分散抽取稻草10 kg以上，剥查计算虫口密度。调查春花植株虫口密度，各种春花田选2～3块，每块查5点，计10～20 m²，先查植株茎秆是否被蛀害，然后劈开被蛀害植株，检查死、活虫数。

发生世代调查，根据当地稻作、品种或螟害轻重划分类型，每类型选有代表性田3块以上，采用平行跳跃方法调查200丛。在螟害轻的年份或田块，除适当增加调查丛数外，也可采取双行直线连续取样法；特轻田块，抽查1 000～1 500丛。拔取所有被害株剥查死、活虫数，计算虫口密度和死亡率。调查结果记入表6-8。

表6-8 二化螟虫口密度及死亡率调查表

单位________ 代别________ 年度________

调查日期	类型田①	每亩*丛数	调查丛数或面积（m²）	活虫数（头）			死虫数（头）			折每亩活虫数（头）			死亡率（%）			螟种比例（%）		
				三化螟	二化螟	大螟	三化螟	二化螟	大螟	三化螟	二化螟	大螟	三化螟	二化螟	大螟	三化螟	二化螟	大螟

注：①指早稻、中稻、单季晚稻和双季晚稻等稻作类型。

$$每亩活虫数=\frac{查得总活虫数\times 每亩稻丛数}{调查丛数}\text{（以稻丛计算）}$$

$$每亩活虫数=\frac{查得总活虫数}{调查面积（m^2）}\times 667\text{（以面积计算）}$$

* 亩为非法定计量单位，15亩=1 hm²，余同——编者注。

3. 虫口密度计算

$$一种类型田每亩虫口密度=\frac{该类型调查田块每亩虫口密度相加}{该类型调查田块数}$$

一种类型田的虫量=该类型田每亩平均虫数×该类型田面积（亩）

观测区总虫量=各种虫源类型的虫量相加

$$观测区内虫源田每亩平均虫口密度（头）=\frac{观测区内总虫量}{观测区内虫源总面积（m^2）}\times 667$$

五、小麦赤霉病菌源基数调查

病菌越冬后，调查稻桩上子囊壳的普遍程度。稻桩子囊壳丛带菌率由产生子囊壳的稻桩占全部调查稻桩数的百分率来表示。华北、西北和东北等旱作地区调查玉米秸秆和病残麦穗上的菌源基数。

1. 调查时间　在小麦拔节期、孕穗期和始穗期各调查1次。

2. 调查方法　选择当地残留有稻桩或玉米、小麦秸秆等寄主作物的1～2个类型田各3～5块，每次每块田取样50～100丛（株）。调查结果填入表6-9。

表6-9　小麦赤霉病田间病残体带菌率调查表

单位______　年度______

调查日期	调查地点	类型田①	调查丛数	带菌总丛数	丛带菌率（%）	调查总株数	带菌株数	株带菌率（%）	备注

注：①指早稻、中稻、单季晚稻和双季晚稻等稻作类型。

3. 加权平均稻桩子囊壳丛带菌率计算

加权平均稻桩子囊壳丛带菌率$=\sum$（某一类型田平均丛带菌率×该类型田所占面积的百分率）

六、小麦蚜虫大田普查

1. 调查时间　在小麦秋苗期、拔节期、孕穗期、抽穗扬花期、灌浆期进行5次普查，同一地区每年调查时间应大致相同。

2. 调查方法　根据当地栽培情况，选择有代表性的麦田10块以上。每块田单对角线5点取样，秋苗期和拔节期每点调查50株，孕穗期、抽穗扬花期和灌浆期每点调查20株，调查有蚜株数和有翅、无翅蚜量。记录结果并汇入表6-10。

表6-10　小麦蚜虫大田普查表

单位______　年度______

调查日期	调查地点	代表面积（m^2）	品种	生育期	调查株数	有蚜株数	有蚜株率（%）	蚜虫数量（头）			百株蚜量（头）	备注
								有翅	无翅	合计		

3. 有蚜株率、百株蚜量计算

有蚜株率：调查有蚜麦株数（本文中株与茎意义相同，均指单蘖或单穗）占总调查麦株数的百分率。

百株蚜量：调查或折算100株小麦上的蚜虫数量为百株蚜量。

七、玉米螟调查

1. 冬后幼虫存活率及秸秆残存量调查　了解越冬期间死亡情况，估计当地残虫数量，以便分析第一代发生消长趋势。在春季化蛹前（1代区从5月下旬，2代区从5月中旬，3代区从4月下旬，4代区从3月中旬，5、6代区从3月上旬开始）调查越冬幼虫存活率1次。选不同环境条件下贮存的寄主作物秸秆，随机取样，每点剥查100～200秆，检查的总虫数不少于50　头。注意区别幼虫死亡原因。一般虫体僵硬，外有白色或绿色粉状物为真菌寄生；发黑、软腐为细菌寄生；出现丝质虫茧为蜂寄生；出现蝇蛹为蝇寄生。并估计出当地在羽化前秸秆的残存量（折合成百秆数）。调查结果填入表6-11。

$$冬后存活率（\%）=\frac{冬后平均百秆活虫数}{冬前平均百秆活虫数}\times100\%$$

表6-11　玉米螟冬后存活率及虫量调查表

单位________　年度________

调查日期	调查地点	寄主种类	调查株数	玉米螟		其他螟虫		死亡原因					百秆活虫数		存活率（%）		估计残存秸秆量（百秆）	备注
				活虫数	死虫数	活虫数	死虫数	蜂寄生	蝇寄生	真菌寄生	细菌寄生	其他	玉米螟	其他螟虫	玉米螟	其他螟虫		

2. 收获前虫量调查　为了掌握当年发生情况、防治效果和虫量，在主要寄主作物收获前，选有代表性的寄主田3～5块，每块田10点棋盘式取样，每点调查10株，共100株，统计死、活虫数，结果记入表6-12。选择一批虫量大的秸秆，按当地习惯堆存，以备翌年春季调查化蛹、羽化进度之用。

表6-12　玉米螟收获期虫量调查表

单位________　年度________

调查日期	调查地点	寄主种类	调查株数	玉米螟		其他螟虫		死亡原因					百秆活虫数		存活率（%）		防治情况及预治次数	备注
				活虫数	死虫数	活虫数	死虫数	蜂寄生	蝇寄生	真菌寄生	细菌寄生	其他	玉米螟	其他螟虫	玉米螟	其他螟虫		

八、棉铃虫调查

（一）越冬基数调查

1. 调查时间 冬前，棉铃虫的幼虫绝大部分为五龄以上。

2. 调查方法 选择主要寄主作物田，如棉花、玉米、高粱等。每种寄主选择对棉铃虫发生适合、一般、较差3种类型田，每种类型调查3～5块田。每块田用5点取样法，共调查100～200株，把调查的幼虫数量，根据每种作物种植密度，计算成每亩虫量。

（二）第一代幼虫量调查

1. 调查时间 在当地第一代主要寄主作物上进行，调查时间一般应固定在5月中、下旬，选晴天、微风（小风）的上午调查1次。

2. 调查方法 条播、小株密植作物，以平方米为单位，每种类型田调查2～4块，每块地取样10点，每点5 m^2；单株、稀植作物，以株为单位，每块田调查取样100～200株。采用网捕的地区，仍可用网捕法。

3. 统计幼虫总量

$$幼虫总量（头）=\sum［某类寄主作物平均每亩幼虫量（头）\times 某类寄主作物总面积 m^2］\times（1-寄生率）$$

4. 其他世代棉田外幼虫量调查 当大多数幼虫在四龄以上时调查1次。

5. 棉铃虫幼虫数量统计 调查结果记入表6-13。

表6-13 棉田外棉铃虫幼虫调查记载表

单位______ 年度______

日期		世代	作物	作物总面积（m^2）	取样数			寄生率（%）	幼虫密度			
月	日				（m^2）	（株）	（网数）		百株或每平方米虫数（头）	百网虫数	每亩虫数（头）	幼虫数量（万头）

九、棉花叶螨春季虫源基数调查

1. 调查时间 3月，当平均气温稳定达6℃以上时（南方棉区一般在3月中、下旬，北方棉区一般在3月下旬至4月上旬）进行调查。

2. 调查对象

（1）棉花前茬作物南方棉区主要在蚕豆上进行调查，北方棉区主要在小麦上进行调查。

（2）寄主杂草在棉田内及棉田附近，选择3～5种主要寄主杂草，常见的有婆婆纳、佛座、马鞭草、蛇莓、益母草、乌蔹莓、风轮菜、野苜蓿、蒲公英等。

3. 调查方法 共调查两次，间隔10 d左右。在棉花前茬作物上共调查2～3块田，每块田采用5点取样法，共调查50～100株（蚕豆按枝取样）。在田内寄主杂草上调查，采用随机取样法，每种杂草共调查50～100株。记载有螨株率、百株成螨数。以两次调查的平均值作为当年春季棉花叶螨的虫源基数。

4. 调查结果记载　调查结果记入表 6－14。

表 6－14　棉花叶螨春季虫源基数调查表

单位________　年度________

日期		地点	寄主名称	调查株数（株）	有螨株数（株）	有螨株率（%）	成螨数（头）	百株成螨数（头）	备注
月	日								

十、黏虫调查

(一) 杨枝把诱蛾

1. 诱测时间　三代区（黑龙江、吉林、辽宁、内蒙古、河北、山西、山东、天津、北京）自 7 月 15 日至 8 月 15 日。二代区若使用，由 5 月 10 日至 6 月 20 日。

2. 设置要求　每站设 2 组，每组 10 把，选有代表性的作物田在田边呈单行排列，每把相距 10 m。

3. 杨枝把的制作　选 1～2 年生叶片较多的杨树枝条，剪成 60 cm 长，将基部扎紧，呈直径 10 cm 的枝把，阴干 1 d，叶片萎蔫后便可使用。杨枝把倒挂在木棍或竹竿上，底稍距地面 60 cm。

4. 管理方法　在调查期内，每天清晨进行检查。为防止检查时黏虫蛾飞逃，应用大型尼龙窗纱袋，将杨枝把套入后拍打，将蛾子取出，携回检查。杨枝把设置后，应根据叶片脱落情况 7～10 d 更换 1 次。

5. 调查结果记载　见表 6－15。

表 6－15　黏虫蛾调查记载表

单位________　年度________

调查日期		诱测工具									备注
		诱蛾器 1			诱蛾器 2			一组（10 把）杨枝把或糖醋草把			
月	日	雌	雄	合计	雌	雄	合计	雌	雄	合计	
		（头/台）						（头）			

(二) 卵量田间普查

1. 普查时间　各地均需对危害代进行普查。普查时间为蛾盛期或卵盛期。

2. 普查田块　选当地几种主要危害作物，不同品种、栽培条件、长势和地形等具代表性田块进行 1～2 次普查，每次普查总数不少于 10 块田。

3. 普查方法　调查田块均以 5 点取样，谷子、小麦、水稻等密植矮秆中秆作物，每点 1 m^2，应注意检查干叶、枯心苗和上部 1～4 片嫩叶的尖端：玉米、高粱等高秆作物，每点查相邻 20 株；折算成平方米数，应注意干叶尖、苞叶，花丝；调查时均应注意前茬作物及杂草上的卵量。按田块类型分别取回 10 块卵检查卵粒数。

4. 黏虫田间卵量调查记载 将田间卵量普查结果记入表 6-16，高秆作物调查后，按株行距相乘，除以每窝株数，乘以调查株数，折成每平方米数。

表 6-16 黏虫田间卵量调查表

单位________ 年度________

调查日期		调查地点	作物	类型田	取样面积（m^2）	总卵块数	单块卵粒数				平均每平方米卵粒数	备注
							检查卵块数	最多	最少	平均	（粒）	
月	日						（块）	（粒）				

（三）幼虫普查

1. 普查时间 当系统调查大部分幼虫进入二龄期时，立即组织 1 次普查。

2. 普查田块 选具有代表性各种寄主作物田进行，普查田块总数不少于 20 块。调查方法同幼虫系统调查。调查结果计入表 6-17。

表 6-17 黏虫幼虫发生量调查记载表

单位________ 年度________

调查日期（月/日）	调查地点	作物	类型田	取样面积（m^2）	总虫数（头）	平均每平方米虫数（头）	各龄幼虫数及占百分比													备注
							一龄	二龄	三龄	四龄	五龄	六龄	合计	一龄	二龄	三龄	四龄	五龄	六龄	
							（头）							（%）						

3. 调查方法 每块田以棋盘式 10 点取样，条播、穴播的小麦、谷子、水稻每点 1 m^2，散播的作物每点 0.3 m×0.3 m；玉米、高粱每点 10 株，调查后均折算成平均每平方米虫数。

十一、油菜菌核病调查

1. 春季大田子囊盘发生数量调查 在油菜初花期（5%～10%植株开花）时，选择上年旱地油菜收获地、十字花科蔬菜留种地和种过油菜的田埂、侧边、河边等处，按各种不同类型地的比例，取样调查。共取 50 个样点，每样点调查 1 m^2。调查点内子囊盘数（包括未成熟的全部子囊盘在内），并将结果记入表 6-18。

表 6-18 油菜菌核病菌源数量普查表

单位________ 年度________

调查日期	调查地点	田块类型	调查面积（m^2）	子囊盘数（个）	平均子囊盘数（个/m^2）	备注

2. 田间发病趋势调查　选当地有代表性的油菜田 3 块，每块田定株调查 100 株，调查时间一般从初花期开始，每 5 d 调查 1 次，直至成熟期结束，记载叶病株率和茎病株率，调查结果记入表 6 - 19。

表 6 - 19　油菜菌核病发病趋势调查表

单位________　年度________

调查日期	调查地点	品种名称	调查株数	叶发病		茎发病		备注
				株数	株率（%）	株数	株率（%）	

十二、黄瓜霜霉病调查

1. 大棚（温室）黄瓜中心病株及发病情况调查　大棚（温室）黄瓜定植后，选择 1～2 个地势低洼、通风排水不良、容易发病地段的大棚，在未发现中心病株前，全棚调查，发现中心病株后，即发出中心病株普查预报并进行防治。

2. 露地黄瓜中心病株调查　黄瓜定植后，选择地势低，栽培较集中、早栽、易感病的主栽品种类型田 2～3 块。从出苗或定植后开始，每天调查 1 次，采取对角线 5 点取样，每点调查 100～200 株（或全田调查），查清发病始期、中心病株出现日期，并统计发病株率等，将结果填入表 6 - 20。

表 6 - 20　黄瓜霜霉病发病中心调查表

单位________　年度________

调查日期	调查地点	品种	生育期	发病始期及发病中心出现日期	发病中心病株数	发病中心内病株率（%）	备注

十三、甜菜夜蛾田间卵和幼虫数量消长调查

1. 调查时间与方法　自 3 月下旬至 11 月底，选择当地有代表性的连片种植的蔬菜田 2 块作为定点调查田。每块田采用“Z”形 5 点取样，苗期每点 10 株，全株调查；成株期每点 5 株，调查外部 2～4 层叶片 5 片，将查到的卵块用记号笔标记，供下次查卵时区别新卵粒，同时调查幼虫数量和有卵株数，每 5 d 调查 1 次，结果记入表 6 - 21。

表 6 - 21　甜菜夜蛾系统调查记载表

单位________　年度________

调查日期	调查地点	作物种类	生育期	叶片数	调查株数	有卵株数	有卵株（%）	百株卵块数	平均每块卵粒数	孵化卵块数	孵化率（%）	百株虫量（头）	备注

2. 有卵株率、孵化率计算

有卵株率：调查有甜菜夜蛾卵的植株数占调查总植株数百分率。

孵化率：已孵化的卵粒数占所标记卵粒总数的百分率。

十四、草地贪夜蛾调查

（一）成虫诱测

1. 灯诱 选用常规测报灯或高空测报灯进行成虫诱测，灯具设置在玉米等主要寄主作物田及其周围，避免其他强光源干扰。在成虫发生期每日调查灯下雌、雄蛾量，结果计入表 6 - 22。

表 6 - 22 草地贪夜蛾成虫灯诱记载表

日期（月/日）	作物种类和生育期	常规测报灯			高空测报灯			备注天气要素
		雌蛾量（头）	雄蛾量（头）	合计（头）	雌蛾量（头）	雄蛾量（头）	合计（头）	

① 常规测报灯 选用黑光灯或高空测报灯进行监测。在玉米等主要寄主作物田及周围，设置 1 台测报灯，灯管与地面距离为 1.5 m。安置地点要求周围 100 m 范围内无高大建筑遮挡、且远离大功率照明光源，避免环境因素降低灯具诱蛾效果。灯管每年更换一次。成虫诱测需逐日统计成虫诱集数量，并将雌蛾、雄蛾分开记录，结果记入表 6 - 22。单日诱虫量出现突增至突减之间的日期，记为发生高峰期（或称盛发期）。监测时间，长江以南地区全年监测，长江以北地区 4—10 月监测。

② 高空测报灯 为 1 000 W 金属卤化物灯，由探照灯、镇流器、时间和感光控制器、接虫和杀虫装置等部件组成，能够实现控温杀虫、烘干、雨天不断电、按时段自动开关灯等一体化功能，诱到活虫后处理灭杀，翅鳞片完整，翅征易于辨别。高空测报灯可设在楼顶、高台等相对开阔处，或安装在病虫观测场内，要求其周边无高大建筑物遮挡和强光源干扰。在观测期内逐日记载诱集的雌、雄成虫数量，并记入表 6 - 22。长江以南地区全年开灯监测，长江以北地区 4—10 月开灯监测。

2. 性诱 在玉米等寄主作物生长期开展监测。设置倒置漏斗式干式诱捕器或桶形诱捕器，诱芯置于诱捕器内，诱芯每隔 30 d 更换一次。每块田放置 3 个诱捕器。每日上午记载诱到的蛾量，结果记入表 6 - 23。

表 6 - 23 草地贪夜蛾成虫性诱记载表

日期（月/日）	作物种类和生育期	诱捕器 1	诱捕器 2	诱捕器 3	合计数量（头）	备注天气要素
		数量（头）	数量（头）	数量（头）		

（二）田间调查

1. 卵调查 当灯具或性诱诱到一定数量的成虫（始盛期）、雌蛾卵巢发育级别较高时，开始田间查卵，5 d 调查 1 次，成虫盛末期结束。调查苗期至灌浆期的玉米，采用 5 点取样，每点查10株，每点间隔距离视田块大小而定。主要调查植株基部叶片正面、背面和叶基部与茎连接处的茎秆。记载调查株数、卵块数和每块卵粒数，结果记入表6-24。

表6-24　草地贪夜蛾查卵情况记载表

日期（月/日）	作物种类和生育期	调查株数	卵块数（块）	估算单块卵粒数（粒）			产卵部位	备注天气要素
				最多	最少	平均		

2. 幼虫调查　自卵始盛期开始调查，直至幼虫进入高龄期止，5 d调查1次，取样方法同卵调查。观察危害状况后，调查叶片正反面、心叶、未抽出雄穗苞和果穗中幼虫数量和龄期，同时注意观察天敌发生情况，结果记入表6-25。

表6-25　草地贪夜蛾幼虫数量和龄期记载表

日期（月/日）	作物种类和生育期	调查株数	各龄幼虫数（头）							折百株虫量（头）	天敌种类	备注
			一龄	二龄	三龄	四龄	五龄	六龄	合计			

3. 蛹调查　当地幼虫进入老熟发生期后，7 d调查1次。田间取样方法同卵和幼虫，每点查单行1 m。草地贪夜蛾老熟幼虫通常落到地上浅层（深度为2～8 cm）的土壤做一个蛹室，形成土沙粒包裹的茧，也可在危害寄主植物（如玉米雌穗）上化蛹，要注意调查玉米雌穗上的化蛹量。如果土壤太硬，幼虫会在土表利用枝叶碎片等物质结成丝茧。

第三节　田间调查统计相关知识

一、病虫田间调查常用方法

病虫田间调查是在病虫害发生现场，收集有关病虫害发生情况（如发生时间、发生数量、发生范围、发育进度、危害状况等）以及相关的环境因素等基本数据，为开展病虫害预测预报、制定防治方案及有关试验研究提供可靠的数据资料和依据的基础性工作。主要工作内容包括明确调查对象，规范调查时间、方法，统一数据整理方法和结果记载格式。

1. 调查类型　根据调查目的需要，可区分为不同类型的调查，服务于病虫害预测预报的调查，通常分为两种类型：

（1）系统调查　为了解一个地区病虫发生消长动态，进行定点、定时、定方法，在一个生长季节要开展多次的调查。

（2）大田普查　为了解一个地区病虫发生关键时期（始期、始盛期、盛末期）整体发生情况，在较大范围内进行的大面积多点同期的调查。

2. 调查原理　抽样是病虫田间调查的基本原理。在广阔的田间，对庞大的作物群体进行病虫发生情况的调查，不可能一株株数，更不能一叶叶看，只能从中抽取若干株或若干叶进行调查，这就叫抽样。被抽取的植株或叶叫样本。抽样是通过部分样本对总体做出估计，因此，样本一定要有代表性。没有代表性就失去了调查的意义。样本的代表性主要取决于样本的含量，也就是样本的大小和抽样的方法是否科学。

3. 抽样方法 按照抽取样方布局形式的不同基本可分为两大类，即随机抽样和顺序抽样（或称机械抽样），从调查的步骤上还可分为分层抽样、分级抽样、双重抽样以及几种抽样方法配合等。病虫测报田间调查常用的取样方法属于顺序抽样。

顺序抽样：按照总体的大小，选好一定间隔，等距地抽取一定数量的样本。另一种理解是先将总体分为含有相等单位数量的区，区数等于拟抽出的样方数目。随机地从第一区内抽了一个样本，然后隔相应距离分别在各小区内各抽一个样本，这种抽样方法又称为机械抽样或等距抽样。病虫田间调查中常用的 5 点取样、对角线取样、棋盘式取样、“Z”形取样、双直线跳跃取样等严格讲都属于此类型。顺序取样的好处是方法简便，省时、省工，样方在总体中分布均匀。缺点是从统计学原理出发，认为这些样方在一块田中只能看作是一个单位群，故无法计算各样方间的变异程度，也无法计算抽样误差，从而也就无法进行差异比较，或置信区间的计算。但可用与其他方法配合使用来加以克服。

4. 病虫田间调查常用取样方法

（1）5 点取样法 适用于密集的或成行的植株、害虫分布为随机分布的种群，可按一定面积、一定长度或一定植株数量选取 5 个样点。

（2）对角线取样法 适用于密集的或成行的植株、病虫害分布为随机分布的种群，有单对角线和双对角线两种。

（3）棋盘式取样法 适用于密集的或成行的植株、病虫害分布为随机或核心分布的种群。

（4）平行跳跃式取样法 适用于成行栽培的作物、害虫分布属核心分布的种群，如稻螟幼虫调查。

（5）“Z”形取样法 适合于嵌纹分布的害虫，如棉花叶螨的调查。各种取样方式如图 6－37 所示。

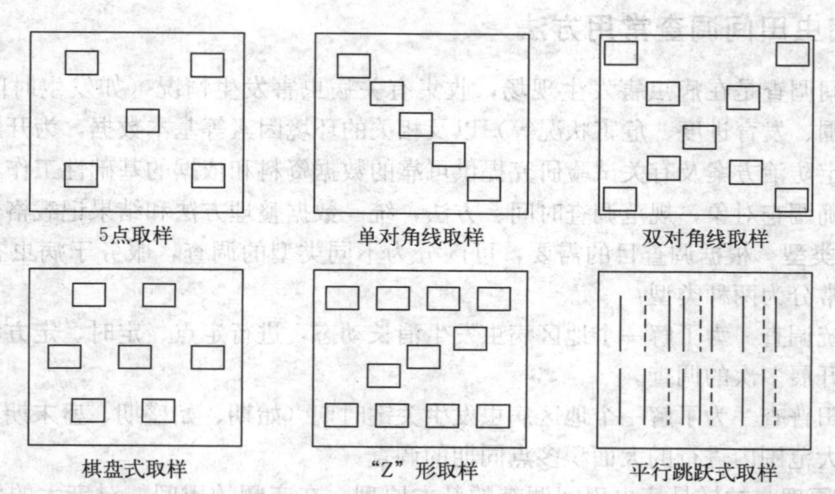

图 6－37 几种常用的取样方法（第 3 个表“双对角线取样”的四条边需对称？）

5. 取样的单位

（1）长度 适用于条播作物，通常以“m”为单位，如小麦、谷子。

(2) 面积　常用于调查地下害虫，苗期或撒播作物病虫害，常以“m^2”为单位。

(3) 时间　调查活动性大的害虫，以单位时间内收集或目测到的害虫数来表示。

(4) 植株或部分器官　适用于虫体小、密度大的害虫或全株性病害，计数每株茎叶、果实等部位上的害虫数或病斑数。

(5) 诱集物单位　如灯光、糖醋盆、性引诱剂等。计数一个单位一定时间内诱到的害虫数量。

(6) 网捕　适用于有飞翔活动的小型昆虫，如大豆食心虫、飞虱等，以一定大小口径捕虫网的扫捕次数为单位（网虫数）。

6. 取样数量　取样数量决定病虫害分布的均匀程度，分布比较均匀的，样本可小些；分布不均匀的，样本要大些。一般是根据调查要达到的精确度进行推算，或凭经验人为地主观规定，确定适度的取样数量。如在检查害虫的发育进度时，检查的总虫数不能过少，一般活虫数 30～50 头，虫数过少则误差大。数量表示方法有以下两种：

(1) 数量法　凡是属于可数性状，调查后均可折算成某一调查单位内的虫数或植株受害数。例如调查螟虫卵块，折算成每亩卵块数；调查植株上虫数常折算为百株虫量等。

(2) 等级法　凡是数量不宜统计的，可将一定数量范围划分为一定的等级，一般只要粗略计虫数，然后以等级表示即可，如棉花叶螨调查以螨害级数法表示发生程度。

二、病虫田间调查资料的统计

通过抽样调查，获得大量的资料和数据，必须经过整理、简化、计算和比较分析，才能提供给病虫预测预报使用。一般统计调查数据时，多常用算术法计算平均数。平均数是数据资料的集中性代表值，可以作为一组资料和另一组资料相比较的代表值。其计算方法可视样本的大小或代表性采用直接计算法和加权计算法。

1. 平均数直接计算法　一般用于小样本资料。若样本含有 n 个观察值为 x_1、x_2、x_3、…，x_n，其计算公式为：

$$\overline{X}=\frac{x_1+x_2+\cdots x_n}{n}=\frac{\sum_1^n x}{n}$$

式中：$\overline{X}$——算术平均数；

n——一组数值的总次数；

$\sum$——累加总和的符号。

如调查某田地下害虫，查得每平方米蛴螬数为 1、3、2、1、0、4、2、0、3、3、2、3 头，求平均每平方米蛴螬头数。

据题：$n=12$

$$x_1、x_2、x_3、\cdots，x_n=1、3、2、\cdots 3$$

代入公式

$$\overline{X}=\frac{1+3+2+\cdots+3}{12}=\frac{24}{12}=2\text{ 头}$$

2. 加权法求平均数　如样本容量大，且观察值 x_1、x_2、x_3、…，x_n 在整个资料中出现的次数不同。出现次数多的观察值，在资料中占的比重大，对平均数的影响也大；出现次数少的观察值，对平均数的影响也小。因此，对各观察值不能平等处理，必须用权衡轻重的方法——加权法进行计算，即先将各个观察值乘自己的次数（权数，用 f 表示），再经过总和后，除以次数的总和，所得的商为加权平均数。其公式如下：

$$\overline{X}=\frac{f_1x_1+f_2x_2+\cdots+f_nx_n}{f_1+f_2+\cdots f_n}=\frac{\sum_1^n fx}{\sum_1^n f}$$

加权法常用来求一个地区的平均虫口密度或被害率、发育进度等。

如虫口密度的加权平均计算。查得某村 3 种类型稻田的第二代三化螟残留虫口密度：双季早稻田每亩 30 头；早栽中籼稻田每亩 100 头；迟栽中粳田每亩 450 头，求该村第二代三化螟每亩平均残留虫量为多少？

如果用直接法计算残留虫量，则每亩头数

$$\overline{X}_1=\frac{30+100+450}{3}=\frac{580}{3}=193.3$$

但是实际上这 3 种类型田的面积比重很不相同，双季早稻田为 60 亩；早栽中籼稻 100 亩；而迟栽中粳稻为 10 亩，应当将其各占的比重考虑在内，则用加权法计算该村的平均每亩残留虫量（头数）为：

$$\overline{X}_2=\frac{30\times60+100\times100+450\times10}{170}=33.4$$

两种方法计算结果几乎差 6 倍，显然用加权法计算反映了实际情况。

第七章

病虫草害综合防治

农作物病虫草害严重威胁农业生产安全，如防控不当，将导致重大产量损失，影响农产品品质，对其进行科学防治是保障农业生产安全和农产品安全的核心措施。随着对农作物病虫草害发生规律的认识提高、防控产品和技术的不断进步，农作物病虫草害防控方法也在不断进步，通过多种技术的有效组合，从时间尺度和空间尺度集成有效防治方法，实现病虫草害防治的最优效果。

第一节　综合防治原理

了解综合防治的概念和综合防治方案的制定原则，掌握综合防治的主要措施。

一、综合防治的概念

综合防治是对有害生物进行科学管理的体系。它从农业生态系统总体出发，根据有害生物和环境之间的相互关系，充分发挥自然控制因素的作用，因地制宜协调应用必要的措施，将有害生物控制在经济受害允许水平之下，以获得最佳的经济、生态和社会效益。国外流行的"有害生物综合治理"（简称 IPM）与国内提出的"综合防治"的基本含义是一致的，都包含了以下主要观点：

1. 经济观点　综合防治只要求将有害生物的种群数量控制在经济受害允许水平之下，而不是彻底消灭。一方面，保留一些不足以造成经济损害的低水平种群有利于维持生态多样性和遗传多样性，如允许一定量害虫存在，就有利于天敌生存；另一方面，这样做符合经济学原则，在有害生物防治中必然要考虑防治成本与防治收益问题，当有害生物种群密度达到经济阈值（或防治指标）时，才采取防治措施，达不到则不必防治。

2. 综合协调观点　防治方法多种多样，但没有一种方法是万能的，因此必须综合应用。综合协调不是各种防治措施的机械相加，也不是越多越好，必须根据具体的农田生态系统，有针对性地选择必要的防治措施，有机地结合，辩证地配合，取长补短，相辅相成。要把病虫的综合治理纳入到农业可持续发展的总方针之下，从事病虫害防治的部门要与其他部门（如农业生产、环境保护部门等）综合协调，在保护环境、持续发展的共识之下，合理配套运用农业、化学、生物、物理的方法，以及其他有效的生态学手段，对主要病虫害进行综合治理。

3. 安全观点　综合防治要求一切防治措施必须对人、畜、作物和非靶标生物安全，要符合环境保护的原则。尤其在应用化学防治时，必须科学合理地使用农药，既保证当前安全、毒害小，又能长期安全、残毒少。在可能的情况下，要尽量减少化学农药的使用。

4. 生态观点 综合防治强调从农业生态系统的总体观点出发，创造和发展农业生态系统中各种有利因素，造成一个适宜于作物生长发育和有益生物生存繁殖，不利于有害生物发展的生态系统。特别要充分发挥生态系统中自然因素的生态调控作用，如作物本身的抗逆作用、天敌控害作用、环境调控作用等。

制定措施首先要在了解病虫及优势天敌依存制约的动态规律基础上，明确主要防治对象的发生规律和防治关键，尽可能综合协调采用各种防治措施并兼治次要病虫，持续降低病虫发生数量，力求达到全面控制数种病虫严重危害的目的，取得最佳效益。

二、综合防治方案的制定

农作物病、虫害综合防治方案，应以建立最优的农业生态系统为出发点，一方面要利用自然控制；另一方面要根据需要和可能，协调各项防治措施，把有害生物控制到经济受害允许水平以下。

1. 综合防治方案的基本要求 在制定有害生物综合防治方案时，选择的技术措施要符合“安全、有效、经济、简便”的原则。“安全”是指人、畜、作物、非靶标生物及其生活环境不受损害和污染。“有效”是指能大量杀伤有害生物或明显压低其密度，起到保护植物不受侵害或少受侵害的作用。“经济”是一个相对指标，为了提高农产品效益，要求少花钱，尽量减少消耗性的生产投资。“简便”指要求因地、因时制宜，防治方法简便易行，便于群众掌握。在这其中，安全是前提，有效是关键，经济与简便是在实践中通过不断改进提高想要达到的目标。

2. 综合防治方案的类型

（1）以个别有害生物为对象 即以一种主要病害或害虫为对象，制定该病害或害虫的综合防治措施，如对水稻纹枯病的综合防治方案。

（2）以作物为对象 即以一种作物所发生的主要病虫害为对象，制定该作物主要病虫害的综合防治措施，如对油菜病虫害的综合防治方案。

（3）以整个农田为对象 即以某个村、镇或地区的农田为对象，制定该村镇或地区各种主要作物的重点病、虫、草等有害生物的综合防治措施，并将其纳入整个农业生产管理体系中，进行科学系统的管理。

三、综合防治的主要措施

（一）植物检疫

植物检疫是根据国家颁布的法令，设立专门机构，对国外输入和国内输出，以及国内地区之间调运的种子、苗木及农产品等进行检疫，禁止或限制危险性病、虫、杂草的传入和输出；或者在传入以后限制其传播，消灭其危害。植物检疫也称为法规防治，其具有相对的独立性，但又是整个植物保护体系中不可分割的一个重要组成部分，它能从根本上杜绝危险性病、虫、杂草的来源和传播，是最能体现贯彻“预防为主，综合防治”植保工作方针的，尤其在我国加入世界贸易组织后，国际经济贸易活动不断深入，植物检疫任务越来越重，植物检疫工作就显得更为重要。

植物检疫分对内检疫和对外检疫。对内检疫又称国内检疫，主要任务是防止和消灭通过地区间的物资交换，调运种子、苗木及其他农产品而传播的危险性病、虫及杂草。对外检疫又称国际检疫，国家在沿海港口、国际机场及国际交通要道，设立植物检疫机构，对进、出口和过境的植物及其产品进行检验和处理，防止国外新的或在国内局部地区发生的危险性病、虫、杂草的输入；同时也防止国内某些危险性病、虫、杂草的输出。

1. 植物检疫对象的确定　植物检疫对象是根据每个国家或地区为保护本国或本地区农业生产的实际需要以及当地农作物病、虫、草害发生的特点而制定的，主要依据下列几项原则：

(1) 国内或当地尚未发现或分布不广的，一旦传入对植物危害性大、经济损失严重的。

(2) 繁殖力强、适应性广、难以根除的。

(3) 主要是随种子、苗木、繁殖材料等靠人为传播的危险性病、虫、杂草。

2. 植物检疫的主要措施

(1) 调查研究　掌握疫情，了解国内外危险性病、虫、杂草的种类、分布和发生情况，有计划地调查当地发生的或可能传入的危险性病、虫、杂草的种类、分布范围和危险程度等。调查方法包括普查、专题调查和抽查等形式。

(2) 划定疫区和保护区　发生植物检疫对象的地区称疫区，未发生的地区称保护区。疫区和保护区须在全面调查基础上确定，这样既能防止植物检疫对象的传播，又可有目的、有计划地控制和扑灭检疫对象。

(3) 采取检疫措施　凡从疫区调出的种子、苗木、农产品及其他繁殖材料均应严格检疫，未发现检疫对象的颁发“检疫证书”；发现有检疫对象，而可能彻底消毒处理的，应指定地点按规定进行处理后，经复查合格可颁发“检疫证书”；无法消毒处理的，则可按不同情况分别给予禁运、退回、销毁等处理。严禁带有检疫对象的种子、苗木、农产品及其他繁殖材料进入保护区。

（二）生物多样性

生物多样性是指地球上所有生物（动物、植物、微生物等）所包含的基因以及由这些生物与环境相互作用所构成的生态系统的多样化程度。农业生物多样性是生物多样性的重要组成部分，它是人与自然相互作用和相互关联的一个重要方面和桥梁。主要包含4个层次，即农业生态系统、农地景观、物种、基因的多样性。农业产业结构多样性，用以描述包括农、林、牧、副、渔各业的组成比例与结构变化。它反映某一区域农业生产的总体状况；农业利用景观多样性，主要刻画农业景观的异质性，包括农业土地利用景观类型及其分布格局的变异性，以及农业生态系统类型的多样性；农田物种多样性，主要指农田生态系统中的农作物、杂草、害虫、天敌等生物多样性；农业种质资源与基因多样性，主要包括栽培作物及其野生亲缘动植物的遗传基因与种质资源的多样性等。

1. 农业生物多样性控制病害的效应

(1) 品种遗传多样性　目前增加作物遗传多样性方法的育种策略有培育多抗病基因聚合品种、多系品种和水平抗性品种等；栽培策略有品中多样性间栽、混种和区域布局等方式，这些多样性种植方式的合理应用均能有效控制病害的发生流行。

(2) 物种多样性间作　利用作物多样性种植控制病害的研究主要集中于作物多样性种植对叶部病害控制的研究。如利用马铃薯和玉米、甘蔗和玉米、玉米和大豆多样性种植，对田间玉米的大斑病、小斑病、锈病都取得了良好的防治效果。此外，作物多样性种植对根部病害也具有显著的防治效果。

（3）作物多样性轮作　轮作是从时间上利用生物多样性的种植模式，也是用地养地相结合的一种生物学措施。轮作可以改变农田生态条件，改善土壤理化特性，增加生物多样性，尤其非寄主植物的轮作可以免除和减少某些连作所特有的病虫草的危害。

2. 农业生物多样性控制害虫的效应

（1）品种遗传多样性对病害的控制效应　遗传多样性是地球上所有的微生物、植物、动物个体的基因库和遗传组成形式。农作物单一品种的长期大面积种植使农田遗传多样性和农田生态系统稳定性降低，导致害虫天敌大量减少，农作物虫害时有暴发。因此，应用生物多样性与生态平衡的原理，进行农作物遗传多样性、物种多样性的优化布局和种植，增加农田的物种多样性和农田生态系统的稳定性，有效地减轻作物虫害的危害，已成为农业害虫防治的发展趋势。增加遗传多样性能够有效控制害虫，主要是因为单个抗性基因没有抗性时，其他的抗性基因仍然能够起作用，达到整体抗性的效果。

（2）物种多样性与作物害虫的控制效应　通过恢复农业生物多样性可以增强生态系统的功能，改变农业生产中单一作物种植模式，实行超常规带状间套轮作，恢复农业生物多样性可有效提高农业生态系统抵御风险的能力。作物多样性种植主要通过干扰植食性昆虫的定向、交配、产卵、转移等行为影响昆虫在作物上定居和繁殖，进而影响其对作物的危害程度。

（3）生态系统多样性与作物害虫的控制　农业生态系统中多样性是指各种生命形式的资源，包括栽培植物野生植物，与之共生的植物、动物、微生物，各个物种所拥有的基因和由各种生物与环境相互作用所形成的生态系统，以及与此相伴随的各种生态过程。在控制害虫方面，要求旱作中具有水生生态微系统；水作中具陆生生态微系统。较高的生物多样性可有效提高生态系统抗干扰的能力，即在外界条件改变时，系统内生物可凭借多样性占据邻近栖境而抵抗不良因子的侵扰。

（三）农业防治

农业防治就是运用各种农业技术措施，有目的地改变某些环境因子，创造有利于作物生长发育和天敌发展而不利于病虫害发生的条件，直接或间接地消灭或抑制病虫的发生和危害。农业防治是有害生物综合治理的基础措施，它对有害生物的控制以预防为主，甚至可能达到根治。多数情况下是结合栽培管理措施进行的，不需要增加额外的成本，并且易于被群众接受，易推广，并且对其他生物和环境的破坏作用最小，有利于保持生态平衡，符合农业可持续发展要求。其不足是防治作用慢，对暴发性病虫的危害不能迅速控制，而且地域性、季节性较强，受自然条件的限制较大，并且有些防治措施与丰产要求或耕作制度相矛盾。农业防治的具体措施主要有以下几个方面：

1. 选用抗病虫品种　培育和推广抗病虫品种，发挥作物自身对病虫害的调控作用，是最经济有效的防治措施。目前，我国在向日葵、烟草、小麦、玉米、棉花等作物上培育出一批具有综合抗性的品种，并已在生产上发挥作用。随着现代生物技术的发展，利用基因工程等新技术培育抗性品种今后将会在有害生物综合治理中发挥更大作用。在抗病虫品种的利用上，要防止抗性品种的单一化种植，注意抗性品种的轮换，具有不同抗性基因品种的合理布局，同时配以其他综合防治措施，提高利用抗病虫品种的效果。

2. 使用无害种苗　生产上常通过建立无病虫种苗繁育基地，种苗无害化处理、工业化组织培养脱毒苗等途径获得无害种苗，以杜绝种苗传播病虫害。建立无病虫留种基地应选择无病虫地块，播前选种或进行消毒，加强田间管理，采取适当防治措施等。

3. 改进耕作制度　包括合理的轮作倒茬、正确的间作套种、合理的作物布局等。实行合理的轮作倒茬可恶化病虫发生的环境，如水旱轮作可以减轻一些土传病害（如棉花枯萎病）和地下害虫的危害。正确的间、套作有助于天敌的生存繁衍或直接减少害虫的发生，如麦棉套种，可减少前期棉蚜迁入，麦收后又能增加棉株上的瓢虫数量，减轻棉蚜危害；又如在棉田套种少量玉米，能诱集棉铃虫在其上产卵，便于集中消灭。合理调整作物布局可以造成病虫的侵染循环或年生活史中某一段时间的寄主或食料缺乏，达到减轻危害的目的，这在水稻螟虫等害虫的控制中有重要作用。但是，如果轮作和间作套种应用不当，也可能导致某些病虫危害加重。如水稻与玉米轮作，会加重大螟虫的危害；棉花与大豆间作有利于棉叶螨发生。

4. 加强田间管理　田间管理是各种农业技术措施的综合运用，对于防治病虫害具有重要的作用。适时播种可促使作物生长茁壮，增强抵抗力，同时可避开某些病虫的严重危害期。合理密植可使作物群体生长健壮整齐，提高对病虫的抵抗力；同时使植株间通风透气好，湿度降低，抑制某些病虫的发生。

适时中耕可以改善土壤的通气状况，调节地温，且有利于作物根系的发育。

科学管理肥水，不偏施氮肥，控制田间湿度，防止作物生长过嫩过绿、后期贪青迟熟，可以减轻多种病虫的发生。如适时排水晒田，可抑制水稻纹枯病、稻飞虱的发生；春季麦田发生红蜘蛛危害时，可以结合灌水振落将其杀死。灌水还可以杀死棉铃虫蛹等。

适时间苗、定苗，拔除弱苗和病虫苗；及时整枝打杈；清除杂草；清洁田园，及时将枯枝、落叶、落果等残体清除，对控制病虫害发生都有非常重要的作用。

（四）物理机械防治

利用各种物理因子（如光、电、色和温、湿度等）、人工和器械防治有害生物的方法，称为物理机械防治。此法一般简便易行，成本较低，不污染环境，不足之处在于有些措施费时、费工或需要一定的设备，有些方法对天敌也会产生影响。

1. 捕杀法　根据害虫的生活习性（如群集性、假死性等），利用人工或简单的器械捕杀。如人工挖掘捕捉地老虎幼虫、振落捕杀金龟类成虫、用铁丝钩杀树干中的天牛幼虫、用拍板和稻梳捕杀稻苞虫等。

2. 诱杀法　利用害虫的趋性或其他习性诱集并杀灭害虫。常用方法有：

（1）灯光诱杀　利用害虫的趋光性进行诱杀。常用波长365 nm的20 W黑光灯或与日光灯并联或旁加高压电网进行诱杀。

（2）潜所诱杀　利用害虫的潜伏习性，造成各种适合场所引诱害虫来潜伏，然后及时消灭。如用杨树枝把诱集棉铃虫成虫，树干束草或包扎布条诱集梨星毛虫、梨小食心虫越冬幼虫等。

（3）食饵诱杀　利用害虫趋化性诱杀，如用糖醋液诱杀黏虫、甘蓝夜蛾成虫，田间撒毒谷诱杀蝼蛄等。

（4）植物诱集　利用某些害虫对植物取食、产卵的趋性，种植合适的植物诱杀，如在棉田种植少量玉米、高粱以诱集棉铃虫产卵，然后集中消灭。

（5）黄板诱杀　利用蚜虫、白粉虱等害虫的趋黄习性，可在田间设置黄色黏虫板进行诱杀。

3. 汰选法 利用健全种子与被害种子在形态、大小、比重上的差异进行分离，剔除带有病虫的种子。常用的有手选、筛选、风选、盐水选等方法。

4. 温度处理 冬季，在北方可利用自然低温杀死贮粮害虫。夏季，利用室外日光晒种能杀死潜伏其中的害虫。用开水浸烫豌豆种 25 s 或蚕豆种 30 s，然后在冷水中浸数分钟，可杀死其中的豌豆象或蚕豆象，不影响种子发芽。

5. 阻隔法 根据害虫的生活习性，设置各种障碍物，以防止病虫危害或阻止其活动、蔓延。如利用防虫网防止害虫侵害温室花卉和蔬菜，果实套袋防止病虫侵害水果，撒药带阻杀群迁的黏虫幼虫等。

6. 驱避法 根据害虫对特定光波、气味、颜色等具有的驱避性，对害虫进行驱避。

（五）生物防治

生物防治就是利用自然界中各种有益生物或生物的代谢产物来防治有害生物的方法。其优点是对人、畜及植物安全，不杀伤天敌及其他非靶标生物，不污染环境，往往能收到较长期的控制效果，并且天敌资源比较丰富，使用成本较低。因此，生物防治是综合防治的重要组成部分。但是，生物防治也有局限性，如作用较缓慢，使用时受环境影响大，效果不稳定；多数天敌的选择性或专化性强，作用范围小；人工开发技术要求高，周期长等等。所以，生物防治必须与其他的防治方法相结合，综合地应用于有害生物的治理中。生物防治主要包括以下几方面内容。

1. 利用天敌昆虫防治害虫 以害虫作为食料的昆虫称为天敌昆虫。利用天敌昆虫防治害虫又称为"以虫治虫"。天敌昆虫可分为捕食性和寄生性两大类。常见的捕食性天敌昆虫如瓢虫、草蛉、食蚜蝇、胡蜂、步甲、捕食性蝽类等，其一般均较被猎取的害虫大，捕获害虫后立即咬食虫体或刺吸害虫体液。寄生性天敌昆虫大多数属于膜翅目和双翅目，即寄生蜂和寄生蝇，其虫体均较寄主虫体小，以幼虫期寄生于寄主体内或体外，最后寄主随天敌幼虫的发育而死亡。利用天敌昆虫防治害虫的主要途径有：

（1）保护利用本地自然天敌昆虫 通过各种措施改善或创造有利于自然天敌昆虫发生的环境条件，促进自然天敌种群的增长，以加大对害虫的自然控制能力。保护利用天敌的基本措施有：帮助天敌安全越冬，如天敌越冬前在田间束草诱集，然后置于室内蛰伏；必要时为天敌补充食料，如种植天敌所需的蜜源植物；人工保护天敌，如采集被寄生的害虫放在天敌保护器中，使天敌能顺利羽化，飞向田间；人工助迁利用；合理用药，避免农药杀伤天敌昆虫等。在农业生产中，合理安全地使用农药，注意生防与化防之间的协调应用，是保护利用本地自然天敌昆虫的最重要措施。

（2）人工大量繁殖和释放天敌昆虫 在自然情况下，天敌的发展总是以害虫的发展为前提的，在很多情况下不足以控制害虫的暴发。因此，用人工饲养的方法在室内大量繁殖天敌，在害虫大发生前释放到田间或仓库中，以补充自然天敌数量的不足，达到控害的目的就很有必要。目前，国际上有 130 余种天敌昆虫已经商品化生产，其中主要种类为赤眼蜂、丽蚜小蜂、草蛉、瓢虫、小花蝽、捕食螨等。我国在这方面也有很多成功事例，如饲养释放赤眼蜂防治玉米螟、松毛虫、甘蔗螟虫等，在棉花仓库内释放金小蜂防治越冬期棉红铃虫，利用草蛉防治棉蚜、棉铃虫、果树叶螨、温室白粉虱等。

（3）引进外地天敌昆虫 从国外或外地引进有效天敌昆虫来防治本地害虫，这在生物防治历史上是一种经典的方法，已有很多成功事例。如早在 19 世纪 80 年代，美国从澳大利亚引进澳洲瓢虫控制了美国柑橘产区的吹绵蚧；我国在20世纪50年代从前苏联引进苹果绵蚜蚜小蜂与胶东地区苹果绵蚜蚜小蜂杂交，提高了其生活力与适应性，从而有效控制了烟台等地苹果绵蚜的危害；1978年我国从英国引进丽蚜小蜂，成功防治温室白粉虱等。

2. 利用微生物防治害虫 又称为"以菌治虫"。这种方法较简便，效果一般较好，已在国内外得到广泛重视和利用。引起昆虫疾病的微生物有真菌、细菌、病毒、原生动物及线虫等多种类群，目前研究较多而且已经开发应用的微生物杀虫剂主要是真菌、细菌、病毒三大类。

（1）细菌 我国利用的昆虫病原细菌主要是苏云金杆菌（Bt），其制剂有乳剂和粉剂两种，用于防治棉花、蔬菜、果树等作物上的多种鳞翅目害虫。目前，国内已成功地将苏云金杆菌的杀虫基因转入多种植物体内，培育成抗虫品种，如转基因的抗虫棉等。此外，形成商品化生产的还有乳状芽孢杆菌，主要用于防治金龟类幼虫蛴螬。

（2）真菌 我国生产和使用的真菌杀虫剂有蚜霉菌、白僵菌和绿僵菌等，其中，应用最广泛的是白僵菌，主要用于防治鳞翅目幼虫、蛴螬、叶蝉、飞虱等。

（3）病毒 目前发现的昆虫病毒以核型多角体病毒（NPV）最多，其次为颗粒体病毒（GV）和质型多角体病毒（CPV）等，其中棉铃虫、茶毛虫和斜纹夜蛾核多角体病毒、菜粉蝶和小菜蛾颗粒体病毒和松毛虫质型多角体病毒等均已应用于生产。

此外，某些放线菌产生的抗生素对昆虫和螨类有毒杀作用，常见的有阿维菌素、多杀菌素等，前者可用于防治多种害虫和害螨，后者可用来防治抗性小菜蛾和甜菜夜蛾。

近年来，其他昆虫病原微生物在害虫的防治方面也有一定的应用，如利用原生动物中的微孢子虫防治蝗虫，利用昆虫病原线虫防治玉米螟、桃小食心虫等。

3. 利用微生物及其代谢产物防治病害 又称为"以菌治菌（病）"，植物病害的生物防治是利用对植物无害或有益的微生物来影响或抑制病原物的生存和活动，压低病原物的数量，从而控制植物病害的发生与发展。有益微生物广泛存在于土壤、植物根围和叶围等自然环境中。在生物防治中应用较多的有益微生物有：细菌中的放射土壤杆菌、荧光假单胞菌和枯草芽孢杆菌等，真菌中的哈茨木霉及放线菌（主要利用其产生的抗生素）等。有益微生物主要通过以下机制发挥作用：

（1）抗菌作用 指一种生物通过其代谢产物抑制或影响另一种生物的生长发育或生存的现象。这种代谢产物称为抗生素，目前，农业上广泛应用的抗生素有井冈霉素、春雷霉素等。

（2）竞争作用 指有益微生物在植株的有效部位定殖，与病原物争夺空间、营养、氧气和水分等的现象。如枯草芽孢杆菌占领大白菜软腐病菌的侵入位点，使后者难以侵入寄主。草生欧文氏菌对梨火疫病菌的抑制作用主要是营养竞争。

（3）重寄生作用 一种病原物被另一种微生物寄生的现象称为重寄生。对植物病原物有重寄生作用的微生物很多，目前，生防中利用最多的是重寄生真菌，如哈茨木霉寄生立枯丝核菌等。用木霉菌拌种可防治棉花立枯病、黄萎病等。

（4）交互保护作用 指植物在先接种一种弱致病力的微生物后不感染或少感染强致病力病原物的现象。如用番茄花叶病毒的弱毒株系接种可防治番茄花叶病毒强毒株系的侵染。在有益微生物的应用中，一方面应充分利用自然界中已有的有益微生物，可通过适当的栽培方法和措施（如合理轮作和施用有机肥），改变土壤的营养状况和理化性状，使之有利于植物和有益微生物而不利于病原物的生长，从而提高自然界中有益微生物的数量和质量，达到减轻病害发生的目的。另一方面，可人工引入有益微生物，即将通过各种途径获得的有益微生物，经工业化大量培养或发酵，制成生防制剂后施用于植物（拌种、处理土壤或喷雾于植株），以获得防病效果。此外，利用有益微生物对病原物有抑制作用的代谢产物（即抗生素），也是植物病害生物防治的一个重要方面。

4. 利用其他有益生物防治害虫 其他有益生物包括蜘蛛、捕食螨、两栖类、爬行类和鸟类等。农田中蜘蛛有百余种，常见的有草间小黑蛛、三突花蛛、八斑球腹蛛、拟水狼蛛等。蜘蛛繁殖快、适应性强，对稻田飞虱、叶蝉及棉蚜、棉铃虫等的捕食作用明显，是农业害虫的一类重要天敌。农田中的捕食性螨类（如植绥螨、长须螨等）在果树和棉田害螨的防治中有较多应用。两栖类中的青蛙和蟾蜍，主要以昆虫及其他小动物为食，并且在捕食的昆虫中，绝大多数是农业害虫。鸟类在我国约有 1 100 种，其中有一半鸟类以昆虫为食。为此，应该严禁猎鸟，大力植树造林，悬挂鸟巢箱，以招引益鸟栖息。此外，稻田养鸭、养蛙，养鸡食虫等都是一举两得的方法。对于其他有益生物，目前还是以保护利用为主，使其在农业生态系中充分发挥其治虫作用。

5. 利用昆虫激素和不育性防治害虫 目前研究和应用较多的昆虫激素主要是保幼激素和性外激素。前者如昆虫保幼激素 2 号、JH25 等防治烟青虫及蚜虫效果显著。后者又称性信息素，人工合成的性外激素通常叫性诱剂，其在害虫防治及测报上有很大的应用价值，我国已合成利用的有梨小食心虫、苹果小卷叶蛾、棉铃虫、玉米螟、二化螟等性外激素。在生产上，可通过大量设置性外激素诱捕器来诱杀田间害虫（诱杀法）或利用性外激素来干扰雌雄虫交配（迷向法）控制害虫。

不育性治虫是采用辐射源或化学不育剂处理昆虫（一般处理雄虫）或用杂交方法使其不育，然后大量释放这种不育性个体，使之与野外的自然个体交配从而产生不育后代，经过多代释放，逐渐减少害虫的数量，达到防治害虫的目的。

（六）化学防治

化学防治就是利用化学农药防治有害生物的方法。其优点是：防治对象广，几乎所有的植物病虫草鼠都可用化学农药进行防治；防治效果显著，收效快，尤其能作为暴发性病虫害的急救措施，迅速消除其危害；使用方便，受地区及季节性限制小；可以大面积使用，便于机械化操作；可工业化生产、远距离运输和长期保存。因此，化学防治在综合防治中占有重要地位。但化学防治存在的问题也很多，其中最突出的是：由于农药使用不当导致有害生物产生抗药性；对天敌及其他有益生物的杀伤作用，破坏了生态平衡，引起主要害虫的再猖獗和次要害虫大发生；污染环境，引起公害，威胁人类健康。为了充分发挥化学防治的优势，逐步克服和避免存在的问题，目前，一方面要注意化学防治与其他防治方法的协调应用，特别是与生物防治的协调；另一方面应致力于对化学防治本身的改进，如研究开发高效、低毒、低残留并具有选择性的农药（包括非杀生性杀虫剂的研制、植物源农药的开发等），改进农药的剂型和提高施药技术水平等。

第二节　主要病虫和杂草的发生规律与综防措施

了解当地农作物主要病虫和杂草的发生规律，掌握其综合防治措施，控制农作物病虫草害的发生规模，降低危害损失，有效保护农田生态环境。

一、稻瘟病

1. 发病规律　病菌以菌丝体和分生孢子在病稻草和病谷上越冬，成为翌年的初侵染来源。病谷播种后引起苗瘟，但早稻育秧期气温低，很少发生苗瘟；双季稻区晚稻育秧期时，气温已升高，所以种谷带菌可引起晚稻苗瘟。带菌稻草越冬后，第二年春、夏之交，只要温、湿度条件适宜，便产生大量的分生孢子。分生孢子借风雨飞散传播到秧田或本田，萌发侵入水稻叶片，引起发病。发病后病部产生的分生孢子，经风雨传播，又可进行再侵染。叶瘟发生后，相继引起节瘟、穗颈瘟及谷粒瘟。稻瘟病菌繁殖很快，在感病品种上，只要温、湿条件适宜，可在短时间内流行成灾。

稻品种抗病性差异很大，存在高抗至感病各种类型。同一品种不同生育期抗性也有差异，以四叶期、分蘖盛期和抽穗初期最感病。叶片抽出当天最感病，稻穗以始穗期最感病。稻瘟病为温暖潮湿型病害。气温在 24～30 ℃，尤其在 24～28 ℃，加上阴雨多雾，露水重，高湿，稻株体表较长时间保持水膜，易引起稻瘟病严重发生。抽穗期如遇到低于 20 ℃以下持续低温 1 周或者 17 ℃以下持续低温 3 d，常造成穗瘟流行。氮肥施用过多或过迟、密植过度、长期深灌或烤田过度都会诱发稻瘟病的严重发生。

2. 综防措施　稻瘟病的防治应采取以栽培高产抗病品种为基础，加强肥水管理为中心，发病后及时喷药的综合防治措施。

（1）选用高产、抗病品种　近年来，我国各地已选育出大量可供推广的抗病、高产良种，各地可因地制宜选用。要注意品种的合理布局，防止单一化种植，并注意品种的轮换、更新。

（2）加强肥水管理　氮、磷、钾合理搭配，增施有机肥，适当施用硅酸肥料。应掌握“基肥足、追肥早”的原则，防止后期过量施用氮肥，冷浸田应增施磷肥。分蘖末期适时做好排水工作，防止串灌、漫灌和长期深灌，做到前期勤灌、浅灌，分蘖末期适时搁田，后期灌好跑马水，保持干干湿湿，促使稻苗壮秆旺根，以增强抗病力，减轻发病。

（3）减少菌源　一是不用带菌种子。二是及时处理病稻草。不在秧田附近堆积病稻草，外堆放的病稻草，春播前应处理完毕。不用病草催芽、捆秧把和搭棚。三是进行种子消毒。可用三环唑或乙蒜素浸种。

（4）药剂防治　防治苗瘟或叶瘟要掌握在发病初期用药，及时消灭发病中心；防治穗颈瘟应在破口至始穗期施第一次药，然后根据天气情况在齐穗期施第二次药。用三环唑或稻瘟灵，兑水喷雾。此外，还可选用异稻瘟净、春雷霉素或四氯苯酞等杀菌剂防治。

二、水稻白叶枯病

1. 发病规律　水稻白叶枯病的初侵染源，新稻区以带菌种子为主，老病区以病稻草为主。此外，病菌在稻桩、再生稻、杂草及其他植物上也能越冬并传病。在病草、病谷和病稻桩上越冬的病菌，至翌年播种期间，一遇雨水，便随水流传播到秧田，由芽鞘或基部的变态气孔、叶片水孔或伤口侵入。病苗或带菌苗移栽本田，发展成为中心病株；或病菌随水流入本田，引起本田稻株发病。新病株上溢出的菌脓，借风雨飞溅或被雨水淋洗后随灌溉水流传播，不断进行再侵染，扩大蔓延。

白叶枯病的发生、流行与病菌来源、气候条件、肥水管理和品种抗病性等都有密切关系。在菌源量充足的前提下，气温在25～30 ℃，相对湿度85%以上，多雨、日照不足、常刮大风的气候条件下病害易发生流行。每当暴风雨袭击或洪涝之后，病害往往在几天之内暴发成灾。凡长期深灌或稻株受淹，发病严重。偏施氮肥，稻株贪青徒长，株间通风透光不足，湿度增高，有利于病菌繁殖，加重病害。水稻品种对白叶枯病抗性差异很大，一般糯、粳稻比籼稻抗病，窄叶挺直品种比阔叶披垂品种抗病，叶片水孔少的品种比水孔多的品种抗病。

2. 综防措施 防治白叶枯病应在控制菌源的前提下，以种植抗病品种为基础，秧苗防治为关键，狠抓肥水管理，辅以药剂防治。

（1）选用抗病良种 常发病区应因地制宜地选用抗病良种，这是防治白叶枯病经济有效的措施。各地从国际水稻所IR系统选育出来的优良品种和杂交组合，很多对白叶枯病具有良好的抗性。

（2）减少菌源 处理好病草，不用病草扎秧把、覆盖秧田。建立无病留种田，以杜绝种子传病。可使用乙蒜素、三氯异氰尿酸浸种，洗净后再催芽。

（3）培育无病壮秧 选择背风向阳、地势较高，排灌方便、远离屋边晒场和上年病田的田块育秧。加强秧田管理，实行排、灌分离，防治大水淹苗。在病区要做好秧田防治工作，一般在三叶期和拔秧前5 d左右各喷1次药。

（4）加强肥水管理 合理施肥，后期慎用氮肥；科学管水，不串灌、漫灌和淹苗。

（5）药剂防治 大田期，发现发病中心应立即用药封锁。在暴风雨或大水淹苗后，都要及时全田施药防治。可使用代森铵、解淀粉芽孢杆菌、氯溴异氰尿酸、噻菌酮、噻森铜喷雾防治。

三、水稻纹枯病

1. 发病规律 纹枯病菌主要以菌核在土壤中越冬，也能以菌核和菌丝在病稻草、田边杂草及其他寄主上越冬。水稻收割时大量菌核落入田中，成为翌年或下季的主要初侵染源。春耕灌水、耕田后，越冬菌核漂浮于水面。插秧后菌核附着在稻株基部的叶鞘上，在适温条件下，萌发长出菌丝在叶鞘上扩展延伸，并从叶鞘缝隙进入叶鞘内侧，从叶鞘内侧表皮气孔侵入或直接穿破表皮侵入。病部长出的气生菌丝通过接触对邻近稻株进行再侵染。一般在分蘖盛期至孕穗初期主要在株、丛间横向扩展，亦称水平扩展，导致病株率增加。其后再由下位叶向上位叶垂直扩展。条件适宜时，矮秆品种上升一个叶位只要2～3 d，至抽穗前后10 d达到高峰期。病部形成的菌核脱落后，随水流传播附着在稻株叶鞘上，可萌发进行再侵染。

上年发病重的田块，田间遗留菌核多，下年的初侵染菌源数量大，稻株初期发病较重。

纹枯病属于高温高湿型病害。温度在22 ℃以上，相对湿度达90%以上即可发病，温度为25～31 ℃，相对湿度达97%以上时发病最重。

长期深灌，田间湿度偏大，有利于病害发展。氮肥施用过多过迟，造成水稻生长过旺，田间郁闭，既有利于病菌扩展，又降低了水稻自身抗病力，利于发病。

不同水稻品种对纹枯病的抗性有一定的差异，但没有高抗或免疫的品种。一般而言，糯稻比粳稻感病，粳稻比籼稻感病，杂交稻比常规稻感病，矮秆阔叶品种比高秆窄叶品种感病。

2. 综防措施

（1）打捞菌核，减少初侵染菌源　在春耕灌水、耕田及平田插秧前打捞田边、田角的浪渣，带出田外深埋或烧毁，可清除飘浮在浪渣中的菌核。

（2）加强肥水管理　合理施肥，实行氮、磷、钾配合施肥，避免氮肥过多、过迟。科学用水，做到前期浅灌，适时晒田，浅水，后期湿润，不过早脱水，不长期深灌。

（3）药剂防治　掌握在病害由水平扩展向垂直扩展的转折阶段进行，一般在水稻分蘖末期丛发病率达15%，或拔节至孕穗期丛发病率达20%的田块用药防治。用井冈霉素A，或噻呋酰胺，或嘧菌酯，针对稻株中下部兑水喷雾或泼浇。此外，还可选用甲基硫菌灵、复方多菌灵、己唑醇、戊唑醇、氟环唑、氟酰胺等杀菌剂。

四、稻螟虫

1. 发生规律

（1）生活史及习性

三化螟：我国从北至南1年发生2～7代，湖南、江西、浙江中南部1年发生4代，江苏、安徽、浙江北部1年发生3代。以老熟幼虫在稻桩内越冬。在长江中下游的3～4代区，越冬代成虫于5月中、下旬盛发，第一、二、三代幼虫盛孵期分别在5月下旬，7月上、中旬，8月中、下旬。三化螟成虫白天静伏，夜间活动。趋光性强，雌蛾喜在生长茂密、嫩绿的稻株上产卵，卵块多产在叶片的中、上部，正反两面都有。一头雌蛾一生可产卵1～7块，一般2～3块。初孵的蚁螟，通过爬行或吐丝下垂随风飘落到附近稻株，寻找适宜部位蛀入茎内危害，水稻苗期受害，造成枯心；破口抽穗期的稻株受害，造成白穗；灌浆后期受害，造成虫伤株。幼虫有转株危害习性，一般转株1～3次。一枚卵块孵出的蚁螟，可造成40～50根枯心，形成“枯心塘”；可造成30～50株白穗，形成“白穗团”。以老熟幼虫在稻株茎内化蛹。

水稻的分蘖期、孕穗末到破口期易被蚁螟蛀入危害，故称危险生育期。当蚁螟盛发期与水稻的危险生育期相吻合，则三化螟发生危害严重。

二化螟：我国从北至南1年发生1～5代。以幼虫在稻桩、稻草及杂草中越冬。由于越冬场所条件不同，因此发育进度不一，羽化不整齐，故田间有世代重叠现象。如湖南长沙4代区，各代成虫盛发的时间是：越冬代为4月中旬至5月上旬，第一代为6月下旬至7月下旬，第二代为7月下旬至8月上旬，第三代为9月中、下旬。

二化螟成虫的习性大致与三化螟相似。产卵部位随着水稻的生长而有变化，在水稻苗期和分蘖初期，卵多产在叶片正面，以基部2～3叶上最多；分蘖后期至抽穗期，卵块多产在离水面7 cm以上的叶鞘上，每头雌蛾可产卵2～4块。在水稻秧田期，由于秧苗小，初孵幼虫一般分散蛀食叶鞘内部；而在本田期初孵幼虫则群集于叶鞘内侧危害，造成枯鞘。二、三龄幼虫开始蛀茎并转株分散危害，在水稻分蘖直到抽穗成熟期都能蛀食危害，造成枯心苗、枯孕穗、白穗和虫伤株。被害株成团出现。幼虫转株频繁，一般可转株3～5次，多的达10次以上。幼虫老熟后，转移到健株茎内或叶鞘内侧化蛹。

大螟：在长江中下游稻区1年发生3～4代，以幼虫在稻茬、玉米、茭白等残株中越冬，无滞育现象。各代成虫盛发期大致为：越冬代5月上、中旬，第一代7月上、中旬，第二代8月中、下旬到9月初，可发生第三代成虫的年份则多在9月下旬至10月上旬盛发。第一代幼虫主要危害早稻和春玉米。第二、三代幼虫主要危害单季杂交稻和中、晚稻。成虫喜欢在茎秆粗壮、叶鞘包茎较松的稻株上产卵，产卵于叶鞘内侧，且以近田埂2 m内稻株上产卵最多。其危害习性和形成的危害状与二化螟相仿，但其转株危害较二化螟频繁，蛀孔大，虫粪多而稀，易与其他螟虫区别。

（2）发生条件　稻螟的发生受耕作制度、水稻品种、栽培管理、气候条件及天敌等因素的综合影响。

耕作制度：不同的水稻耕作制度影响水稻易受螟害的生育期与蚁螟盛孵期相配合的情况，及有效虫源田和世代转化的桥梁田，从而决定了螟虫种群的盛衰和危害程度的轻重。三化螟是单食性害虫，因此，其发生与耕作制度的关系极为密切。

水稻耕作制度由单一改向复杂，三化螟种群趋向繁荣，二化螟种群随之趋向凋落；耕作制度由复杂改为单一，则相对地有利于二化螟而不利于三化螟的发生。

水稻品种：一般粳稻较籼稻更有利于三化螟的发生，籼稻较粳稻适合二化螟的发生，杂交稻上二化螟和大螟发生较重。

栽培管理：因品种混杂，管理不当，追肥过多过迟，以致水稻生长参差不齐，抽穗期长，螟害就会加重。

气候条件：温度对螟虫发生期的影响较大。当年春季气温偏高，越冬代螟蛾发生较早，反之推迟。湿度和雨量对螟虫发生量影响较大，三化螟越冬幼虫化蛹阶段，如果经常阴雨，越冬幼虫死亡率高。二化螟化蛹期和幼虫孵化期遇暴雨，田间积水深，会淹死大量蛹和初孵幼虫，减少发生量。

天敌：稻螟的天敌很多，螟卵、幼虫，蛹都有多种寄生蜂寄生。此外，幼虫、蛹还有多种寄生菌和线虫寄生。捕食性天敌如蜘蛛、青蛙、鸭等，都对螟虫有一定的抑制作用。

2. 综防措施

（1）农业防治　因地制宜，合理布局，力求连片单一种植，尽量避免混栽，以减少螟虫辗转危害。注意选用抗虫良种，提高种子纯度和缩短栽秧期，科学肥水管理，促使水稻生长正常，成熟一致，缩短易受害的危险期。早、中、晚稻收获后，及时翻耕、灌水，淹没稻桩，杀死稻桩内幼虫，并及早处理稻草，以压低发生基数。

（2）人工物理防治　如点灯诱蛾、摘除卵块、拔除枯心苗、拾毁稻桩等措施。

（3）生物防治　在卵孵高峰后2～5 d或一、二龄幼虫期，用苏云金杆菌加杀虫双，加水喷雾，一般喷施1～2次，并注意保护其他天敌。此外，保护卵寄生蜂，螟蛾盛发期，发动群众采卵块放置寄生蜂保护器内，使寄生蜂能安全飞回稻田寻找螟卵寄主。

（4）药剂防治　用杀螟硫磷、杀虫双、杀虫单或杀螟丹，常规喷雾或泼浇。施药时，田中应保持浅水层。此外也可用杀虫双颗粒剂加湿润细土撒施。

五、稻飞虱

1. 发生规律

（1）生活史及习性

褐飞虱：我国海南岛南部和云南省最南部可终年发生褐飞虱。其越冬北界在北纬21°～25°。褐飞虱是一种季节性远距离迁飞昆虫，我国常年可出现5次自南向北迁飞，3次自北向南回迁。故我国大部分稻区的初期虫源主要由南方迁飞而来。

褐飞虱的发生世代数自北至南有1～12代，其中江苏、浙江、湖北、四川等省1年发生4～5代，湖南、江西、福建1年发生6～7代，广东、广西南部1年发生10～11代，海南岛1年发生12代。由于褐飞虱产卵期长，田间会发生世代重叠。

褐飞虱喜阴湿环境，成虫、若虫栖于稻丛下部取食生活，穗期以后，逐渐上移。成虫、若虫都不很活泼，如无外扰，很少移动，受到惊扰就横行躲避，或落水面、或飞（跳）到他处。成虫有趋嫩习性，趋光性强。长翅型成虫起迁飞扩散作用，短翅型成虫则定居繁殖。短翅型成虫产卵前期短、产卵历期长、产卵量高，因此，短翅型成虫的增多是褐飞虱大发生的征兆。

卵成条产于叶鞘肥厚部分，在老的稻株上也有产在叶片基部中肋和穗颈下方的茎秆上。产卵痕初呈长条形裂缝，不太明显，以后逐渐变为褐色条斑。

白背飞虱：白背飞虱的越冬北界是北纬26°，在我国广大稻区的初期虫源也主要由热带区迁飞而来，其迁入期比褐飞虱早，是传播水稻南方黑条矮缩病的主要媒介。各地都是以成虫迁入后田间第二代若虫高峰构成主要危害世代，严重发生时迁入成虫即能造成明显危害，即“落地成灾”现象。在长江中下游地区年发生4代左右，世代划分的方法与褐飞虱相同。我国自南向北主要危害时期从5月下旬至9月上旬，长江中下游地区为7月下旬至8月上、中旬。

白背飞虱的习性与褐飞虱相似。成、若虫在稻株栖息的部位比褐飞虱略高，并有部分低龄若虫在幼嫩心叶内取食。

灰飞虱：灰飞虱的抗寒力和耐饥力较强，在我国各稻区均可安全越冬，其是3种飞虱中发生最早的一种，主要危害秧田和本田分蘖期的稻苗，其传毒危害所造成的损失，远大于直接危害。

灰飞虱在各地发生4～8代，长江中下游地区年发生5～6代。以三、四龄若虫在麦田、绿肥田、田埂、沟边，荒地上的杂草根际、落叶下及土缝内越冬。在南方无越冬现象地区冬季仍可继续危害小麦。

（2）发生条件

虫源：褐飞虱和白背飞虱是迁飞性害虫，影响发生程度的主要因素之一是迁入虫量的多少。如果虫源基地有大量虫源，迁入季节又雨日频繁，雨量大，降落的虫量就多，灰飞虱则取决于当地虫源。在一定的虫源基数下，充足的食料和适宜的气候条件有利于飞虱的繁殖。天敌及良好的栽培管理对飞虱也有一定的控制作用。

气候：褐飞虱喜温暖高湿，生长发育的适温为20～30℃，最适温度为26～28℃，相对湿度在80%以上。长江中下游地区“盛夏不热，晚秋不凉，夏、秋多雨”是褐飞虱大发生的气候条件。

白背飞虱对温度的适应范围比褐飞虱广，在15～30℃温度范围内都能正常生长发育。在苏南稻区，凡夏初多雨，盛夏干旱，发生危害就较重。

灰飞虱耐寒怕热，最适宜的温度在25℃左右，冬、春温暖少雨，有利于其发生。

天敌：稻飞虱的天敌种类很多。寄生于卵的有稻飞虱缨小蜂、褐腰赤眼蜂等；寄生于成虫的有稻虱螯蜂、稻虱线虫等。捕食性天敌有黑肩绿盲蝽、蜘蛛、步甲等。

2. 综防措施

（1）农业防治　因地制宜地选用抗（耐）虫品种。科学水肥管理，推行配方施肥，避免氮肥过多，防止贪青徒长。适时搁田，恶化飞虱生境，减轻危害。

（2）生物防治　稻飞虱各虫期的天敌有数十种之多，因而应注意合理使用农药，保护利用天敌，另外，人工搭桥助迁蜘蛛和稻田放鸭食虫，对稻飞虱的防治有显著作用。

（3）药剂防治　根据水稻品种类型和虫情特点，各地应确定主害代进行防治，并确定相应的防治策略。如江苏省对褐飞虱采取的防治策略为“治上压下”或“狠治主害代”；对白背飞虱采取的防治策略为“挑治迁入代，主攻主害代”、早期种子处理等；对灰飞虱采取的防治策略为“狠治一代，控制二代”。一般在低龄若虫高峰期，用吡蚜酮、烯啶虫胺、氟啶虫胺腈、三氟苯嘧啶或吡虫啉，兑水喷雾。注意褐飞虱对吡虫啉有较高的抗药性，只宜在防治白背飞虱时使用。药液要均匀喷撒到稻丛中下部。

六、稻纵卷叶螟

1. 发生规律　稻纵卷叶螟是迁飞性害虫。一年发生代数由北向南递增，为1～11代。初发代由南向北迁飞。

成虫有趋光性，强趋荫蔽性，并喜吸食植物的花蜜和蚜虫的蜜露作为补充营养。产卵喜选择生长嫩绿，叶片宽软的稻田，卵多散产于水稻中、上部叶片。幼虫孵化后就能取食，初孵幼虫取食心叶或嫩叶鞘叶肉，被害处呈针头大小半透明的小白点。二龄后开始在叶尖或叶片的上、中部吐丝，缀成小虫苞，三龄虫苞长度超过13 cm，纵卷稻叶，三龄以后有转移危害的习性。老熟幼虫多在稻丛基部黄叶、老叶鞘内化蛹。

稻纵卷叶螟的发生与虫源基数、气候、水稻品种及长势、天敌等有关。

稻纵卷叶螟在周年繁殖区以本地虫源为主，发生轻重主要由上代残留虫量决定；在其他稻区，则取决于迁入虫源的数量。

适温（22～28 ℃）、高湿适宜其发生。温度高于30 ℃或低于20 ℃，或相对湿度低于70%，则均不利于发育。

凡早、中、晚稻混栽地区，水稻生育期参差不齐，为各代提供了丰富的食料，繁殖率和成活率相应提高，稻纵卷叶螟发生量大；一般籼稻的虫量大于粳稻，矮秆阔叶嫩绿的品种虫量最为集中。此外，管水不科学，施肥不当，偏施氮肥，过于集中施肥，都有利于稻纵卷叶螟繁殖危害。

稻纵卷叶螟天敌种类很多，卵期有赤眼蜂，幼虫期有绒茧蜂，蛹期有寄蝇、姬蜂，此外还有螨类、蜘蛛、步甲等捕食性天敌。

2. 综防措施

（1）农业防治　加强肥水管理，促进水稻健壮整齐。选用抗虫高产良种，在化蛹高峰期灌深水灭蛹。

（2）生物防治　在稻纵卷叶螟产卵始盛期释放赤眼蜂，在幼虫盛发期喷施杀螟杆菌液、苏云金杆菌乳剂等生物农药。

（3）药剂防治　根据水稻分蘖期和穗期易受稻纵卷叶螟危害，尤其是穗期损失更大的特点，各地应确定主害代进行防治。防治适期一般在二龄幼虫高峰期，用氯虫苯甲酰胺、阿维菌素、甲氨基阿维菌素、四氯虫酰胺、杀螟硫磷、杀虫双、毒死蜱或茚虫威，兑水喷雾。也可用杀虫双颗粒剂加湿润细土撒施。防治适期内如遇阴雨天气，必须抓紧雨停间隙用药，不能延误，施药时，田间应保持3～7 cm浅水层3～4 d。

七、水稻细菌性条斑病

1. 发病规律　细菌性条斑病的发病规律与白叶枯病基本相同。病菌主要在病谷和病草中越冬，成为下一年初侵染的主要来源。病谷播种后，病菌就会侵害幼苗而发病，移栽时又随病秧带入本田危害。如用病稻草催芽、扎秧把、堵塞涵洞或盖草棚等，病菌也会随水流入秧田或本田而引起发病。病菌主要是从气孔侵入，有时也可由机动细胞处侵入。病斑上的菌脓，可借风、雨、露等传播，进行再侵染。高温、高湿有利发病；暴风雨或洪涝侵袭后病容易流行；长期深灌，偏施或迟施氮肥的稻田发病较重。

2. 综防措施

（1）严格检疫　无病区不从病区调运稻种，确需引种时必须严格实行产地检疫，确证无病后方可调运，对南繁稻种要特别注意，一旦发现就应严格封锁病区，彻底清除。

（2）及时处理病稻草　收割后及时烧毁病稻草，每亩施石灰 50 kg，浸水翻耕。加强管理与施药防治等其他措施请参照白叶枯病。

八、水稻条纹叶枯病

1. 发病规律　水稻条纹病毒仅靠介体昆虫传染，其他途径不传病。介体昆虫主要为灰飞虱，一旦获毒可终身并经卵传毒。灰飞虱在病稻株上一般吸食 30 min 以上，并需要经过一段循回期才能传毒，循回期 4～23 d，一般在 10～15 d。病毒侵染禾本科的水稻、小麦、大麦、燕麦、玉米、粟、黍、看麦娘、狗尾草等 50 多种植物。但除水稻外，其他寄主在侵染循环中作用不大。病毒主要在带毒灰飞虱体内越冬，部分在大、小麦及杂草病株内越冬，成为翌年发病的初侵染源。在大、小麦田越冬的若虫，羽化后在原麦田繁殖，然后迁飞至早稻秧田或本田传毒危害并繁殖，早稻收获后，再迁飞至晚稻上危害，晚稻收获后，迁回冬麦上越冬。水稻在苗期到分蘖期易感病。叶龄长潜育期也较长，随植株生长抗性逐渐增强。条纹叶枯病的发生与灰飞虱发生量、带毒虫率有直接关系。春季气温偏高，降雨少，虫口多发病重，以小麦为前作的单季晚粳稻发病重。近几年，此病迅速上升的原因主要有 4 个方面：一是感病品种的推广；二是种植业结构调整，传毒昆虫灰飞虱中间寄主增多，发生量加大；三是轻型栽培技术的推广，稻田套播麦、麦田套播稻技术的扩大推广，使灰飞虱生存条件改善，有利于其发生；四是气候条件有利，连续几年暖冬的气候，利于灰飞虱越冬，一代发生量加大。

2. 综防措施

（1）调整稻田耕作制度和作物布局　压缩早播早栽面积，成片种植，防止灰飞虱在不同季节、不同熟期和早、晚季作物间迁移传病。忌种插花田，秧田不要与麦田相间。

（2）种植抗（耐）病品种　因地制宜选用合适的抗（耐）病品种。

（3）调整播期、移栽期　避开灰飞虱迁飞期，加强管理促进分蘖。

（4）治虫防病　在灰飞虱一般发生年份，用 10%吡虫啉可湿性粉剂 2 000～2 500 倍液浸种 48 h，加秧田期防治灰飞虱 1 次。在灰飞虱大发生年份，一是“治麦田，压基数”，即结合麦蚜防治，施用吡虫啉防治灰飞虱；二是“治秧田，保大田”，在药剂浸种的基础上，在麦田灰飞虱大量迁入秧田前的 1～2 d 和水稻移栽前，各用药 1 次；三是“治大田前期，控大田后期”，在移栽后（二代灰飞虱低龄若虫高峰期），用吡蚜酮、烯啶虫胺、噻虫嗪等防治1次。此外，在治虫时加入病毒抑制剂如宁南霉素和盐酸吗啉胍能减少病株，减轻危害。

九、小麦锈病

1. 发病规律 条锈菌喜凉不耐热，麦收后夏孢子随气流远程传播到甘肃、青海等高寒地区的小麦上越夏，初秋再传到平原冬麦区危害早播秋苗，以菌丝体或夏孢子在麦苗上越冬。春季温度回升后继续扩大危害。

叶锈菌对温度的适应性较强，因而其越冬和越夏的地区也都比较广。在我国大部分麦区，小麦收获后病菌转移到自生麦苗上越夏。冬麦秋播出土后，病菌又从自生麦苗上转移到秋苗上危害、越冬，越冬后继续扩大危害。

秆锈菌对高温、低温都比较敏感，夏孢子主要在福建、广东等南方冬麦区越冬，春、夏季越冬区的夏孢子由南向北、向西逐步传播，经由长江流域、华北平原到东北、西北及内蒙古等地的春麦区，造成全国大范围的春、夏季流行。麦收后又传至西北、西南等高寒地区越夏。

3种锈病都是典型的气传病害，传播范围广，流行速度快，危害严重。大面积种植感病品种是锈病流行的必要条件，菌源多，气候适宜、管理不当均使发病加重。

2. 综防措施

（1）选用抗病品种　这是防治锈病最经济有效的措施，但要注意抗病品种合理布局，避免单一化种植。

（2）加强栽培管理　适期播种，提高播种质量；合理施肥，避免过量施用氮肥，适当增加磷、钾肥；控制田间湿度，在多雨、高湿地区要开沟排水，在干旱地区又要及时灌水，以减轻危害；麦收后要及时铲除自生麦苗。

（3）药剂防治　用三唑酮、烯唑醇等三唑类杀菌剂拌种，可有效控制秋苗发病，减少越冬菌源；成株期可在发病初期用三唑酮、烯唑醇、戊唑醇、氟环唑或丙环唑等药剂进行喷雾防治。

十、小麦赤霉病

1. 发病规律 病菌具腐生兼寄生的特性，可在多种植物残体上越冬。如长江中下游冬麦区的稻桩、西北和黄淮冬麦区的玉米秸秆及东北春麦区的麦秸秆和杂草残体等，翌年遇适合的环境条件，产生子囊壳和子囊孢子，成为穗腐初侵染的主要来源。通常于抽穗前后形成子囊孢子的数量最大，子囊孢子逐渐成熟飞散，借风雨传播，落到正在开花的麦穗上后，主要从花药侵入，也可直接从颖片内侧壁侵入。在适宜条件下，2 d后出现症状，5～7 d穗腐明显，并产生大量粉红色分生孢子，分生孢子可引起再侵染。由于病菌的侵染多集中于扬花期，因此，在生育期较一致时，分生孢子的再侵染作用不大。但在成熟期早、晚相差较大时，早发病麦穗上的分生孢子便可侵染迟成熟的小麦。

赤霉病的发生流行受气候条件、菌源数量、寄主生育期、品种抗性和栽培管理等多种因素的影响。尤其是气候条件、寄主感病生育期和菌源数量的相互配合，对病害的发生流行起决定性作用。赤霉病发病最适温度为24～28 ℃。最适相对湿度为80%～100%。在小麦抽穗扬花期，如果阴雨连绵，潮湿多雾，天气闷热，一般3 d连续降雨12 mm以上，田间湿度超过80%，病害很快即可流行。另外，肥水条件高、氮肥过重、植株贪青徒长、田间郁蔽、种子混杂等也有利于发病。不同品种发病程度也存在着差异。

2. 综防措施

（1）加强栽培管理，消灭或减少菌源加强农田水利建设，健全麦区排、灌系统，控制湿度；科学合理施肥，注意氮、磷、钾三要素的配合施用，避免过量施用氮肥，增强植株抗病能力；提高种子纯度，避免混杂；清除病残体，减少菌源。在麦播前要精耕细耙，将带病作物残体埋入土中。对地表残留的病残体和田头地边、渠边的玉米秸秆和稻桩要彻底清除，烧掉或沤粪。

（2）选用抗病良种。

（3）药剂保护　药剂防治的重点是施药保穗，小麦齐穗期至盛花期是药剂防治的关键时期。通常首次最佳施药时间为扬花初期，即扬花率5%～10%。用氰烯菌酯、氟唑菌酰羟胺、戊唑醇·福美双、多菌灵或甲基硫菌灵等，兑水喷雾。一般雨水少的年份施药1次即可，若遇多雨高湿等大流行年份，则应增加用药次数，在第一次药后7 d再施药1次。在多菌灵使用较频繁的地区，病菌对其已产生了一定程度的抗药性。因此，建议多菌灵与咪鲜胺等其他药剂交替使用，或使用多菌灵与其他药剂的复配制剂，以延缓病菌抗药性的发展。

十一、麦类白粉病

1. 发病规律　病菌的越夏有两种方式：一种是以分生孢子在夏季气温较低地区（最热一旬的平均气温不超过24 ℃）的自生麦苗上或夏播小麦植株上越夏。另一种是以病残体上的闭囊壳在低温干燥的条件下越夏。病菌越夏后，首先感染越夏区的秋苗，然后向附近及低海拔地区和非越夏区传播，侵害这些地区的秋苗。病菌以菌丝体和分生孢子在秋苗上越冬，春季病菌恢复活动，病部产生大量分生孢子随气流传播，引起再侵染。感病品种在适温(15～20 ℃)，较高湿度（相对湿度70%以上）下发病重。早播、密植、氮肥多或地势低洼、排水不良均会加重发病。过分缺水干旱，有时发病也重。

2. 综防措施　对麦类白粉病应采取以种植抗病品种为主，栽培管理和药剂防治相结合的综合防治措施。

（1）选用抗病品种　种植抗病品种是最经济有效的防治措施，因地制宜选用合适的抗病品种。

（2）加强栽培管理　越夏区麦收后及时耕翻灭茬，铲除自生麦苗，妥善处理带病麦秸；适时适量播种，合理施肥，合理灌水，降低田间湿度。

（3）药剂防治　在春季发病初期（病叶率达到10%或病情指数达到1以上）及时喷药，可选用三唑酮兑水喷雾，还可用烯唑醇、多菌灵、甲基硫菌灵等药剂进行防治。在秋苗发病重的地区，可用三唑酮进行拌种，方法同小麦锈病。

十二、小麦吸浆虫

1. 发生规律　小麦吸浆虫1年发生1代，以成熟幼虫在土中结茧越夏和越冬。来年春在土壤温、湿度适宜条件下，小麦拔节期越冬幼虫破茧上移；孕穗期化蛹；抽穗期成虫羽化经交尾在穗部产卵；灌浆期幼虫吸浆危害；小麦近成熟时，老熟幼虫脱颖落地，入土结茧越夏、越冬。小麦吸浆虫有多年休眠习性，如遇春旱不能破茧化蛹则继续休眠直至下年或多年以后再化蛹羽化。

在土壤含水量适宜时，当春季 10 cm 土温达 10 ℃以上时小麦吸浆虫开始破茧活动，15 ℃时开始化蛹，20 ℃时大量羽化。温度高于 30 ℃时，幼虫恢复休眠而不能化蛹；低于 15 ℃时羽化后的成虫不能活动产卵。

小麦吸浆虫喜湿怕干。在温度适宜时，土壤含水量是影响发生量的关键因素，同时也影响发生期。当土壤含水量低于 15%时不化蛹，土壤含水量达 20%～25%才大量化蛹、羽化，特别是有雾和露水时，成虫易于产卵，幼虫易于入侵。在麦收前，老熟幼虫遇雨才能脱颖入土。如果春季缺雨、土壤板结，小麦吸浆虫很少化蛹、羽化，则当年发生量少，受害轻。

2. 综防措施

（1）选用抗虫品种　一般凡属颖壳扣合紧密、籽粒灌浆快、果皮厚的品种都可阻碍成虫产卵和幼虫侵入，抽穗期短而整齐的品种则可减少成虫产卵机会，从而减轻危害。

（2）实行轮作　对危害严重的地块，可调整作物布局，实行轮作倒茬，使吸浆虫失去寄主，从而减轻危害。

（3）药剂防治　最佳用药时期在化蛹盛期和成虫盛期。

播前土壤处理：对每样方（10 cm×10 cm×20 cm）有幼虫 10 头以上的田块，在播前用毒土处理土壤，可兼治地下害虫和麦螨等。可用辛硫磷或毒死蜱，加水稀释后制成毒土，边撒边耕，翻入土中。

幼虫期防治：在小麦拔节期，土中幼虫破茧上升活动后，每样方有幼虫 5 头以上时，可用辛硫磷，或用上述颗粒剂配制成毒土，均匀撒于麦垄土面，结合锄地将毒土混入表土层。

蛹期防治：在小麦孕穗期至麦穗露脸期，当吸浆虫处于蛹盛期，每样方平均蛹数 1 头以上时，即需防治。可于露水干后撒药，并立即用绳或竹竿把麦叶上的药土抖落地面。

成虫期防治：成虫盛发期（小麦抽穗期），平均网捕 10 次有成虫 10～25 头即需立即防治。可用敌敌畏和麦糠壳，拌匀撒施。也可用毒死蜱、敌敌畏加高效氯氰菊酯，或吡虫啉等喷雾。

十三、麦蚜

1. 发生规律　麦蚜在南方温暖地区可全年孤雌生殖，不发生性蚜世代，表现为不全周期型；在北方寒冷地区，表现为全生活周期型。

麦蚜量年发生代数，依地区而异，一般可发生 10 余代至 20 代以上。越冬虫态也因种类和地区而不同。麦蚜以成、若虫或以卵在冬麦田或禾本科杂草上越冬，来年春暖开始活动危害。危害期间均进行孤雌生殖。如果气候、营养条件适宜，产生无翅胎生雌蚜；营养条件恶化，或虫口密度过大则多产生有翅胎生雌蚜，迁移到适宜的寄主上继续繁殖。

麦蚜的发生程度与气候、食料、天敌等因素有关。

温、湿度对麦蚜的消长起主导作用，一般以温度 15～25 ℃、相对湿度 75%以下为麦蚜适宜的温、湿度组合，但因麦蚜种类不同而有差异。如禾谷缢管蚜最耐高温，在 30 ℃时生长繁殖最快，但不耐低温。春季 2—3 月气候温暖，降雨较少的年份易引起猖獗发生，而冷凉多雨年份则发生较轻。大雨的机械冲刷可使蚜量显著下降。

麦蚜的种群数量消长与小麦生育期的关系非常密切。秋季小麦出苗后，4 种麦蚜陆续迁入危害，但因营养条件及温度不适，蚜量一般较低。来年春天小麦返青后随着温度上升，营养改善，蚜虫密度增加。抽穗开花后，田间蚜量激增，乳熟期种群数量达到最高峰，这是麦蚜直接危害最严重的时期，之后种群密度逐渐下降。

秋季早播麦田蚜量多于晚播麦田。耕作细致的秋灌麦田土缝少，蚜虫不易潜伏，易冻死，因而虫口密度较低。

麦蚜的天敌主要有瓢虫、草蛉、食蚜蝇、蚜茧蜂、蚜小蜂和蚜霉菌等。这些天敌对蚜虫都有一定的抑制作用。

2. 综防措施

（1）农业防治　冬、春麦混种区尽可能单一化，宜种春麦的不要再种冬麦，宜种冬麦的不再种春麦，这是减轻麦二叉蚜发生的有效方法。选用抗耐蚜良种，清除田间、田边杂草。春麦适当早播，冬麦适当晚播，实行冬灌，早春耙磨镇压，合理施肥，对压低种群数量有一定效果。

（2）药剂防治

药剂拌种：在麦二叉蚜常发和黄矮病流行区，可用吡虫啉兑水拌种，拌后及时摊开晾干后播种。

喷药防治：喷药适期掌握在小麦扬花后麦蚜数量急剧上升期，可用抗蚜威、吡虫啉或氟啶虫胺腈等，兑水喷雾。

（3）保护利用天敌　保护麦蚜天敌除改善天敌生境外，还应注意施药技术，选择对天敌安全的选择性药剂，减少用药次数和剂量，充分利用天敌控制蚜害。

十四、棉花枯萎病和黄萎病

1. 发病规律　病田土壤、病残体、病种、带菌的棉籽壳和土杂肥以及其他寄主植物等都可成为病害的初侵染来源，其中带菌土壤尤为重要。两种病菌都能在土壤中营腐生生活，存活6～7年之久。第二年环境条件适宜时，病菌从根的表皮、根毛或根的伤口侵入寄主，以后在植株维管束内繁育，扩展到枝、叶，铃和种子等部位，最后病菌又随病残体遗留在土壤内越冬。病菌可通过带菌种子和棉籽壳、棉饼肥的调运作远距离传播，施带菌粪肥也能传病。在田间，病害还可借灌溉水、农具或耕作活动而传播。

棉花枯萎病的发生流行与品种抗病性、生育阶段以及土壤温、湿度关系十分密切。一般在土温20～27℃、土壤含水量60%～75%时发病最重，所以6—7月雨水多，分布均，枯萎病一般发生严重。除上述因素外，黄萎病的发生流行还受雨日、雨量、空气相对湿度等的影响。特别是盛花期的雨日天数是该病发生流行的重要因素。此外，连作棉田，地势低洼、排水不良的棉田，大水漫灌、耕作粗放的棉田以及土壤线虫危害重的棉田两病发生均严重。

2. 综防措施　棉花枯、黄萎病的防治策略是保护无病区，控制轻病区，消灭零星病区，改造重病区。

（1）保护无病区　不从病区调进棉种，确需调种时，应进行种子消毒处理，并经过试种、鉴定后，再大面积推广。

（2）控制轻病区，消灭零星病区　轻病区应采取以轮作为主，零星病区采取以消灭零星病株为主的综合防治措施。在零星病区，特别是在棉花良种场，拔除病株后，对病点要进行土壤消毒处理，力求做到当年发现，当年消灭，扑灭一点，保护一片。可以用棉隆拌入土层中，然后用净土覆盖或浇水封闭。也可用二溴乙烷、三氯异氰尿酸、沼液及农用氨水等进行土壤处理。

(3) 改造重病区　重病区应采用以种植抗病品种为主的综合防治措施。

① 种植抗（耐）病品种。

② 种子处理硫酸脱绒、乙蒜素温汤浸种：棉籽经硫酸脱绒，用清水反复冲洗干净后，在55～60 ℃的乙蒜素中浸闷30 min。

多菌灵浸种：用多菌灵浸泡未脱绒棉籽，温下浸14 h。药液可反复利用2～3次。

③ 实行轮作倒茬在重病田采取玉米、小麦、高粱等与棉花轮作3～4年，对减轻病害有明显作用。有条件的地区实行稻棉水旱轮作效果更好。

④ 加强田间管理适时播种，培育壮苗，勤中耕，增施磷、钾肥，用无病土育苗。

十五、棉铃虫

1. 发生规律　棉铃虫在全国1年可发生3～7代，由北向南逐渐增多。北方棉区每年发生3～4代，长江流域棉区每年发生4～5代，南方棉区则为6～7代。以蛹在土中越冬。成虫飞翔能力强，对黑光灯及杨树枝叶有趋性，也喜欢取食各种花蜜。卵散产，产卵对寄主有明显的选择性，在与春玉米间作的棉田里，春玉米上的卵量可比棉花高若干倍。在嗜食寄主间，则有追逐花蕾期植物产卵的习性。产卵还有明显的趋嫩性和趋表性，即喜产在嫩尖、嫩叶、蕾、苞叶及玉米、高粱心叶上。初孵幼虫先吃卵壳，然后食害嫩尖、叶；二龄幼虫蛀食幼蕾；三、四龄以危害蕾花为主；五、六龄蛀食青铃。三龄前幼虫早晚常在叶面爬行，抗药力差，易被药剂杀死。因此，防治棉铃虫应在卵孵盛期开始防治，把棉铃虫消灭在三龄以前。

棉铃虫在温度25～28 ℃、相对湿度75%～90%、雨量分布均匀情况下发生严重。暴雨对卵和幼虫有冲刷作用，土壤湿度过大对蛹羽化成虫不利，现蕾早，生长茂密的棉田，棉铃虫发生早而重。

棉铃虫捕食性天敌有草蛉、蜘蛛、瓢虫、小花蝽、猎蝽等，寄生性天敌有赤眼蜂、姬蜂、茧蜂和寄生蝇等。

2. 综防措施

(1) 农业防治　在棉铃虫产卵盛期，结合田间整枝打杈，采卵灭虫，把打下的枝杈，嫩头和无效花蕾带出田外沤肥，可消灭卵和一、二龄幼虫。种植玉米诱集带，以诱集棉铃虫产卵，再采取措施消灭。冬、春深翻、灌水，减少虫源。种植抗虫棉，目前转Bt基因的抗虫棉已在生产上得到应用。

(2) 生物防治　产卵盛期释放赤眼蜂，也可喷施核多角体病毒、苏云金杆菌制剂。

(3) 诱杀成虫　可用杨树枝把诱蛾、高压汞灯诱杀及性诱剂诱杀。

(4) 药剂防治　在卵期或初孵幼虫期，对虫卵量达到防治指标的田块喷药防治。可用溴氰菊酯或三氟氯氰菊酯，兑水喷雾。

十六、棉叶螨（棉红蜘蛛）

1. 发生规律　棉红蜘蛛在东北1年发生12代，在长江流域以南发生20代以上，由北向南递增。北方棉区以雌成螨聚集在枯叶、杂草根际、土缝或树皮缝隙中越冬，南方棉区除以雌成螨在上述场所越冬外，还可以若螨和卵在杂草、绿肥、蚕豆上继续繁殖过冬。翌年春天5日平均气温上升至5～7 ℃便开始活动，先在越冬或早春寄主上繁殖2代左右，棉苗出土后再转移至棉田危害。每年发生严重时，东北、西北棉区在7—8月有1个发生高峰期，黄河流域棉区6—8月约有两个发生高峰期，长江流域和华南棉区4月下旬至9月上旬可有3～5个高峰期。棉株衰老后再迁至晚秋寄主上繁殖1代，当气温继续下降至15℃以下时，便进入越冬阶段。

成螨主要以两性方式繁殖，少数孤雌生殖。卵多单粒散产于叶背。幼、若和成螨畏光，栖息于叶背。当发生数量较多时，叶背往往有稀薄的丝网。棉红蜘蛛主要通过爬行或随风扩散，也可随水流转移。因此其通常首先在毗邻沟渠、地头及虫源植物的田边点、片发生，然后逐渐向田中间蔓延，在植株上则由下部向上部扩散。干旱少雨有利其发生。与玉米、豆类、瓜类、芝麻等邻作或套作的棉田及豆后、油后棉叶螨发生重。

2. 综防措施

（1）农业防治　冬耕、冬灌，冬、春清除杂草，消灭越冬棉叶螨。

（2）药剂防治　棉田喷药应采取“发现一株打一圈，发现一点打一片”的办法，严格控制，不使扩散。常用炔螨特、哒螨灵等喷雾；也可选用噻螨酮等药剂。

十七、玉米螟

1. 发生规律　玉米螟每年发生的代数自北向南有1～7代不等。以老熟幼虫在寄主植物的秸秆、穗轴及根茬中越冬。成虫昼伏夜出，有趋光性，有趋向高大、嫩绿植株产卵的习性。卵多产在叶背靠主脉处。幼虫有趋糖、趋湿和背光性，多选择在玉米植株含糖量高，组织比较幼嫩，便于潜藏而阴暗潮湿的部位取食危害。在玉米心叶期，初孵幼虫群集在心叶内，取食叶肉和上表皮，被害心叶展开后形成透明斑痕，幼虫稍大后，可把卷着的心叶蛀穿，故被害心叶展开后呈排孔状。玉米抽雄后，幼虫蛀入雄穗轴并向下转移到茎内危害。在玉米穗期，幼虫除少数仍在茎内蛀食外，大部分转移到雌穗危害：取食花丝和幼嫩籽粒，故玉米心叶末期，幼虫群集尚未转移前，为药剂防治玉米螟的关键时期。

玉米螟的发生与品种抗螟性、虫口基数、温度、湿度、天敌、栽培制度等密切相关。研究表明，抗虫玉米心叶期植株中含有甲、乙、丙（又称丁布）3种抗虫素，可抑制低龄幼虫的发育，甚至引起死亡。如农大14号、春杂13号，玉米螟初孵幼虫很难在其上存活。

玉米螟越冬代幼虫耐寒能力强，在20～30℃仍能存活，喜欢中温、高湿条件，高温、干旱是其发生的限制性因素。

玉米螟生长中主要天敌是赤眼蜂，它是卵寄生蜂，在自然条件下对第二代玉米螟寄生率很高，除赤眼蜂外，还有小茧蜂、寄生蝇、白僵菌以及捕食性的瓢虫、草蛉等。

2. 综防措施

（1）农业防治　选用抗虫品种；处理秸秆，压低虫口基数；改进耕作制度，缩小春播玉米，扩大夏播玉米，切断第一代桥梁田。

（2）生物防治

赤眼蜂治螟：在始卵期施放赤眼蜂，每亩每次0.5万～1万头，每隔5 d放1次，共3次。

白僵菌治螟：将白僵菌粉制成颗粒剂，在玉米心叶期使用，撒于喇叭口内。

Bt-乳剂治螟：用苏云金杆菌-乳剂与细沙制成颗粒剂，在心叶中期投入大喇叭口中。或在心叶后期，用Bt-乳剂，飞机超低量喷雾防治（蚕区禁止使用）。

（3）药剂防治　一般在玉米心叶末期花叶株率达10%时，集中防治1次，重发生年可在心叶中期加治1次。以用颗粒剂在心叶末期防治幼龄幼虫为主，并在穗期适当施药保护。常用的成品颗粒剂辛硫磷颗粒剂、杀虫双大粒剂等。也可用敌百虫、溴氰菊酯等药液灌心；或用氯虫苯甲酰胺、丙氟氯氰或三氟氯氰菊酯，兑水喷雾。

十八、玉米大斑病和小斑病

1. 发病规律 两种病菌主要以菌丝及分生孢子在病残体上越冬，成为翌年初侵染源，种子上带的少量病菌也能越冬。越冬病组织上的病菌在条件适宜时产生分生孢子，借风雨传播，由玉米叶的气孔及表皮侵入发病，形成病斑。病部产生的分生孢子经气流传播，进行多次再侵染。

不同的品种对大斑病和小斑病的抗病性有显著差异。一般本地品种比国外引进品种抗病，当地培养的自交系比引进的自交系抗病，白粒型比黄粒型抗病。

中温（20～25 ℃）、高湿条件适合大斑病发生，高温（28～32 ℃）、高湿条件适合小斑病发生。在适宜条件下，病菌侵入后只要2～4 d即完成一次侵染过程，出现症状。

2. 综防措施 采取以种植抗病品种为主，加强田间管理，减少菌源，并与药剂防治相结合的综合防治措施。

（1）选育和推广抗病、高产品种，尽量压缩感病自交系和杂交种的播种面积。从外地引进的品种要进行抗病性鉴定。在生产实际中，还要注意病原生理小种的变化而引起的抗病性丧失问题。

（2）加强栽培管理，减少菌源实行间作套种，适时早播，合理密植，勤中耕，科学管水，调节农田小气候使之不利发病。施足基肥，适时分期追肥，以促使植物生长健壮，提高抗病性。收获后清除田间的病株和落叶，及时进行翻耕，以减少来年病源。

（3）药剂防治 玉米抽雄灌浆期是药剂防治的关键时期。可用甲基硫菌灵、多菌灵、代森锰锌、百菌清、腐霉利或异菌脲，加水喷雾。由于大、小斑病通常在玉米生长后期流行，此期间的玉米植株高大，雨水又多，大面积用药技术还有待解决。药剂防治主要作为消灭大田发病中心，压低菌源，减轻发病的一项辅助措施。

十九、东亚飞蝗

1. 发生规律 东亚飞蝗无滞育现象，国内自北至南1年发生1～4代。北京以北地区每年发生1代；黄河下游与淮河、长江流域通常发生2代，广东、广西发生3代，海南可发生4代。均以卵在土中越冬。猖獗发生主要在2代区，2代区越冬卵多于4月下旬至5月上、中旬孵化为第一代蝗蝻，称为夏蝻。在6月中、下旬羽化为夏蝗。夏蝗羽化后经15～20 d产卵，7月上、中旬为产卵盛期。卵经15～20 d孵化为第二代蝗蝻，称为秋蝻。秋蝻孵化多在7月中、下旬，若虫期约30 d，8月上旬至9月上、中旬羽化为秋蝗。秋蝗羽化后经15～20 d开始产卵，产卵盛期在9月上、中旬，通常即以此代卵越冬。群居型飞蝗成虫有成群远距离迁飞的习性。一经起飞，可连续飞1 d以上，夜间也可飞行，如遇下雨能强迫停飞。飞行中需要取食。饮水时即下降，这时成片庄稼很快就被吃光。

东亚飞蝗的散居型和群居型可以相互转化。飞蝗在低密度下为散居型，密度大了以后，个体间相互接触频繁，可逐渐转变为群居型。蝗群迁飞蔓延形成“赤地千里”的大灾。当群居型大量个体被消灭，零星个体单独活动，可变为散居型。

飞蝗的适生环境主要是沿江、沿湖水位涨落不定的低洼地和一些有雨即涝、无雨即旱的内涝地。这些地方，耕作粗放、荒地面积大，芦苇、莎草等杂草丛生，有丰富的食物；遇有干旱年份，当水位下降时，适宜蝗虫产卵繁殖，容易酿成蝗灾，并成为飞蝗大发生的基地。因此，每遇大旱年份，要注意防治蝗虫。

2. 综防措施

（1）改造蝗区　应根据不同蝗区的地形地貌和生态环境特点，因地制宜的兴修水利，大搞农田基本建设，垦荒种植、养殖，恶化飞蝗的生长繁殖条件，从根本上改变蝗区面貌，控制蝗害的发生。

（2）药剂防治　狠治夏蝗，扫清残蝗，减少秋蝗虫源基数。对达到防治指标（每 10 m^2 有飞蝗 5 头）的地带，掌握在蝗蝻三龄盛期前，及时用药防治。当点、片发生时，用毒饵或机动喷雾器等地面喷药防治；当高密度大面积发生时可用飞机喷药，用马拉硫磷超低容量喷雾或低于常量喷雾。补治残留高龄蝻，在地面无水、植被稀疏地带，一般可用毒饵、毒草撒施。

（3）生物防治　保护蝗区鸟、蛙及昆虫天敌对控制和压低残蝗数量起明显作用。使用生物农药，如喷施微孢子虫等；另外放鸭食蝗，放鹅啄食草根，翻土破坏蝗卵收效也很好。

二十、草地螟

1. 发生规律　1 年发生 1～4 代不等，以老熟幼虫在丝质土茧中越冬。越冬幼虫在翌春开始化蛹，一般在 5 月下旬至 6 月上旬进入羽化盛期。越冬代成虫羽化后，从越冬地迁往发生地，在发生地繁殖 1～2 代后，再迁往越冬地，产卵繁殖到老熟幼虫越冬。

成虫有远距离迁飞的习性。在我国北方草地螟的越冬发生地在内蒙古中部、山西北部和河北张家口地区。这些地区 8 月以后，气温偏低、降雨量不大，荒坡、草滩和休闲地面积大，草地螟越冬茧受人为耕作影响较小，草地螟幼虫越冬面积广、数量大，第二年春羽化后，便可随当时的季风迁至内蒙古东部、辽宁中西部、吉林中西部和黑龙江中、西部繁殖危害。成虫飞翔、取食、产卵、栖息均具有群集性。对灯光有很强的趋性，尤其是对黑光灯趋性更强。成虫需补充营养，常群集取食花蜜。卵多单产或聚产在耐盐碱的藜科、锦葵科、茄科、菊科的植物叶片背面，以距地面 8 cm 处为多。幼龄幼虫多群栖植物心叶内取食。三龄开始结网，四龄后则单虫结网分散危害。幼虫老熟，潜入土层作袋状茧，在内化蛹。

2. 综防措施

（1）农业防治　在草地螟集中越冬地区，采取秋翻、春耕、耙地及冬灌等，恶化其越冬环境，增加越冬死亡率。在成虫产卵前，铲除田间杂草（特别是藜科杂草），并深埋处理。幼虫入土后，采用中耕、灌水等可有效地降低虫口密度，减轻危害。

（2）药剂防治　在一、二龄幼虫阶段喷药。可用溴氰菊酯、氰戊菊酯、辛硫磷或敌敌畏喷雾。也可选用苏云金杆菌制剂、灭幼脲等。

此外，灯光捕杀成虫，在受害严重田块周围挖沟或喷撒药带，阻止幼虫向邻近田爬迁，均能减轻危害。

二十一、草地贪夜蛾

根据草地贪夜蛾的发生发展规律，结合预测预报，因地制宜采取理化诱控、生物生态控制、应急化学防治等综合措施，强化统防统治和联防联控，及时控制害虫扩散危害。

1. 理化诱控 在成虫发生高峰期，采取性诱剂以及食物诱杀等理化诱控措施，诱杀成虫、干扰交配，减少田间落卵量，压低发生基数，减轻危害损失。

2. 生物防治 以西南、华南草地贪夜蛾周年繁殖区为重点，采用白僵菌、绿僵菌、核型多角体病毒（NPV）、苏云金杆菌（Bt）等生物制剂早期预防幼虫，充分保护利用夜蛾黑卵蜂、螟黄赤眼蜂、蠋蝽等天敌，因地制宜采取结构调整等生态调控措施，减轻发生程度，减少化学农药使用，促进可持续治理。

3. 合理用药 对虫口密度高、集中连片发生区域，抓住幼虫低龄期实施统防统治和联防联控；对分散发生区实施重点挑治和点杀点治。推广应用乙基多杀菌素、茚虫威、甲维盐、虱螨脲、虫螨腈、氯虫苯甲酰胺等高效低风险农药，注重农药的交替使用、轮换使用、安全使用，延缓抗药性产生，提高防控效果。

二十二、杂草

1. 物理防治 最原始、简便、费工、费时、劳动强度大、除草效率低，主要包括人工除草、机械除草、火力除草、电力和微波除草、薄膜覆盖抑草等。物理防治对作物、环境等安全、无污染，同时，还兼有松土、保墒、培土、追肥等有益作用。

2. 农业防治 农业防治是杂草防除中重要的和首要的一环，利用农田耕作、栽培技术和田间管理措施等控制和减少农田土壤中杂草种子基数，抑制杂草的成苗和生长，减轻草害，降低农作物产量和质量损失的杂草防治的策略方法。对作物和环境安全，不会造成任何污染。但是，农业防治难以从根上削弱杂草的侵害，从而确保作物安全生长发育和高产、优质。

（1）耕作治草 借助土壤耕作的各种措施，在不同时期，不同程度上消灭杂草幼芽、植株或切断多年生杂草的营养繁殖器官，进而有效治理杂草的一项农业措施。

（2）覆盖治草 在作物田间利用有生命的植物或无生命的物体在一定的时间内遮盖一定的地表或空间，阻挡杂草的萌发和生长的方法。

（3）轮作治草 不同作物间交替或轮番种植的一种种植方式，是克服作物连作障碍，抑制病虫草害，促进作物持续高产和农业可持续发展的一项重要农艺措施。通过轮作能有效地防止或减少伴生性杂草，尤其是寄生性杂草的危害。

（4）间套作控草 依据不同植物或作物间生长发育特性的差异，合理地进行不同作物的间作或套作。间（套）作是利用不同作物的生育特性，有效占据土壤空间，形成作物群体优势抑草，或是利用植（作）物间互补的优势，提高对杂草的竞争能力，或利用植物间的化感作用，抑制杂草的生长发育，达到治草的目的。

3. 生态防治 是指在充分研究认识杂草的生物学特性、杂草群落的组成和动态以及“作物—杂草”生态系统特性与作用的基础上，利用生物的、耕作的、栽培的技术或措施等限制杂草的发生、生长和危害，维护和促进作物生长和高产，而对环境安全无害的杂草防除实践。

4. 化学防治 利用化学药物（除草剂）有效治理杂草的快捷方法。

5. 生物防治 利用不利于杂草生长的生物天敌（如某些病原真菌、细菌、病毒、线虫、食草动物）或其他高等植物来控制杂草的发生、生长蔓延和危害的杂草防除方法。生物防治杂草是通过干扰或破坏杂草的生长发育、形态建成、繁殖与传播，使杂草的种群数量和分布控制在经济阈值允许或人类的生产、经营活动不受其太大影响的水平之下。生物防治比化学除草具有不污染环境、不产生药害、经济效益高等优点，比农业防治、物理防治简便。

（1）以虫治草　利用某些昆虫能相对专一地取食某种杂草的特性来防治杂草的方法。

（2）以病原微生物治草　一般来讲，病原微生物都是杂草的天敌，能够使杂草严重感染，影响杂草生长发育、繁殖。利用病原真菌治理杂草的机理主要包括对杂草的侵染能力、侵染速度和对杂草的损伤性等。

第八章

农药（械）使用

随着化学合成工业和机械制造水平提升，农药、药械不断升级换代，农作物病虫害防治产品、技术和机械也在不断进步，选择安全、有效、环保的农药，掌握植保机械的正确操作方法，对于提高防治效果、提高农药利用率、降低农药使用量都有重要意义。

第一节　准备农药（械）

准备农药、药械是开展农作物病虫害防治的必要前提，要掌握选用农药的基本原则，懂得辨别常用农药外观质量的方法，了解农药的基本知识。

一、选用农药的基本原则

农药的种类繁多，防治对象也各不相同，同一种农药也有多种剂型，不同的剂型在使用方法和效果方面也会有很大差异。因此，要根据防治要求、防治对象合理选择农药产品种类。如果选用不当，不仅不能对病、虫、草、鼠害等进行防治，对农作物进行保护，反而有可能危害作物，甚至污染环境或影响人、畜健康。

选择农药一般应遵循安全、有效、经济的原则，安全主要包括防止人、畜中毒，避免作物药害，控制农药残留和保护有益生物；有效主要指防治效果好；经济主要指选用农药应讲经济效益，力求以最小的投入获得最大的收益。要达到上述目的，一般应做好以下几点：

1. 对症买药　首先要明确防治对象，然后根据防治对象选择正确的农药，根据农药确定施药器械。

2. 选择高效、低毒、低残留的农药　多种农药或一种农药的不同剂型，均会对防治对象有防治作用，应选择用量少、防效高、毒性低、在农产品和环境中残留量低、残留时间短的农药。

3. 选择价格合理的农药　选择农药要考虑产品价格，但并不等于价格低的农药就经济合算。除了考虑价格因素外，还要考虑到单位面积的施药量和持效期等多种因素。持效期长，在整个作物生长季中的施药次数就会减少，用药成本就低；反之费用就高。

二、常用农药外观质量辨别

根据农药施用技术方案的要求首先到正规的商店购买农药。同时在购买时必须对农药的外观质量从以下几方面进行初步的辨别。

（一）查看标签

检查标签的重点：一是农药商品标签上是否标有农药登记证号、农药生产许可证或批准文件号和农药标准号；二是查看生产日期和有效期。按我国规定，农药的有效期一般为 2 年，过期农药质量很难保证。

（二）检查农药包装

看包装是否有渗漏、破损；看标签是否完整，内容、格式是否完整、规范，成分是否标注清楚。

（三）从外观上判断农药质量

农药因生产质量不高，或因贮存保管不当，如外观上发生以下变化，说明农药质量有问题，就可能造成农药减效、变质或失效。

1. 粉剂或可湿性粉剂农药出现药粉结块、结团，说明药粉已受潮。
2. 乳油农药有分层，浑浊或有结晶析出，而且在常温下结晶不消失。
3. 悬浮剂等液剂农药分层严重，水剂农药有沉淀或絮状物。
4. 颗粒剂农药药粉脱落很多，或药粒崩解很重，包装袋中积粉很多。

三、农药的基本知识

农药是指用于预防、控制危害农业、林业的病、虫、草、鼠和其他有害生物以及有目的的调节植物、昆虫生长的化学合成或者来源于生物、其他天然物质的一种物质或者几种物质的混合物及其制剂。

（一）农药名称

农药的名称是它的生物活性即有效成分的称谓。通常一种农药有以下几种名称：

1. 化学名称 是按有效成分的化学结构，根据化学命名原则定出化合物的名称。化学名称可明确地表达化合物的结构，根据名称可以写出该化合物的结构式，但因其专业性强，文字长而繁琐，使用很不普遍。国内农药产品的标签上，一般只有商品名称和中文通用名称，但国外农药标签和使用说明书上常列有其化学名称。

2. 通用名称 是标准化机构规定的农药生物活性有效成分的名称。一般是由其化学名称中几个代表化合物生物活性部分的音节组成。经国际标准化组织（简称 ISO）制定并推荐使用的国际通用名称；中文通用名称是由中国国家标准局颁布，在中国国内通用的农药中文通用名称。

3. 商品名称 农药商品名称是农药生产厂家为区别于其他厂家产品，满足商品流通和市场竞争的需要，为其产品在农药登记管理部门注册的名称。经审核批准的商品名称具有独占性，未经注册厂家同意，其他厂家不能使用该商品名称。

（二）农药剂型

未经加工的农药称之为原药。固体状态的原药称为原粉，液体状态的原药称为原油或原液。除极少数农药原药不需加工可直接使用外，绝大多数原药都要加工成含有一定有效成分、一定规格的制剂才能使用。将原药与填充剂或辅助剂一起经过加工处理，使之具有一定组分和规格的农药加工形态，称之为农药剂型。经过加工后的农药的总称即为农药制剂，它包括有效成分含量、原药名称及剂型名称 3 部分。一种剂型可以制成多种不同用途、不同含量的制剂。农药的加工对提高药效、改善药剂性能、稳定质量和降低毒性等方面都起着重要的作用。

目前，我国常用的农药制剂中主要剂型有可湿性粉剂、乳油、悬浮剂、颗粒剂 4 种类型。其他如乳粉、可溶性粉剂、水分散粒剂、油悬浮剂、水剂、种衣剂、微胶囊剂、烟剂、片剂、熏蒸剂、气雾剂等剂型，近些年有所增加。另外，还出现一些新剂型，如热雾剂、展膜油剂、撒滴剂、桶混剂等。以往粉剂曾是主要剂型，近年来大大减少。

1. 粉剂（DP） 由一种或多种农药和陶土、黏土等填料，经过机械粉碎加工、混合而的粉状混合物，其细度要求 95%通过 200 号筛，即粉粒直径小于 74 μm，平均粒径 30 μm。粉剂不易被水湿润，也不能分散和悬浮在水中，所以不能加水喷雾施用。一般低浓度粉剂都是直接作喷粉使用，高浓度的粉剂可作拌种、土壤处理或制作毒饵等。

粉剂的优点是使用方便，工效高，不受水源限制，用途广泛。但喷粉时药粉易飘移，污染周围环境，不易附着作物体表，用量大，持效期短。

2. 可湿性粉剂（WP） 由原药和填料（陶土或高岭土）及湿润剂，按一定比例混合，经机械粉碎、研磨、混匀而成的粉状物，其细度要求 99.5%通过 325 号筛，即粉粒直径小于 44 μm，平均粒径 25 μm。可湿性粉剂能被水湿润，均匀分散在水中，悬浮率一般在 60%以上。兑水后主要用于喷雾，不可直接喷粉。

可湿性粉剂一般比粉剂防治效果高，残效也较长。但如果湿润剂质量差，则悬浮性不好，容易沉淀，影响药效或造成药害。

3. 乳油（EC） 由原药、有机溶剂和乳化剂等按一定比例混溶调制而成的透明油状液体。pH 一般为 6～8，稳定性在 99.5%以上。兑水后稍加搅动即分散成白色乳状液体，且不分层沉淀。

乳油的优点是加工方法简单，有效成分含量高；喷洒时药液能很好地黏附在作物表面和病、虫、草体上，耐雨水冲刷，持效期较长；药剂容易侵入或渗透到病、虫体内，或渗入到作物表皮内部，其防效优于同种药剂的其他常规剂型，其缺点是成本较高，使用不慎，容易造成药害和人、畜中毒事故。并且因耗用大量有机溶剂，污染环境，且易燃不安全。

4. 颗粒剂（GR） 由农药原药、载体（陶土或细沙、黏土、煤渣等）和助剂制成的颗粒状制剂。其颗粒直径为 250～600 μm，并有一定的硬度。

颗粒剂的优点是使用时沉降性好，飘移性小，对非靶标生物影响小，可控制农药释放速度，持效期长，施用方便，省工、省时。同时，也能使高毒农药低毒化，对施药人员较安全。

5. 干悬浮剂（DF） 一种为乳粉，用加温能熔化而又不溶于水的固体农药原药，加热熔化后倒入温度相近的乳化剂中，经机械搅拌、烘干、粉碎而成。乳粉兑水后，即分散成均匀的悬浮液。其优点是不使用有机溶剂，防效可与乳油相近，加工简单，成本低廉，便于使用和贮运；缺点是容易结块，黏着性能较差，不耐雨水冲刷，残效期比乳油稍短些。另一种为悬浮剂经过喷雾干燥而成的颗粒，与水分散粒剂相同。

6. 可溶性粉剂（SP） 由水溶性原药添加水溶性填料及少量助剂组成。外观为粉状，加水形成水溶液。目前，常用的加工方法是热熔喷雾法，将热熔成液体的农药原药，均匀混入水溶性分散剂中，通过加压喷雾、散热成粉状物。该剂型加工简便，使用方便，药效高，便于包装、运输和贮藏。

7. 悬浮剂（SC） 又称胶悬剂，是农药原药和载体及分散剂混合，利用湿法进行超微粉碎而成的黏稠可流动的悬浮体。它具有粒子小、活性表面大、渗透力强、配药时无粉尘、成本低、药效高等特点，并兼有可湿性粉剂和乳油的优点，加水稀释后悬浮性好。

8. 水分散粒剂（WG）　是近年来发展的一种颗粒状新剂型。由固体农药原药、湿润剂、分散剂、增稠剂等助剂和填料加工造粒而成，遇水能很快崩解分散成悬浮状。该剂型的特点是流动性能好，使用方便，无粉尘飞扬，而且贮存稳定性好，具有可湿性粉剂和胶悬剂的优点。

9. 水剂（AS）　利用某些原药能溶解于水中而又不分解的特性，直接用水配制而成。其优点是加工方便，成本较低，但不易在植物体表湿润展布，黏着性差，长期贮存易分解失效。

10. 种衣剂（SD）　由农药原药、分散剂、防冻剂、增稠剂、消泡剂、防腐剂、警戒色等均匀混合，经研磨到一定细度成浆料后，用特殊的设备将药剂包在种子上。该剂型的突出优点是可以有效防治地下害虫，根部病害和苗期病虫害效果好，既省工、省药，又能增加对人、畜的安全性，减少对环境的污染。

11. 微囊悬浮剂（CS）　又称微胶囊剂，是新发展的一种农药剂型。由农药原药和溶剂制成颗粒，同时再加入树脂单体，在农药微粒的表面聚合而形成的微胶囊剂。该剂型具有降低毒性、延长持效、减少挥发、降低农药的降解和减轻药害等优点，但加工成本较高。

12. 烟剂（FU）　由农药原药与助燃剂和氧化剂配制而成的细粉状物，用火点燃后可燃烧发烟。其优点是使用方便、节省劳力，可扩散到其他防治方法不能达到的地方。适用于防治仓库和温室的病虫害。

13. 片剂（TA）　由农药加入填料、助剂等均匀搅拌，压成片剂或成一定外形的块状物。其优点是使用方便，容易计量。

14. 熏蒸剂（VP）　一般不需再行加工配制，可直接施用原药，在常温下即能挥发出有毒气体，或者经过一定的化学作用而产生有毒气体，通过害虫的气孔（气门）等呼吸系统进入体内，致使害虫发生中毒致死的药剂。

15. 油悬浮剂　是农药原药和载体及分散剂混合，利用湿法进行超微粉碎而成的黏稠可流动的悬浮体，其特点是悬浮液体使用油而非水。它具有粒子小、活性表面大、渗透力强、配药时无粉尘、药效高等特点，并兼有可湿性粉剂和乳油的优点，加水稀释后悬浮性好。与悬浮剂相比，避免了一些对水敏感药剂容易分解的缺点，增加了药剂的粘附性和渗透性，在发挥除草剂的药效上具有优势。

（三）农药分类

1. 按防治对象分类　可分为杀虫剂、杀螨剂、杀菌剂、杀鼠剂、杀软体动物剂、杀线虫剂、除草剂、植物生长调节剂等。

2. 按原料来源分类　可分为矿物源农药（无机化合物）、生物源农药（天然、有机物、抗生素、微生物）及化学合成农药3大类。

3. 按化学结构分类　可分为有机磷、氨基甲酸酯、拟除虫菊酯、有机氮化合物、有机硫化合物、酰胺类化合物、脲类化合物、醚类化学物、酚类化合物、苯氧羧酸类、三氮苯类、二氮苯类、苯甲酸类、脒类、三唑类、杂环类、香豆素类、有机金属化合物类等。

4. 按作用方式分类

（1）杀虫剂

胃毒剂：药剂通过害虫取食进入消化系统，使之中毒死亡。这种农药对具有咀嚼式和舐吸式口器的害虫非常有效。

触杀剂：药剂通过害虫体壁进入害虫体内，使之中毒死亡。可用于防治各种类型口器的害虫。大多数具有触杀作用的有机合成农药，都兼有胃毒作用。

内吸剂：药剂被植物的茎、叶、根和种子吸收进入植物体内，经传导扩散或产生更毒的代谢物质，使取食植物的害虫死亡。这类农药对具刺吸式口器的害虫特别有效。

熏蒸剂：药剂能在常温下气化为有毒气体，通过气门进入害虫体内，使之中毒死亡。

拒食剂：药剂被害虫取食后，破坏害虫的正常生理功能，消除食欲，停止取食，最后饿死。这类药剂只对咀嚼式口器的害虫有效。

引诱剂：药剂以微量的气态分子，将害虫引诱于一起集中歼灭。此类药剂又分食物引诱剂、性引诱剂和产卵引诱剂 3 种。其中使用较广的是性引诱剂。

昆虫生长调节剂：药剂能阻碍害虫的正常生理功能，阻止正常变态，使幼虫不能变蛹，或蛹不能变为成虫，形成没有生命力或不能繁殖的畸形个体。这类药剂生物活性高，毒性低，残留少，具有明显的选择性。对人、畜和其他有益生物安全。但是杀虫作用缓慢，持效期短。

（2）杀菌剂

保护性杀菌剂：在病害流行前（即当病原菌接触寄主或侵入寄主之前）施用于植物体可能受害的部位，以保护植物不受侵染的药剂。

治疗性杀菌剂：在植物已经感病以后，可用一些非内吸杀菌剂，如硫黄直接杀死病菌，或用具内渗作用的杀菌剂，可渗入到植物组织内部，杀死病菌，或用内吸杀菌剂直接进入植物体内，随着植物体液运输传导而起治疗作用的杀菌剂。

铲除性杀菌剂：对病原菌有直接强烈杀伤作用的药剂。这类药剂常为植物生长期不能忍受，故一般只用于播前土壤处理、植物休眠期或种苗处理。

（3）除草剂

输导型除草剂：施用后通过内吸作用传至杂草的敏感部位或整个植株，使之中毒死亡的药剂。

触杀型除草剂：不能在植物体内传导移动，只能杀死所接触到的植物组织的药剂。

在除草剂中，习惯上又常分为选择性除草剂（即在一定的浓度和剂量范围内杀死或抑制部分植物而对另外一些植物安全的药剂）和灭生性除草剂（在常用剂量下可以杀死所有接触到药剂的绿色植物体的药剂）两大类。严格地讲，这不能划分于作用方式中。

（四）农药毒性

1. 农药毒性表示方法　农药对人、畜及其他有益生物产生直接或间接的毒害作用，或使其生理机能受到严重破坏的性能称为农药毒性。其毒性大小有多种表示方法，最常用的是致死中量（LD_{50}）和致死中浓度（LC_{50}）。

（1）致死中量（LD_{50}）　也称半数致死量。即在规定时间内，使一组试验动物的 50%个体发生死亡的毒物剂量。这个剂量越大，农药的毒性越小。反之，致死中量越小，农药毒性越大。

（2）致死中浓度（LC_{50}）　也称半数致死浓度。即在规定时间内，使一组试验动物的 50%个体发生死亡的毒物浓度。该浓度越高，农药毒性越小。反之，该浓度越低，农药毒性越大。

2. 农药毒性分级　农药毒性的大小是根据药剂对动物（一般为大白鼠）毒性试验结果来评定的。目前，我国是以急性毒性指标的大小来衡量药剂毒性的高低。我国的农药毒性划分为剧毒、高毒、中等毒、低毒、微毒5个级别（表8-1）。

表8-1　农药急性毒性分级

级别	经口 LD_{50}（mg/kg）	经皮 LD_{50}（mg/kg）4 h	吸入 LC_{50}（mg/m³）2 h
剧毒	<5	<20	<20
高毒	5～50	20～200	20～200
中等毒	50～500	200～2 000	200～2 000
低毒	>500	>2 000	>2 000
微毒	>5 000	>5 000	>5 000

农药毒性的分级是个比较复杂的问题，除应根据该种农药的急性毒性外，还应考虑到农药的慢性毒性、残留和蓄积性毒性等综合因素来评价该种农药的毒性大小。有的农药本身毒性不高，如杀虫脒，但它的慢性毒性突出，对人体潜在性危害较大，因此被禁用。

（五）农药“三证”

农药产品要进入市场，其农药标签上必须注明3个证号，即农药登记证号、农药生产许可证号或生产批准证书号（进口农药除外）、农药标准号（进口农药除外）。

1. 农药登记证号　农药登记证是农业农村部对该农药产品的化学、毒理学、药效、残留、环境影响等进行评价，认为符合登记条件后，颁发给生产企业的一种证件，根据国家法律，国内生产（包括原药生产、制剂加工和分装）农药和进口农药，都必须进行登记。未经登记的农药产品不得生产、销售和使用。

2. 农药生产许可证号或生产批准证书号　该证是农药管理部门根据对农药生产企业的技术人员、厂房、生产设施和卫生环境、质量保证体系等项目进行审查，批准后颁发给企业的一种证件。

3. 农药标准号　农药标准号是农药产品质量技术指标及其相应检测方法标准化的合理规定。它要经过标准行政管理部门批准并发布实施。

我国的农药标准分为3级，即企业标准、行业标准（部颁标准）和国家标准。

国内农药产品都有自己的“三证号”，每一个产品的“三证号”都不相同。根据我国《农药管理条例》规定，凡“三证”不全或假冒、伪造“三证号”的产品，均属非法产品，应对生产者、经营者依法查处。国外进口农药产品因其生产厂不在我国，所以没有农药生产许可证或农药生产批准文件和农药标准号，只有农药登记证号。

（六）农药标签

农药标签是紧贴或印制在农药包装上，紧随农药产品直接向用户传递该农药性能、使用方法、毒性、注意事项等内容的技术资料，是农民安全合理使用农药的重要依据。一个合格的农药标签应包括以下内容：

1. 农药名称、剂型、有效成分及其含量。

2. 农药登记证号、产品质量标准号及农药生产许可证号。

3. 农药类别及其颜色标志带、产品性能、毒性及其标识。

4. 使用范围、使用方法、剂量、使用技术要求和注意事项。

5. 中毒急救措施。

6. 储存和运输方法。

7. 生产日期、产品批号、质量保证期、净含量。

8. 农药登记证持有人名称及其联系方式。

9. 可追溯电子信息码。

10. 像形图。

11. 农业部要求标注的其他内容。

合法的商品农药包装上附贴的农药标签，是经农药登记部门严格审查批准的，具有一定的法律效应。

第二节 配制药液、毒土

市场销售的各类农药，在使用时都需要进行稀释，或增加助剂，以合适的浓度和剂型防治农作物病虫害。通过学习，要掌握配制药液及毒土的方法，了解并掌握常用的农药施用方法，懂得配制药液及毒土的注意事项。

一、操作步骤

除粉剂、颗粒剂、片剂和烟剂以外，一般农药产品的浓度都比较高，按常规施药方法在使用前必须经过配制。应根据农药产品、防治对象和作物种类的不同，施药时气温的高低，在药剂中加入不同量的水（土）或其他稀释剂，配成所需的药液或毒土（饵）。药液或毒土（饵）浓度适当与否，与药效和安全性有很大关系，所以在稀释农药时要按照农药标签上的使用说明，严格掌握稀释浓度。配制农药一般分以下 3 个步骤进行：

（一）准确计算农药制剂和稀释剂的用量

1. 农药用量表示方法

（1）农药有效成分用量　国际上采用单位面积有效成分用量，即有效成分为克/公顷（g/hm^2）表示方法，或有效成分为每亩的含量（克、g）（国内常用）。

（2）农药商品用量　该表示法比较直观易懂，但必须带有制剂浓度，一般表示为每公顷（hm^2）或每亩含量（g 或 mL）。

（3）稀释倍数　这是针对常量喷雾而沿用的习惯表示方法。一般不指出单位面积用药液量，应按常量喷雾施药。

（4）百万分浓度　表示 100 万份药液中含农药有效成分的份数，通常表示农药加水稀释后的药液浓度，用 mg/kg 或 mg/L 表示。

此外，也有以百分浓度表示农药使用浓度，如用 12.5％烯唑醇可湿性粉剂按种子重量 0.1％拌种防治玉米丝黑穗病。

2. 农药制剂用量计算

（1）按单位面积上的农药制剂用量计算

$$农药制剂用量（g或mL）=每亩或每公顷面积农药制剂用量（g或mL）\times 施药面积（亩或hm^2）$$

（2）按单位面积上的有效成分用量计算

$$农药制剂用量（g或mL）=\frac{每亩或每公顷有效成分用量（g或mL）}{制剂的有效成分含量（\%）}\times 施药面积（亩或hm^2）$$

（3）按农药制剂稀释倍数计算

$$农药制剂用量（g或mL）=\frac{配制药液量（g或mL）}{稀释药液倍数}\times 施药面积（亩或hm^2）$$

（4）按农药制剂（mg/kg）计算

$$农药制剂用量（g或mL）=\frac{mg/kg数\times 配制药液量（g或mL）}{10^6\times 有效成分含量（\%）}\times 施药面积（亩或hm^2）$$

3. 农药使用浓度换算

（1）农药有效成分量与农药商品量的换算

农药有效成分量=农药商品用量×农药制剂浓度（%）

（2）百万分浓度与百分浓度（%）换算

百万分浓度=百分浓度（%）×10 000

（3）稀释倍数换算

内比法（稀释倍数<100）：

稀释倍数=原药剂浓度/新配制药剂浓度

药剂用量=新配制药剂重量/稀释倍数

$$稀释剂用量（加水或拌土量）=\frac{原药剂用量\times(原药剂浓度-新配制药剂浓度)}{新配制药剂浓度}$$

外比法（稀释倍数>100）：

稀释倍数=原药剂浓度/新配制药剂浓度

稀释剂用量=原药剂用量×稀释倍数

（二）准确量取农药制剂和稀释用水

计算出农药制剂用量和兑水量后，要严格按照计算量称取或量取。固体农药要用秤称量，液体农药要用有刻度的量具量取（如量杯、量筒、吸液管等）。量取时，应避免药液流到筒或杯的外壁，要使筒或杯处于垂直状态，以免造成量取偏差；量取配药用水，如果用水桶或喷雾器药箱作计量器具时，应在其内壁用油漆画出水位线，标定准确的体积后，方可作为计量工具。

（三）正确配制药液、毒土

1. 固体农药制剂的配制　商品农药的低浓度粉剂，一般不用配制，可直接喷粉。但用作毒土撒施时需要用土混拌，选择干燥的细土与药剂混合均匀即可使用；可湿性粉剂配制时，应先在药粉中加入少适的水（500 g药粉约加250 g水），用木棒调成糊状，然后再加入较多一些水调匀，以上面没有浮粉为止，最后加完剩余的稀释水量。注意，不能图省事，把药粉直接倒入大量的水中。

2. 液体农药制剂的配制

（1）注意水的质量　用于配制药剂的水，应选用清洁的江、河、湖、溪和沟塘的水，尽量不用井水，更不能使用污水、海水或咸水，以免对乳油类农药起破坏作用，影响药效或引起药害。

（2）严格掌握药剂的加水倍数　每种农药都有一定的使用浓度要求。在配制时，应严格按规定的使用浓度加水，如果加水量过多，浓度降低，会影响药效；若加水量不足，致使药剂浓度增高，不但浪费农药，还可能引起药害。

（3）注意加水方法　在按规定加入足量稀释水前，可先加入少量水配好母液，然后用剩余的水，分 2～3 次冲洗量器，冲洗水全部加入药箱中，搅拌均匀。需要注意的是，有的药剂在水中很容易溶解，但有的药剂虽也能溶解在水中，但需要先用少量热水溶解后，再加入清水。

（4）注意药剂的质量　在加水稀释配制乳油农药时，一定要注意药剂的质量。有的乳油由于贮存时间过长或者原来质量不好，已经出现分层、沉淀。对这种药剂，在配制前，应把药瓶轻轻摇振 20～30 次，静置后如能成均匀体，方可配制；如摇振后还不能成均匀体，就要把装乳油的药瓶放在温热的水里，浸泡 10～20 min（注意不能用开水，以防药瓶破碎），对分层、沉淀完全化开的药剂，可用少量的乳油农药，加入相应的清水试验，若上无浮油。下无沉淀，并成白色乳状液，则该药剂可以兑水使用。

二、农药施用方法

农药施用方法是指把农药施用到目标作物上所采用的技术措施。不同的施药方法会直接影响到防治效果、防治成本及环境安全。应根据农药的性能、剂型，防治对象和防治成本等综合因素来选择施药方法。

农药的施用方法较多，在我国绝大多数是采用地面施药技术。地面施药的常用方法有喷雾、喷粉、撒施、浇洒、种子处理、毒饵（土）、熏蒸、烟雾、涂抹等。

（一）喷雾法

喷雾是以一定量的农药与适量的水配成药液，用喷雾器械将药液喷洒成雾滴。这是最常用的施药方法。此法适用于乳油、水剂、可湿性粉剂、悬浮剂、可溶性粉剂等农药剂型，可作茎叶处理，也可作土壤处理，具有药液可直接触及防治对象、分布均匀、见效快、防效好、方法简便等优点，但也存在易飘移流失，对施药人员安全性较差等缺点。根据喷雾容量的多少，喷雾法可分为以下 5 种：

1. 高容量喷雾（常量喷雾）　每亩喷药液量＞40 L，是一种针对性喷雾法。

2. 中容量喷雾　每亩喷药液量 10～40 L，也是一种针对性喷雾，但农药的利用率比高容量高，流失少。

3. 低容量喷雾　每亩喷药液量 1～10 L，是一种针对性和飘移性相结合的喷雾方法，省药、省工，但不宜用于喷洒除草剂和高毒农药。

4. 很低容量喷雾　每亩喷洒液量 0.33～1 L，是一种飘移累积性喷雾。由于该方法受气候影响大，雾滴飘移多，易造成药害和人、畜中毒，所以在病虫害防治中不常使用。喷洒除草剂更不能用这种喷雾法。

5. 超低容量喷雾　每亩喷液量＜0.33 L，也是一种飘移累积性喷雾，适用于喷洒内吸剂，或喷洒触杀剂以防治具有相当移动能力的害虫，不适用于喷洒保护性杀菌剂、除草剂。

根据我国国情及习惯，在实际生产应用中，通常分为常量喷雾、低容量喷雾和超低容量喷雾 3 种，容量划分标准如下：

高容量（常量）喷雾每亩≥30 L

低容量喷雾每亩 0.5～30 L

超低容量喷雾每亩≤0.5 L

（二）喷粉法

喷粉是利用机械所产生的风力，直接将药粉吹到作物和防治对象的表面。该法具有不需要水、工作效率高、方法简便、防治及时、分布均匀等优点。其缺点是药粉易被风吹失和被雨水冲刷，会降低防治效果；耗药量较多，且易造成环境污染。但适合于在保护地施用。

（三）撒施法

撒施法是将农药与土或肥料的混合物或农药颗粒剂直接撒于地面或水田。其优点是药剂不飘移，对天敌影响小。其缺点是撒施难均匀，施药后需要不断提供水分，药效才能得到发挥。

（四）浇洒法

南方稻区多用此法防治病虫，该法包括泼浇和浇根两种方法。优点是：工效高，不用喷雾器具，方法简单。缺点是用药液量大。

（五）种子处理法

有拌种、浸渍、浸种和闷种 4 种方法。

1. 拌种 用一定量的药剂和定量的种子，同时装在容器中混合拌匀，使每粒种子外表覆盖药层，用以防治种传病害和地下害虫。此法用药少、工效高、防效好、对天敌影响小。

2. 浸渍 把种子摊在地上，厚度约 15 cm，然后把药液喷洒在种子上，并不断翻动使种子全部润湿，盖上席子等覆盖物，堆闷 1 d 后播种。

3. 浸种 把种子或种苗浸在一定浓度的药液里，经过一定时间使种子或幼苗吸收药剂。此法可防治种子内外和种苗上的病菌或苗期害虫，具有用工少、保留效果好、用药量少、对天敌影响小等优点。

4. 闷种 将药液与种子拌后堆闷一定时间再播种。

（六）毒饵法

毒饵法是利用害虫、鼠类喜食的饵料与具有胃毒作用的农药混合制成的毒饵，达到诱杀的目的，主要用于防治地下害虫和害鼠，防治效果高，但对人、畜安全性较差。

（七）熏蒸法

熏蒸法是采用熏蒸剂或易挥发的药剂，使其挥发成为有毒气体而杀虫灭菌。该方法适用于仓库、温室、土壤等场所或作物茂密的地方，具有防效高、作用快等优点，但室内熏蒸时要求密封，施药条件比较严格，施药人员须做好安全防护。

（八）烟雾法

烟雾法是利用专用的机具把油状农药分散成烟雾状态，或者将药剂制成专用剂型点燃后分散成烟雾状态，达到杀虫灭菌的方法。由于烟雾的粒子很小，在空气中悬浮时间较长，沉积分布均匀，防效高于一般的喷雾法和喷粉法。

（九）涂抹法

涂抹法主要是将有内吸作用的药剂直接涂抹或擦抹作物或杂草而取得防治效果。该施药法用药量低、防治费用少，但费工。

三、注意事项

1. 不能用瓶盖倒药或用饮用桶配药；不能用盛药水的桶直接下沟河取水；不能用手伸入药液或粉剂中搅拌。

2. 在开启农药包装、称量配制时，操作人员应戴用必要的防护器具。

3. 配制人员必须经专业培训，掌握必要技术和熟悉所用农药性能。

4. 孕妇、哺乳期妇女不能参与配药。

5. 配药器械一般要求专用，每次用后要洗净，不得在河流、小溪、井边冲洗。

6. 少数剩余和不要的农药应埋入地坑中。

7. 处理粉剂时要小心，以防止粉尘飞扬。

8. 喷雾器不要装得太满，以免药液泄漏，当天配好的应当天用完。

第三节　施用农药

农药是防治农作物病虫害的常用植保产品，通过学习要掌握农药正确施用的原则及方法，确保生产安全，降低农药损耗，提高农药利用率，提升和巩固病虫害防治成效。

一、农药正确施用的原则

采用正确的施药方法，不仅能保证施药质量，提高防治效果，而且还能显著降低农药施用对环境的压力，减轻操作者自身被农药污染的程度。

1. 对症用药　农药的品种很多，特点不同，不同农药有不同的防治范围。农作物的病、虫、草、鼠的种类也很多，且不同的地方也有很大差异。因此，应针对防治对象的种类和特点，选择最适合的农药品种和剂型。要仔细阅读农药产品标签，明确其防治对象、对作物的安全性、作物收获安全间隔期及对家畜、有益昆虫和环境的安全性等。例如：一般杀虫剂不能治病，杀菌剂不能治虫。杀虫双对三化螟、二化螟和稻纵卷叶螟有很好的防效，但对大螟的药效差；杀菌剂三环唑对稻瘟病等有效，对白叶枯病却无效。同一害虫由于发育期不同，对药剂的敏感性也不同，有时相差几倍甚至几十倍。

2. 适时喷药　农药施用应选择在病、虫、草最敏感的阶段或最薄弱的环节进行，过早或过晚使用都会影响防治效果。例如，防治水稻三化螟时，既要狠治一年中最关键的世代，又要抓住螟卵开始盛孵而蚁螟尚未钻进稻茎这一关键时期，把蚁螟消灭在蛀入植株之前。黏虫防治，应抓住三龄以前的幼虫。因此，对病虫害生活习性的了解，是指导适时施药的重要依据。同时，还要注意农药的使用安全间隔期，避免造成农药残留超标。

3. 适量配药　农药施用时，对其使用浓度、单位面积上的用药量和施药次数都应有严格的规定。如超过所需要的用药量、浓度和次数，不仅会造成浪费，还容易产生药害，以致引起农药中毒，污染环境和加快抗药性的产生等不良后果。如果低于防治所需要的用药量、浓度和次数，也达不到预期的效果。因此，配药要掌握适量，切不可随意增减。

4. 适法施药　在药剂选择的基础上，应根据农药的剂型、理化性质以及有害生物的发生特点，选用适当的施药方法。例如，可湿性粉剂不作为喷粉用，而粉剂则不可兑水喷雾；对光敏感的辛硫磷、敌磺钠拌种效果则优于喷雾；防治地下害虫宜采用毒谷、毒饵、拌种等方法，玉米螟的防治应选用投撒颗粒剂或灌心叶的方法。使用胃毒性杀虫剂时要求喷雾的药液能充分覆盖作物；使用触杀性杀虫剂时应将喷头对准靶标喷洒或充分覆盖作物，使害虫活动时接触药剂死亡，对于栖息在作物叶背的害虫应采用叶背定向喷雾法；使用内吸性杀虫剂应根据药剂内吸传导特点，采用株顶定向喷雾法喷洒药液。

另外，农药的合理混用，既能提高药效，达到兼治的目的，还能减缓抗药性的产生。

5. 防止药害　一般来说，禾谷类作物、棉花和果树中的柑橘耐药力较强，而桃、李、梨、瓜类、豆类抗药力则较差，易发生药害，防治这类作物上的病虫害时，对药剂的选用应特别注意。此外，就是同一类作物不同品种之间，耐药力也不完全相同；同一种作物在幼苗、扬花、灌浆不同发育阶段或生长发育不良时耐药力都有所不同。

6. 注意农药与天敌的关系　在使用化学农药防治有害生物的同时，也往往会杀伤天敌，破坏原来生态系统的平衡，引起害虫再猖獗。因此，在使用农药时，一定要从生态学观点出发，注意选择农药的剂型、使用方法、施药次数、施药量和施药时间，或选择高选择性的农药，达到既防治病虫害，又能保护天敌的目的。

7. 看天施药　农药的防治效果，常常会受到天气的影响，刮风、下雨、高温、高湿等气候条件下施用农药。药效会受到很大的影响。

（1）刮大风不宜用药　因为大风天气容易使喷撒的药粉或喷洒的雾滴随风飘扬，不能很快降落和均匀附着在所有防治的农作物体上。还会造成药剂的流失；同时药剂飘移到邻近敏感作物上又易引起药害，飘落到施药人员身上易引起农药中毒，飘散到空气和水源中易造成环境污染。

（2）雨天不宜施药　雨天能直接冲刷掉药剂，造成流失，不仅影响防效，还会造成河流水域的污染，引起鱼、虾等水生生物的中毒死亡。不同的农药品种和剂型抗雨水冲刷的能力有所不同。一般内吸性农药，尤其是拌种用的药剂，受雨水的影响较小；粉剂和可湿性粉剂最不耐雨水冲刷，而乳油农药能在作物上形成一层油膜，对雨水冲刷有一定抵抗力，但也有一定的限度。

（3）高温天气不宜施药　高温会促进农药的分解，加速药剂的挥发，从而缩短农药的持效期，降低防治效果。同时，因农作物新陈代谢加快，叶片气孔开放多而大，药剂很容易进入作物体内，容易发生药害。因此，在高温必须施用农药时，应适当降低农药浓度，而且中午不要施药，以免发生药害和施药人员中毒事故。

二、手动喷雾器的使用

手动喷雾器是用手动方式产生压力来喷洒药液的施药机具，具有使用操作方便、适应性广等特点。可用于水田、旱地及丘陵山区，防治水稻、小麦、棉花、蔬菜和果树等作物的病、虫、草害，也可用于防治仓储害虫和卫生防疫，通过改变喷片孔径大小，手动喷雾器既可作常量喷雾，也可作低容量喷雾。目前，我国生产的手动喷雾器主要有背负式喷雾器、压缩喷雾器、单管喷雾器、吹雾器和踏板式喷雾器。

1. 施药前的准备

（1）测试气象条件进行低量喷雾时，风速应在1～2 m/s；进行常量喷雾时，风速应小于3 m/s，当风速≥4 m/s时不可进行农药喷洒作业。

降雨和气温超过32 ℃时也不允许喷洒农药。

（2）机具的调整

① 背负式喷雾器装药前，应在喷雾器皮碗及摇杆转轴处，气室内置的喷雾器应在滑套及活塞处涂上适量的润滑油。

② 压缩喷雾器使用前应检查并保证安全阀的阀芯运动灵活，排气孔畅通。

③ 根据操作者身材，调节好背带长度。

④ 药箱内装上适量清水并以10～25次/min的频率摇动摇杆，检查各密封处有无渗漏现象；喷头处雾型是否正常。

⑤ 根据不同的作业要求，选择合适的喷射部件。

喷头选择：喷除草剂，植物生长调节剂用扇形雾喷头；喷杀虫剂、杀菌剂用空心圆锥雾喷头。

单喷头：适用于作物生长前期或中、后期进行各种定向针对性喷雾、飘移性喷雾。

双喷头：适用于作物中、后期株顶定向喷雾。

小横杆式三喷头、四喷头：适用于蔬菜、花卉及水、旱田进行株顶定向喷雾。

2. 施药中的技术要求

（1）作业前，先配制好农药向药液桶内加注药液前，一定要将开关关闭，以免药液漏出，加注药液要用滤网过滤。药液不要超过桶壁上的水位线。加注药液后，必须盖紧桶盖，以免作业时漏药液。

（2）背负式喷雾器作业时，应先压动摇杆数次，使气室内的气压达到工作压力后再打开开关，边走边打气边喷雾。如压动摇杆感到沉重，就不能过分用力，以免气室爆炸。对于工农-16型喷雾器，一般走2～3步摇杆上下压动1次；压动摇杆18～25次/min即可。

（3）作业时，空气室中的药液超过安全水位时，应立即停止压动摇杆，以免气室爆裂。

（4）压缩喷雾器作业时，加药液不能超过规定的水位线，保证有足够的空间储存压缩空气，以便使喷雾压力稳定、均匀。

（5）没有安全阀的压缩喷雾器，一定要按产品使用说明书上规定的打气次数打气（一般30～40次），禁止加长杠杆打气和两人合力打气，以免药液桶超压爆裂。压缩喷雾器使用过程中，药箱内压力会不断下降，当喷头雾化质量下降时，要暂停喷雾，重新打气充压，以保证良好的雾化质量。

（6）针对不同的作物、病虫草害和农药选用正确的施药方法：

① 土壤处理喷洒除草剂要求易于飘失的小雾滴少，以避免除草剂雾滴飘移引起的作物药害；药剂在田间沉积分布均匀，以保证防治效果，避免局部地区药量过大造成的除草剂药害。因此，应采用扇形雾喷头，操作时喷头离地高度、行走速度和路线应保持一致；也可用安装二喷头、三喷头的小喷杆喷雾。

② 当用手动喷雾器喷雾防治作物病虫害时，最好选用小喷片，这是因为小喷片喷头产生的农药雾滴较粗大，喷片的雾滴细，防治效果好。但切不可用钉子人为把喷头冲大。

③ 使用手动喷雾器喷洒触杀性杀虫剂防治栖息在作物叶背的害虫（如棉花苗蚜），应把

喷头朝上，采用叶背定向喷雾法喷雾。

④ 使用喷雾器喷洒保护性杀菌剂，应在植物未被病原菌侵染前或侵染初期施药，要求雾滴在植物靶标上沉积分布均匀，并有一定的雾滴覆盖密度。

⑤ 使用手动喷雾器行间喷洒除草剂时，一定要配置喷头防护罩，防止雾滴飘移造成的邻近作物药害；喷洒时喷头高度保持一致，力求药剂沉积分布均匀，不得重喷和漏喷。

⑥ 几架药械同时喷洒时，应采用梯形前进，下风侧的人先喷，以免人体接触药液。

3. 背负式喷雾器常见故障的排除　具体内容见表 8－2。

表 8－2　背负式喷雾器常见故障的排除

故障现象	故障原因	排除方法
手压摇杆（手柄）感到不费力，喷雾压力不足，雾化不良	1. 进水阀被污物搁起 2. 牛皮碗干缩硬化或损坏 3. 连接部位未装密封圈或密封圈损坏 4. WS－16 型吸水管脱落 5. WS－16 型密封球失落	1. 拆下进水阀、清洗 2. 牛皮碗放在动物油或机油里浸软；更换新品 3. 加装或更换密封圈 4. 拧开胶管螺帽、装好吸水管 5. 装好密封球
手压摇杆（手柄）时用力正常，但不能喷雾	1. 喷头堵塞 2. 套管或喷头滤网堵塞	1. 拆开清洗，注意不能用铁丝等硬物捅喷孔，以免扩大喷孔，使喷雾质量较差 2. 拆开清洗
泵盖处漏水	1. 药液加的过满，超过泵筒上的回水孔 2. 皮碗损坏	1. 倒出些药液，使液面低于水位线 2. 更换新皮碗
各联结处漏水	1. 螺旋未旋紧 2. 密封圈损坏或未垫好 3. 直通开关芯表面油脂涂料少	1. 旋紧螺纹 2. 垫好或更换密封圈 3. 在开关芯上薄薄地涂上一层油脂
直通开关拧不动	开关芯被农药腐蚀而粘住	拆下在煤油或柴油中清洗；如拆不开，可将开关放在煤油中浸泡一段时间再拆

三、手动喷粉器的使用

手动喷粉器是一种由人力驱动风机产生气流来喷撒粉剂的植保机具。它具有结构简单、操作方便、功效高等优点。但由于粉尘飘扬，污染环境，所以它只能在某些特定环境条件下使用才能既保证防效，又不至于对大气造成明显污染。如在保护地和温室大棚等特定的封闭空间里使用；在某些大田农作物，特别是双子叶作物如棉花的生长中、后期，田间枝叶交叉，叶片大而呈平展状态，全田已经封垄，株冠下层是较为郁闭的空间时使用。

1. 施药前的准备

（1）施药的气象条件保护地喷撒应在早晨尚未揭棚和傍晚刚刚闭棚时进行。为提高粉粒的附着率，晴天的中午应避免喷撒，阴雨天则可全天喷撒。

在野外对棉花、水稻、小麦及大豆等作物进行喷粉，也应避免在晴天的中午喷撒，气温在 5～30 ℃或阴天可全天喷撒。风速大于 2 m/s 及小雨以上的风雨天气不得喷撒。

（2）喷粉量的计算和调整

① 测试区的划定在需要喷药的田块、保护地或在类似的土壤和地形条件下，划出测试

区，其长度精确到 0.1 m，测试区的长度根据前进速度，喷幅及喷粉量来确定，应保证无论使用何种测试方法都能精确地计量时间（不少于 15 s）和喷粉量（不少于药液箱容量的10%）。使喷撒面积是 667 m^2 的整倍数有助于计算。

② 喷粉量误差率按下式计算

$$喷粉量误差率（\%）=\frac{实际喷粉量-预定喷粉量}{预定喷粉量}\times100\%$$

③ 喷粉量调整计算的喷粉量误差率应不大于±10%，如误差率大于±10%，在作业时则应将喷粉器的喷粉量开关适当调整，并可调整作业速度或手柄摇转速度来满足规定的施药量。

（3）机具的调整

① 装粉前喷粉器各部位保持干燥。

② 装粉前先关闭出粉开关。

③ 按农艺要求的喷粉量调节好出粉开关位置（一般 200 g/min 左右）。

④ 根据喷撒对象和栽培技术确定喷撒头种类。

2. 施药中的技术要求

（1）喷粉量的确定应按照药粉标签或使用说明书的规定。

（2）操作前先根据操作者身材调节好背带长度，操作时应先摇动手柄再打开粉门开关。

（3）操作时手柄摇转的速度应确保喷口风速不小于 10 m/s（丰收-5 型、LY-4 型不低于 35 r/min，丰收-10 型不低于 50 r/min）。

（4）保护地喷撒粉剂的关键是采用对空喷撒法，利用粉剂的飘翔效应使其在靶标的不同部位均匀沉积。作业时切不可直接对着作物喷撒。对于不同的大棚温室，可采用不同的喷撒方法。

日光温室和加温温室，宽度一般在 6～7 m，其间有一过道，操作者应背向北墙，从里端开始向南对空喷撒，一边喷一边向门口移动，一直退到门口，把门关上。

塑料大棚宽度一般为 10～15 m，中间有一过道，操作时操作者从棚室里端开始喷粉，喷粉管左右匀速摆动对空喷粉，同时沿过道以 10～12 m/min 的速度向后退行，一直退至出口处，把门关上即可。此时，如预定的粉剂尚未喷完，可将大棚一侧的棚布揭开一条缝，从开口处将余粉喷入。如余粉过多，可分别从不同部位喷入。

对小型弓棚可采用棚外喷粉法，此类棚宽 2～5 m，棚高只有 1 m 左右，棚内喷粉比较困难。操作者可在棚外每隔一定距离揭开一个小口向棚内喷粉，喷后将棚布拉上。

喷粉以后需经 2 h 以上才能揭棚，如果傍晚喷撒可到第二天早晨再揭。

（5）在野外喷撒时应首先根据风向和作物栽培方式确定喷粉行走方向和路线。行走方向一般应与风向垂直或顺风前进。如果需要逆风前进，要把喷粉管移到人体后面或侧面喷撒以免中毒。行走速度以正常步行（60 步/min）一边行走，一边以每 2 步（或每一步）摇转一次喷粉器操作手柄进行喷撒。

（6）对棉花等双子叶作物的生长中、后期喷粉时，宜采取株冠下层喷粉法。为避免喷粉时对棉株、棉铃造成机械损伤，应用立摇式手动喷粉器进行喷粉作业。喷粉头放在株冠层下面，操作者边摇动手柄边匀速退行，利用株冠层良好的郁闭控制粉尘飘扬。

（7）喷撒中如药粉从喷头成堆落下或从桶身及出粉口开关处冒出，表明出粉开关开度过大，药粉进入风机过多，应立即关闭出粉开关，适当加快摇转手柄，让风机内的积粉喷出，然后再重新调整出粉开关的开度。

（8）早晨露水未干时喷粉，应注意不让喷粉头沾着露水，以免阻碍出粉。

（9）作业时注意两个工作幅宽之间不能留有间隙。

（10）中途停止喷粉时，要先关闭出粉开关，再摇几下手柄，把风机内的药粉全部喷干净。

（11）喷粉时，如有不正常的碰击声，手柄摇不动或特别沉重时，应立即停止摇转手柄，经检查修复后才能继续使用。

3. 机具保养

（1）使用完后，应将剩余药粉全部倒出，清理干净，并空摇几转清除风机内的残粉，以免在喷粉器内受潮结块，堵塞通路，腐蚀机体。

（2）长时间不用，由上至下给风机主轴加上适量的机油。

四、背负式机动喷雾喷粉机的使用

背负式机动喷雾喷粉机是指由汽油机作动力，配有离心风机的采用气压输液、气力喷雾和气流输粉原理的植保机具，它具有轻便、灵活、高效率等特点。主要适用于大面积农林作物的病虫害防治、城市卫生防疫、防治家畜体外寄生虫和仓库害虫、喷撒颗粒肥料等。它可以进行低量喷雾、超低量喷雾、喷粉等项作业。

1. 施药前的准备

（1）施药的气象条件作业时气温应在 5～30 ℃。风速大于 2 m/s 及雨天、大雾或露水多时不得施药。大田作物进行超低量喷雾时，不能在晴天中午有上升气流时进行。

（2）机具的调整

① 检查各部件安装是否正确、牢固。

② 新机具或维修后的机具，首先要排除缸体内封存的机油。排除方法：卸下火花塞，用左手拇指堵住火花塞孔，然后用起动绳拉几次，迫使气缸内机油从火花塞孔喷出，用干净布擦干火花塞孔腔及火花塞电极部分的机油。

③ 新机具或维修后更换过汽缸垫、活塞环及曲柄连杆轴承的发动机，使用前应当进行磨合。磨合后用汽油对发动机进行一次全面清洗。

④ 检查压缩比用手转动起动轮，活塞靠近上死点时有一定的压力；越过上死点时，曲轴能很快地自动转过一个角度。

⑤ 检查火花塞跳火情况将高压线端距曲轴箱体 3～5 mm，再用手转动起动轮，检查有无火花出现，一般蓝火花为正常。

⑥ 汽油机转速的调整机具经拆装或维修后，需重新调整汽油机转速。

油门为硬联接的汽油机：起动背负机，低速运转 2～3 min，逐渐提升油门操纵杆至上限位置。若转速过高，旋松油门拉杆上的螺母，拧紧拉杆下面的螺母；若转速过低，则反向调整。

油门为软联接的汽油机：当油门操纵杆置于调量壳上端位置，汽油机仍达不到标定转速或超过标定转速时，应松开锁紧螺母，向下（或向上）旋调整螺母，则转速下降（或上升）。调整完毕，拧紧锁紧螺母。

⑦ 粉门的调整当粉门操纵柄处于最低位置，粉门仍关不严，有漏粉现象时，应用手扳动粉门轴摇臂，使粉门挡粉板与粉门体内壁贴实，再调整粉门拉杆长度。

⑧ 根据作业（喷雾、喷粉、超低量喷雾）的需要，按照使用说明书上的步骤装上对应的喷射部件及附件。

⑨ 本机型采用汽油和机油的混合作为燃油，混合比为 20：1。汽油用 70 号以上，机油用汽油机机油。

（3）作业参数的计算背负机先在地面上按使用说明书的要求启动，低速运转 2～3 min，然后背上背，用清水试喷，检查各处有无渗漏。并按规定的方法测出背负机的流量（Q）及有效射程（B）。计算出行走速度（V）。

2. 施药

（1）低容量喷雾喷雾机作低容量喷雾，宜采用对性喷雾和飘移喷雾相结合的方式施药。总的来说是对着作物喷雾，但不可近距离对着某株作物喷雾。具体操作过程如下：

① 机器启动前药液开关应停在半闭位置调整油开关使汽油机高速稳定运转，开启手把开关后，人立即按预定速度和路线前进，严禁停留在一处喷洒，以防引起药害。

② 行走路线的确定喷药时行走要匀速，不能忽快忽慢，防止重喷漏喷。行走路线根据风向而定。走向应与风向垂直或呈不小于 45°的夹角，操作者应在上风向，喷射部件应在下风向。

③ 喷施时应采用侧向喷洒即喷药人员背机前进时，手提喷管向侧喷洒，一个喷幅接一个喷幅，向上风方向移动，使喷幅之间相连接区段的雾滴沉积有一定程度的重叠。操作时还应将喷口稍微向上仰起，并离开作物 20～30 cm 高（图 8－1）。

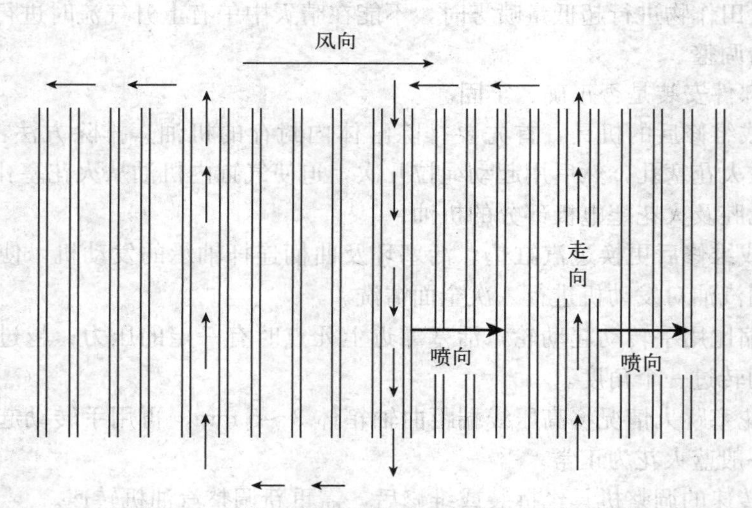

图 8－1　背负式机动喷雾机田间喷雾作业示意图

④ 当喷完第一喷幅时，先关闭药液开关，减小油门，向上风向移动，行至第二喷幅时再加大油门，打开药液开关继续喷药。

⑤ 防治棉花伏蚜应根据棉花长势、结构，分别采取隔 2 行喷 3 行或隔 3 行喷 4 行的方式喷洒。一般在棉株高 0.7 m 以下时采用隔 3 喷 4，高于 0.7 m 时采用隔 2 喷 3，这样有效喷幅为 2.1～2.8 m。喷洒时把弯管向下，对着棉株中、上部喷，借助风机产生的风力把棉

叶吹翻，以提高防治叶背面蚜虫的效果。走一步就左右摆动喷管一次，使喷出的雾滴呈多次扇形累积沉积，提高雾滴覆盖均匀度。

⑥ 对灌木林丛如对低矮的茶树喷药，可把喷管的弯管口朝下，防止雾滴向上飞散。

⑦ 对较高的果树和其他林木喷药可把弯管口朝上，使喷管与地面保持 60°～70°的夹角，利用田间有上升气流时喷洒。

⑧ 喷雾时不易观察到雾滴，一般情况下，作物枝叶只要被喷管吹动。雾滴就达到了。

（2）喷粉

① 按使用说明书的要求起动背负机。

② 粉剂应干燥，不得有杂草、杂物和结块。

③ 背负机背上后，调整油门使汽油机高速稳定运转。

④ 打开粉门操作手柄进行喷粉，喷粉时注意调节粉门开度控制喷粉量。

⑤ 大田喷粉时，走向最好与风向垂直，喷粉方向与风向一致或稍有夹角并保持喷粉头处于人体下风侧，应从下风向开始喷。

⑥ 在林区喷粉时注意利用地形和风向，晚间利用作物表面露水进行喷粉较好，但要防止喷粉口接触露水。

⑦ 保护地温室喷粉时可采用巡行对空喷撒法，当粉剂粒度很细时（≤5 μm），可站在棚室门口向里、向上喷洒。

⑧ 使用长薄膜管喷粉时，薄膜管上的小孔应向下或稍向后倾斜，薄膜管离地 1 m 左右。操作时需两人平行前进，保持速度一致并保持薄膜管有一定的紧度。前进中应随时抖动薄膜管。

⑨ 作物苗期不宜采用喷粉法。

（3）超低量喷雾

① 按使用说明书的要求起动背负机。

② 严格按要求的喷量、喷幅和行走速度操作。

为保证药效，要调整好喷量、有效喷幅和步行速度三者之间的关系。其中有效喷幅与药效关系最密切，一般来说，有效喷幅小，喷出来的雾滴重叠累积比较多，分布比较均匀，药效更有保证。有效喷幅的大小要考虑风速的限制，还要考虑害虫的习性和作物结构状态。对钻蛀性害虫，要求雾滴分布愈均匀愈好，也就是要求有效喷幅窄一些好。例如防治棉铃虫，要使平展的棉叶上降落雾滴多而均匀，要求风小一些，有效喷幅窄一些，多采取 8～10 m 喷幅。对活动性强的咀嚼式口器害虫如蝗虫等，就可在风速许可范围内尽可能加宽有效喷幅。例如，在沿海地区防治蝗虫时，在 2 m/s 以上风速情况下，喷头离地面 1 m，有效喷幅可取 20 m。

③ 对大田作物喷药时，操作者手持喷管向下风侧喷雾，弯管向下，使喷管保持水平或有 5°～15°仰角（仰角大小根据风速而定：风速大，仰角小些或呈水平；风速小，仰角大些），喷头离作物顶端高出 0.5 m。

④ 行走路线根据风向而定，走向最好与风向垂直，喷向与风向一致或稍有夹角，从下风向的第一个喷幅的一端开始喷洒。

⑤ 第一喷幅喷完时，立即关闭手把开关，降低油门，汽油机低速运转。人向上风方向行走，当快到第二喷幅时，加大油门，使汽油机达到额定转速。到第二喷幅处，将喷头调转

180°，仍指向下风方向，打开开关后立即向前行走喷洒。

⑥ 停机时，先关闭药液开关，再关小油门，让机器低速运转 3～5 min 再关闭油门。切忌突然停机。

⑦ 高毒农药不能作超低量喷雾。

3. 施药后的保养

（1）喷雾机每次使用结束后，应倒出箱内残余药液或粉剂。

（2）清除机器各处的灰尘、油污、药迹，并用清水清洗药箱和其他药剂接触的塑料件、橡胶件。

（3）喷粉时，每次要清洗化油器和空气滤清器。

（4）长薄膜管内不得存粉，拆卸之前牵机运转 1～2 min，将长薄膜管内的残粉吹净。

（5）检查各螺丝、螺母有无松动，工具是否齐全。

（6）保养后的背负机应放在干燥通风的室内，切勿靠近火源，避免与农药等腐蚀性物质放在一起。长期保存时还应按汽油机使用说明书的要求保养汽油机，对可能锈蚀的零件要涂上防锈黄油。

第四节　清洗药械

农药喷施后包装物、药械残药需要及时清理，避免残留遗撒在田间地头，造成土壤和水流污染。通过学习，要掌握农药残液及包装物的处理方法，掌握施药器械的清洗及污水处理方法。

一、农药残液处理方法

喷雾器中未喷完的残液，用专用药瓶存放，安全带回。配药用的空药瓶、空药袋应集中收集、妥善处理，不得随意丢弃。此类废弃农药包装最好交给原生产厂家集中处置，但在尚未建立这种农药回收制度的情况下，可以采取挖坑深埋的办法来处置。挖坑地点应在离生活区远的地方，而且地下水位低、降雨量少或能避雨、远离各种水源的荒僻地带。

二、施药器械清洗

1. 每次施药后，机具应在田间全面清洗。

2. 如下一个班次更换药剂或作物，应注意两种药剂是否会产生化学反应而影响药效或对另一种作物产生药害，此时可用浓碱水反复清洗多次，也可用大量清水冲洗后，用 0.2% 苏打水或 0.1%活性炭悬浮液浸泡，再用清水冲洗。

3. 清洗机具的污水，应在田间选择安全地点妥善处理，不得带回生活区，不准随地泼洒，防止污染环境。

4. 带有自动加水装置的喷雾机，其加水管路应置于水源处，不得随机运行，更不准在生活用水源中吸水。

5. 每年防治季节过后，应将重点部件用热洗涤剂或弱碱水清洗，再用清水清洗干净，晾干后存放。某些施药器械有特殊的维护保养要求，应严格按要求执行。

第五节　农药（械）的运输和贮存

农药是一种特殊商品，在其贮运和保管过程中，如果不掌握农药特性，方法不当，就有可能引起人、畜中毒和腐蚀、渗漏、火灾等不良后果，或者造成农药失效、降解及错用，引起作物药害等不必要的损失。因此，在农药的运输、贮存保管过程中，应严格按照我国《农药贮运、销售和使用的防毒规程》国家标准执行，尤其要注意以下要点：

一、农药的运输

1. 要用专车、专船运输，不得与食品、饮料，种子和生活用品等混装。

2. 装卸时要轻拿轻放，不得倒置。严防碰撞、外溢和破损。装车时堆放要整齐，标记向外，箱口朝上，放稳扎妥。

3. 装卸和运输人员在工作时要做好安全防护，戴口罩、手套，穿长裤。若农药污染皮肤，应立即用肥皂、清水冲洗。工作期间不抽烟、不喝水、不吃东西。

4. 运输必须安全、及时、准确。要正确选择路线，时速不易过快，防止翻车、沉船等事故。运输途中休息时，应将车、船停靠阴凉处，防止曝晒，并远离居民区 200 m 以外。要经常检查包装情况，防止散包、破包或破箱、破瓶出现，雨天运输，车船上要有防雨设施，避免雨淋。

二、农药（械）贮存和保管

1. 农药仓库结构要牢固，门窗要严密，库房内要求阴凉、干燥、通风，并有防火、防盗措施，严防受潮、阳光直晒和高温。库内垛底要有防潮隔湿措施，尤其是贮放袋装粉剂农药，在库内底层要用木板、谷糠、芦席等把农药与地隔离。堆与堆之词要有空隙，便于通风散热。梅雨季节要注意防潮，且码垛高度不宜过高，防止下层药粉受压结块。乳油类和油烟剂、烟剂等农药或剧毒农药，应贮放在专门的“危险库”内，如没有危险品仓库，也应专仓存放，严格管理火种和电源，还要远离居民、水源、学校等地。

2. 农药必须单独贮存，不得和粮食、种子、饲料、豆类、蔬菜及日用品等混放，也不能与烧碱、石灰、化肥等物品混放在一起，禁止把汽油、煤油、柴油等易燃物放在农药仓库内。农药堆放时，要分品种堆放，严防破损、渗漏。农药堆放高度不宜超过 2 m，防止倒塌和下层药粉受压结块。高毒农药和除草剂要分别专用仓保管，以免引起中毒或药害事故。

3. 各种农药进出库都要记账入册，并根据农药“先进先出”的原则，防止农药存放时间过长而失效。对挥发性大和性能不太稳定的农药，不能长期贮存，要推陈贮新。

4. 农民等用户自家贮存时，要注意将农药单放在一间屋里，防止儿童接近。最好将农药锁在一个单独的柜子或箱子里，不要放在容易使人误食或误饮的地方，一定要将农药保存在原包装中，存放在干燥的地方，并要注意远离火种和避免阳光直射。

5. 根据不同剂型农药的特点，采取相应措施妥善保管。液体农药（包括乳油、水剂等），特点是易燃烧、易挥发，在贮存时重点是隔热防晒，避免高温，堆放时应箱口朝上，保持干燥通风。要严格管理火种和电源，防止引起火灾；固体农药，包括粉剂、颗粒剂、片剂等，其特点是吸湿性强，易发生变质。贮存保管重点是防潮隔湿，特别是梅雨季节要经常检查，发现有受潮农药，应移到阴凉通风处摊开晾，重新包装，不可晒。固体农药一般不能与碱性物质接触，以免引起失效；微生物农药，如苏云金杆菌，井冈霉素、赤霉素等，其特点是不耐高温，不耐贮存，容易吸湿霉变，失活失效，宜在低温干燥环境中保存，而且保存时间不宜超过 2 年。

6. 药械的保管喷雾器每天使用结束后，应倒出桶内残余药液，加入少量清水继续喷洒干净，并用清水清洗各部分，然后打开开关，置于室内通风干燥处存放。

铁制桶身的喷雾器，用清水清洗完后，应擦干桶内积水，然后打开开关，倒挂于室内干燥阴凉处存放。

喷洒除草剂后，必须将喷雾器彻底清洗干净，以免喷洒其他农药时对作物产生药害。

凡活动部件及非塑料接头处应涂黄油防锈。

附录：农作物植保员国家职业技能标准（2020年版）

GZB

国家职业技能标准

职业编码：5-05-02-01

农作物植保员

（2020年版）

中华人民共和国人力资源和社会保障部
中华人民共和国农业农村部
制定

说　明

根据《中华人民共和国劳动法》的有关规定，为了进一步完善国家职业技能标准体系，为职业教育、职业培训和职业技能鉴定提供科学、规范的依据，人力资源社会保障部委托农业农村部组织有关专家制定了《农作物植保员国家职业技能标准（2020 年版）》（以下简称本《标准》）。

本《标准》以《中华人民共和国职业分类大典（2015 年版）》为依据，以客观反映现阶段本职业的水平和对从业人员的要求为目标，在充分考虑经济发展、科技进步和产业结构变化对本职业影响的基础上，对本职业的活动范围、工作内容、技能要求和知识水平都作了明确规定。

本《标准》按照《国家职业技能标准编制技术规程（2018 年版）》的要求，在体例上力求规范严谨，在内容上突出了工匠精神与敬业精神，尽可能体现了以职业活动为导向、职业能力为核心的原则。

本《标准》包含职业概况、基本要求、工作要求、权重表四部分内容，并将本职业分为五个等级。

本次修订是在原《农作物植保员国家职业标准》的基础上，根据农村种植行业发展和生产实际需要，遵照《中华人民共和国职业分类大典（2015 年版）》对农作物植保的相关表述，通过调研、初审、公开征询意见、终审等工作程序，几易其稿，最终形成的。

本《标准》起草单位有：农业农村部人力资源开发中心、全国农业技术推广服务中心。主要起草人有：熊红利、刘元宝、刘哲、张礼生、何兵存、牛静、王航、周阳、陈雪。

本《标准》审定单位有：农业农村部人力资源开发中心、全国农业技术推广服务中心。审定人员有：许永玉、石旺鹏、魏国树、李永平、贾成千、赵中华、杨普云、田有国。

本《标准》修订过程中，得到了中国农业科学院植物保护研究所、中国农业大学、山东农业大学、河北农业大学等单位的指导与支持，在此一并致谢。

本《标准》业经人力资源社会保障部、农业农村部批准，自公布之日[①]起施行。

① 2020 年 3 月 3 日，本《标准》以《人力资源社会保障部办公厅　农业农村部办公厅关于颁布家畜繁殖员等 8 个国家职业技能标准的通知》（人社厅发〔2020〕21 号）公布。

农作物植保员
国家职业技能标准
（2020 年版）

1. 职业概况

1.1 职业名称

农作物植保员

1.2 职业编码

5－05－02－01

1.3 职业定义

使用检测仪器和设施，调查、检验农作物遭受生物灾害的情况并实施防控措施的人员。

1.4 职业等级

本职业共设五个等级，分别为：五级/初级工、四级/中级工、三级/高级工、二级/技师、一级/高级技师。

1.5 职业环境条件

室内、外，常温。

1.6 职业能力特征

具有一定的学习、计算、颜色与气味辨别、语言表达和分析判断能力，动作协调。

1.7 普通受教育程度

初中毕业（或相当文化程度）。

1.8 职业技能鉴定要求

1.8.1 申报条件

具备以下条件之一者，可申报五级/初级工：

（1）累计从事植物保护工作 1 年（含）以上。

（2）农作物植保员学徒期满。

具备以下条件之一者，可申报四级/中级工：

（1）取得本职业五级/初级工职业资格证书（技能等级证书）后，累计从事植物保护工作 4 年（含）以上。

（2）累计从事植物保护工作 6 年（含）以上。

（3）取得技工学校植物保护专业或农学类专业毕业证书（含尚未取得毕业证书的在校应届毕业生）；或取得经评估论证、以中级技能为培养目标的中等及以上职业学校植物保护专业或农学类专业毕业证书（含尚未取得毕业证书的在校应届毕业生）。

具备以下条件之一者，可申报三级/高级工：

（1）取得本职业四级/中级工职业资格证书（技能等级证书）后，累计从事植物保护工作 5 年（含）以上。

（2）取得本职业四级/中级工职业资格证书（技能等级证书），并具有高级技工学校、技师学院毕业证书（含尚未取得毕业证书的在校应届毕业生）；或取得本职业四级/中级工职业资格证书（技能等级证书），并具有经评估论证、以高级技能为培养目标的高等职业学校植物保护专业或农学类专业毕业证书（含尚未取得毕业证书的在校应届毕业生）。

（3）具有大专及以上植物保护专业或农学类专业毕业证书，并取得本职业四级/中级工职业资格证书（技能等级证书）后，累计从事植物保护工作 2 年（含）以上。

具备以下条件之一者，可申报二级/技师：

（1）取得本职业三级/高级工职业资格证书（技能等级证书）后，累计从事植物保护工作 4 年（含）以上。

（2）取得本职业三级/高级工职业资格证书（技能等级证书）的高级技工学校、技师学院毕业生，累计从事植物保护工作 3 年（含）以上；或取得本职业预备技师证书的技师学院毕业生，累计从事植物保护工作 2 年（含）以上。

具备以下条件者，可申报一级/高级技师：

取得本职业二级/技师职业资格证书（技能等级证书）后，累计从事植物保护工作 4 年（含）以上。

1.8.2 鉴定方式

分为理论知识考试、技能考核以及综合评审。理论知识考试以笔试、机考等方式为主，主要考核从业人员从事本职业应掌握的基本要求和相关知识要求；技能考核主要采用现场操作、模拟操作等方式进行，主要考核从业人员从事本职业应具备的技能水平；综合评审主要针对技师和高级技师，通常采取审阅申报材料、答辩等方式进行全面评议和审查。

理论知识考试、技能考核和综合评审均实行百分制，成绩皆达 60 分（含）以上者为合格。职业标准中标注“★”的为涉及安全生产或操作的关键技能，如考生在技能考核中违反操作规程或未达到该技能要求的，则技能考核成绩为不合格。

1.8.3 监考人员、考评人员与考生配比

理论知识考试中的监考人员与考生配比不低于 1：15，且每个考场不少于 2 名监考人员；技能考核中的考评人员与考生配比不低于 1：5，且考评人员为 3 人（含）以上单数；综合评审委员为 3 人（含）以上单数。

1.8.4 鉴定时间

理论知识考试时间不少于 90 min；技能考核时间不少于 60 min；综合评审时间不少于 30 min。

1.8.5 鉴定场所设备

理论知识考试在标准教室里进行，技能考核在具有必要设备的植物保护实验室及田间现场进行。

2. 基本要求

2.1 职业道德

2.1.1 职业道德基本知识

2.1.2 职业守则

（1）遵纪守法，敬业爱岗。

（2）规范操作，注意安全。

（3）认真负责，实事求是。

（4）忠于职守，热情服务。

（5）勤奋好学，精益求精。

（6）团结协作，勇于创新。

2.2 基础知识

2.2.1 基础理论知识

（1）植物保护基础知识。

（2）作物病、虫、草、鼠害调查与测报基础知识。

（3）有害生物综合防治知识。

（4）农药及药械应用基础知识。

（5）植物检疫基础知识。

（6）农业技术推广知识。

（7）农业标准化基础知识。

（8）信息技术应用知识。

2.2.2 相关法律、法规知识

（1）《中华人民共和国农业法》相关知识。

（2）《中华人民共和国农业技术推广法》相关知识。

（3）《中华人民共和国劳动法》相关知识。

（4）《中华人民共和国农产品质量安全法》相关知识。

（5）《中华人民共和国种子法》相关知识。

（6）《植物检疫条例》及其实施细则相关知识。

（7）《农药管理条例》及其实施办法相关知识。

（8）《中华人民共和国植物新品种保护条例》相关知识。

2.2.3 安全知识

（1）安全使用农药知识。

（2）安全用电知识。

（3）安全使用农机具知识。

2.2.4 环保知识

（1）农药的运输和储存要求。

（2）农药残液及相关废弃物处理方法。

3. 工作要求

本标准对五级/初级工、四级/中级工、三级/高级工、二级/技师、一级/高级技师的技能要求和相关知识要求依次递进，高级别涵盖低级别的要求。

3.1 五级/初级工

职业功能	工作内容	技能要求	相关知识要求
1. 预测预报	1.1 田间调查	1.1.1 能识别当地主要病、虫、草、鼠害和天敌10种以上 1.1.2 能对2种以上常发性病、虫发生情况进行调查	1.1.1 病、虫、草、鼠种类识别知识 1.1.2 田间调查方法

（续）

职业功能	工作内容	技能要求	相关知识要求
1. 预测预报	1.2 整理数据	1.2.1 能汇总田间调查数据 1.2.2 能进行百分率、平均数、虫口密度等计算	百分率、平均数和虫口密度的计算方法
	1.3 传递信息	1.3.1 能通过文字、图表记录病、虫信息 1.3.2 能传递病、虫信息	传递信息的注意事项
2. 综合防治	2.1 阅读方案	2.1.1 能读懂综合防治方案 2.1.2 能明确综合防治主要要求	2.1.1 综合防治原则 2.1.2 综合防治技术要点
	2.2 实施综合防治措施	2.2.1 能利用灯光、黄板、性诱剂等诱杀害虫 2.2.2 能利用常规化学农药防治害虫	物理、化学方法防治害虫知识
3. 农药（械）使用	3.1 准备农药（械）	3.1.1 能根据农药施用技术方案准备好农药（械） 3.1.2 能辨别常用农药外观质量	农药（械）知识
	3.2 配制药液、毒土	3.2.1 能计算农药制剂和稀释剂用量 3.2.2 ★能按药、水（土）配比要求配制药液及毒土	常用农药使用常识和注意事项
	3.3 施用农药	3.3.1 ★能安装手动喷雾器 3.3.2 ★能用手动喷雾器施用农药	3.3.1 手动喷雾器构造及使用方法 3.3.2 安全施药方法和注意事项
	3.4 清洗药械	3.4.1 能按照要求清洗药械 3.4.2 能处理清洗药械的污水和用过的农药包装物	药械保管与维护常识
	3.5 保管农药（械）	3.5.1 能安全运输农药（械） 3.5.2 能按规定保管农药（械）	农药（械）储存及保管常识

3.2 四级/中级工

职业功能	工作内容	技能要求	相关知识要求
1. 预测预报	1.1 田间调查	1.1.1 能识别当地主要病、虫、草、鼠害和天敌 20 种以上 1.1.2 能对 4 种以上常发性病、虫发生情况进行调查	病、虫、草、鼠种类识别知识及发生规律
	1.2 整理数据	1.2.1 能分析田间调查数据 1.2.2 能进行病情指数、算方法普遍率等计算	病情指数和普遍率的计算方法
	1.3 传递信息	1.3.1 能对病、虫发生动态进行分析并作出初步判断 1.3.2 能按国家测报规范进行病、虫信息传递	1.3.1 病、虫测报知识 1.3.2 信息技术一般知识

（续）

职业功能	工作内容	技能要求	相关知识要求
2. 综合防治	2.1 起草综合防治计划	2.1.1 能对植保部门发布的病、虫情报进行综合分析 2.1.2 能结合实际对一种主要病、虫提出综合防治计划	2.1.1 主要病、虫发生规律 2.1.2 主要病、虫综合防治知识
	2.2 实施综合防治措施	2.2.1 能利用天敌进行生物防治 2.2.2 能选择并使用农药控制害虫保护益虫	生物防治基本知识
3. 农药（械）使用	3.1 配制药液、毒土	3.1.1 能通过标签辨别农药剂型 3.1.2 ★能批量配制农药	农药配制常识
	3.2 施用农药	3.2.1 ★能使用机动喷雾器施用农药 3.2.2 ★能进行农药中毒急救	3.2.1 农药施用方法 3.2.2 机动喷雾器使用方法 3.2.3 农药中毒急救方法
	3.3 维修保养药械	3.3.1 能维修手动喷雾器 3.3.2 能保养机动喷雾器 3.3.3 能排除机动喷雾器简单故障	3.3.1 手动喷雾器维修方法 3.3.2 机动喷雾器结构、工作原理和养护方法

3.3 三级/高级工

职业功能	工作内容	技能要求	相关知识要求
1. 预测预报	1.1 田间调查	1.1.1 能识别当地主要病、虫、草、鼠害和天敌35种以上 1.1.2 能对5种以上主要病、虫发生情况进行调查	1.1.1 昆虫形态、病害诊断及杂草识别的一般知识 1.1.2 显微镜、解剖镜的操作使用方法 1.1.3 主要病、虫系统调查方法
	1.2 数据分析	1.2.1 能使用计算工具做简单的统计分析 1.2.2 能编制统计图表	统计分析的一般方法
	1.3 预测分析	1.3.1 能对病、虫发生进行预测分析 1.3.2 能确定防治适期和防治区域	1.3.1 主要病、虫的防治指标 1.3.2 昆虫的世代和发育进度
2. 综合防治	2.1 起草综合防治计划	2.1.1 能结合实际对三种及以上主要病、虫害提出综合防治计划 2.1.2 能根据实际情况对主要病、虫综合防治计划进行优化	2.1.1 主要病、虫发生规律 2.1.2 主要病、虫综合防治知识
	2.2 实施综合防治措施	2.2.1 能落实综合防治技术措施 2.2.2 能对综合防治效果进行简单评价	主要病、虫综合防治技术规程
3. 农药（械）使用	3.1 配制药液、毒土	3.1.1 能读懂农药标签全部内容 3.1.2 能进行多种剂型农药的配制	主要农药的性能及鉴别常识

（续）

职业功能	工作内容	技能要求	相关知识要求
3. 农药（械）使用	3.2 施用农药	3.2.1 能使用自走式大型植保机械施用农药 3.2.2 能使用小型航空植保机械施用农药	3.2.1 农药安全使用常识和农药中毒急救方法 3.2.2 主要药械的结构、性能和使用方法 3.2.3 小型航空植保机械操作方法
	3.3 维修保养药械	3.3.1 能保养主要类型的机动药械 3.3.2 能排除主要类型机动药械简单故障	主要药械的工作原理、养护方法和维修基本知识

3.4 二级/技师

职业功能	工作内容	技能要求	相关知识要求
1. 预测预报	1.1 田间调查	1.1.1 能对当地主要病、虫进行系统调查 1.1.2 能安装、使用、维护常用观测器具	1.1.1 病、虫测报调查规范 1.1.2 观测器具的使用方法和注意事项
	1.2 预测分析	1.2.1 能整理归纳病、虫调查数据及相关气象资料 1.2.2 能使用综合分析方法对主要病、虫作出短期预测	1.2.1 病、虫害发生、消长规律 1.2.2 生物统计基础知识 1.2.3 农业气象基础知识
	1.3 编写预报	1.3.1 能编写短期预报 1.3.2 能发布预报	科技应用文写作基本知识
2. 综合防治	2.1 制定综合防治计划	能以一种作物为对象制定全程有害生物综合防治计划	2.1.1 病、虫、草、鼠害发生规律 2.1.2 作物品种与栽培技术
	2.2 协助建立综合防治示范田	2.2.1 能正确选点 2.2.2 能协调组织农户开展综合防治示范	农业技术推广知识
3. 农药（械）使用	3.1 制定药剂防治计划	3.1.1 能根据病虫发生和抗药性情况提出需求的农药品种和药械类型 3.1.2 能提出药剂施用方案	农药（械）信息
	3.2 指导科学用药	3.2.1 能实施药剂防治计划 3.2.2 能根据农药施用后出现的问题提出解决措施	3.2.1 主要病、虫、草、鼠害防治技术 3.2.2 农药管理法规
4. 植物检疫	4.1 疫情调查	4.1.1 能识别检疫性有害生物 4.1.2 能调查检疫性有害生物 4.1.3 能进行室内镜检	植物检疫基础知识
	4.2 疫情封锁控制	在植物检疫专业技术人员的指导下，能对检疫性病、虫进行灭杀和无害化处理	4.2.1 检疫性病、虫灭杀和无害化处理方法 4.2.2 检疫性有害生物封锁控制技术

（续）

职业功能	工作内容	技能要求	相关知识要求
5. 培训	5.1 制定培训计划	能够制定四级/中级工及以下级别人员的职业培训计划	农业技术培训方法
	5.2 实施培训	能进行室内和现场培训	

3.5 一级/高级技师

职业功能	工作内容	技能要求	相关知识要求
1. 预测预报	1.1 预测分析	能对主要病、虫害进行数理统计分析	1.1.1 病害流行基础知识 1.1.2 昆虫生态基础知识 1.1.3 生物统计基础知识 1.1.4 信息技术应用知识
	1.2 编写预报	能编写中期预报	1.2.1 病、虫预测预报知识 1.2.2 病、虫情报撰写知识
2. 综合防治	2.1 审核综合防治计划	能对综合防治计划的科学性、可行性和可操作性作出判断	经济效益评估基本知识
	2.2 检查指导综合防治实施情况	2.2.1 能解决综合防治实施中的技术问题 2.2.2 能根据病、虫预测信息，对综合防治措施提出调整意见 2.2.3 能撰写综合防治总结	病、虫害综合防治知识与技术
3. 农药（械）使用	3.1 制定药剂防治计划	能确定主要作物全程药剂防治方案	3.1.1 有害生物综合防治原则 3.1.2 环境保护知识
	3.2 检查指导药剂防治工作	3.2.1 能判断和治理药剂防治中抗药性和药害问题 3.2.2 能根据病、虫预测信息，对药剂防治计划提出调整意见	轮换用药原则和抗药性治理知识
4. 植物检疫	4.1 疫情调查	能识别新的检疫性有害生物	4.1.1 检疫性有害生物的种类及特点 4.1.2 检疫性有害生物的调查方法
	4.2 疫情封锁控制	能提出封锁控制检疫性有害生物的技术方案	检疫性有害生物封锁控制技术
5. 培训	5.1 制定培训计划	能制定三级/高级工及以下级别人员的培训计划	教育学基本知识
	5.2 编制教材	能编写培训讲义及教材	
	5.3 实施培训	能进行室内和现场培训	

4. 权重表

4.1 理论知识权重表

项目		五级/初级工（%）	四级/中级工（%）	三级/高级工（%）	二级/技师（%）	一级/高级技师（%）
基本要求	职业道德	5	5	5	5	5
	基础知识	25	25	25	20	20
相关知识要求	预测预报	20	20	25	15	10
	综合防治	20	25	25	15	10
	农药（械）使用	30	25	20	15	15
	植物检疫	—	—	—	15	15
	培训	—	—	—	15	25
合计		100	100	100	100	100

4.2 技能要求权重表

项目		五级/初级工（%）	四级/中级工（%）	三级/高级工（%）	二级/技师（%）	一级/高级技师（%）
技能要求	预测预报	30	30	30	25	15
	综合防治	20	30	30	20	20
	农药（械）使用	50	40	40	15	15
	植物检疫	—	—	—	20	15
	培训	—	—	—	20	35
合计		100	100	100	100	100

REFERENCES 主要参考文献

陈捷，2016. 植物保护学概论．北京：中国农业出版社．
成卓敏，2008. 新编植物医生手册．沈阳：化学工业出版社．
董树亭，2016. 植物生产学．北京：中国农业出版社．
韩召军，2012. 植物保护学通论（第2版）．北京：中国农业出版社．
何雄奎，2012. 高效施药技术与机具．北京：中国农业大学出版社．
贺字典，2017. 植物化学保护．北京：科学出版社．
侯明生，黄俊斌，2011. 农业植物病理学．北京：科学出版社．
林乃铨，2010. 害虫生物防治．北京：科学出版社．
刘俊田，张金华，2014. 植保实用技术手册．北京：中国农业科学技术出版社．
骆焱平，2016. 新编简明农药使用手册．沈阳：化学工业出版社．
吕印谱，马奇祥，2004. 新编常用农药使用简明手册．北京：中国农业出版社．
马占鸿，2010. 植病流行学．北京：科学出版社．
孟自凤，李国利，2015. 植物检疫性有害生物识别与防控技术实用手册．北京：中国农业科学技术出版社．
强胜，2009. 杂草学（第二版）．北京：中国农业出版社．
全国农业技术推广服务中心，2015. 植保机械与施药技术应用指南．北京：中国农业出版社．
全国农业推广服务中心，2010. 主要农作物病虫害测报技术规范应用手册．北京：中国标准出版社．
商鸿生，2017. 植物检疫学（第二版）．北京：中国农业出版社．
石明旺，2014. 新编常用农药安全使用指南（第二版）．沈阳：化学工业出版社．
史致国，金红云，2015. 农药与农作物有害生物综合防控．北京：中国农业科学技术出版社．
唐启义，冯明光，2002. 实用统计分析及其DPS数据处理系统．北京：科学出版社．
屠予钦，2009. 农药科学使用指南（第四版）．北京：金盾出版社．
王存兴，2009. 植物保护技术．北京：高等教育出版社．
王守聪，钟天润，2006. 全国植物检疫性有害生物手册．北京：中国农业出版社．
王跃进，2014. 中国植物检疫处理手册．北京：科学出版社．
王运兵，张志勇，2008. 无公害农药使用手册．沈阳：化学工业出版社．
王中武，卢颖，2018. 植物检疫技术（第二版）．沈阳：化学工业出版社．
吴文君，2000. 农药学原理．北京：中国农业出版社．
吴文君，2017. 生物农药科学使用指南．沈阳：化学工业出版社．
仵均祥，2009. 农业昆虫学（北方本，第二版）．北京：中国农业出版社．
夏敬源，2012. 主要农作物鼠害简明识别手册．北京：中国农业出版社．
徐汉虹，2007. 植物化学保护学（第四版）．北京：中国农业出版社．
许志刚，2006. 普通植物病理学（第三版）．北京：中国农业出版社．
许志刚，2008. 植物检疫学．北京：高等教育出版社．
袁锋，2011. 农业昆虫学（非植物保护专业用，第四版）．北京：中国农业出版社．
张国安，赵惠燕，2015. 昆虫生态学及害虫预测预报．北京：科学出版社．
张礼生，2014. 天敌昆虫扩繁与应用．北京：中国农业科学技术出版社．

张孝羲，2006. 农作物有害生物预测学．北京：中国农业出版社．
赵中华，2016. 蜜蜂授粉和绿色防控技术集成理论与实践．北京：中国农业出版社．
朱恩林，2000. 农村鼠害防治手册．北京：中国农业出版社．
中国农业科学院植物保护研究所，中国植物保护学会，2015. 中国农作物病虫害（第三版，上册）．北京：中国农业出版社．
中国农业科学院植物保护研究所，中国植物保护学会，2015. 中国农作物病虫害（第三版，中册）．北京：中国农业出版社．
中国农业科学院植物保护研究所，中国植物保护学会，2015. 中国农作物病虫害（第三版，下册）．北京：中国农业出版社．